2014—2015

核科学技术

学科发展报告

REPORT ON ADVANCES IN
NUCLEAR SCIENCE AND TECHNOLOGY

中国科学技术协会　主编
中国核学会　编著

中国科学技术出版社
·北　京·

图书在版编目（CIP）数据

2014—2015核科学技术学科发展报告 / 中国科学技术协会主编；中国核学会编著. —北京：中国科学技术出版社，2016.2

（中国科协学科发展研究系列报告）

ISBN 978-7-5046-7083-0

Ⅰ. ①2… Ⅱ. ①中… ②中… Ⅲ. ①核技术－学科发展－研究报告－中国－2014—2015 Ⅳ. ①TL-12

中国版本图书馆CIP数据核字（2016）第025923号

策划编辑	吕建华　许　慧
责任编辑	夏凤金
装帧设计	中文天地
责任校对	凌红霞
责任印制	张建农

出　　版	中国科学技术出版社
发　　行	科学普及出版社发行部
地　　址	北京市海淀区中关村南大街16号
邮　　编	100081
发行电话	010-62103130
传　　真	010-62179148
网　　址	http：//www.cspbooks.com.cn

开　　本	787mm×1092mm　1/16
字　　数	415千字
印　　张	19
版　　次	2016年4月第1版
印　　次	2016年4月第1次印刷
印　　刷	北京盛通印刷股份有限公司
书　　号	ISBN 978-7-5046-7083-0 / TL · 5
定　　价	76.00元

2014—2015
核科学技术学科发展报告

首席科学家　李冠兴

专家组成员　（按姓氏笔画排序）

王乃彦　叶国安　叶奇蓁　任永岗　刘承俊
刘森林　池雪丰　苏　罡　苏艳茹　肖泽军
何作祥　邱爱慈　张　闯　张东辉　张作义
张国光　张金带　陈　伟　范家霖　范霁红
欧阳晓平　罗上庚　罗志福　郝樊华
夏佳文　柴国旱　徐　銤　徐洪杰　徐瑚珊
徐燕生　董家齐　蔚喜军　潘自强　潘启龙

统　　稿　顾忠茂

项目负责人　申立新

学术秘书组

组　长　张宝珠

成　员　（按姓氏笔画排序）

王丽瑶　兰晓莉　权　英　向学琴　刘鑫扬
苏　萍　李　夏　李　楠　何　冀　沙智明
罗　楠　郑绪华　胡正国　徐若珊　高　媛
高　鑫　蔡翔舟　熊　茹　滕君锐

序

党的十八届五中全会提出要发挥科技创新在全面创新中的引领作用，推动战略前沿领域创新突破，为经济社会发展提供持久动力。国家“十三五”规划也对科技创新进行了战略部署。

要在科技创新中赢得先机，明确科技发展的重点领域和方向，培育具有竞争新优势的战略支点和突破口十分重要。从 2006 年开始，中国科协所属全国学会发挥自身优势，聚集全国高质量学术资源和优秀人才队伍，持续开展学科发展研究，通过对相关学科在发展态势、学术影响、代表性成果、国际合作、人才队伍建设等方面的最新进展的梳理和分析以及与国外相关学科的比较，总结学科研究热点与重要进展，提出各学科领域的发展趋势和发展策略，引导学科结构优化调整，推动完善学科布局，促进学科交叉融合和均衡发展。至 2013 年，共有 104 个全国学会开展了 186 项学科发展研究，编辑出版系列学科发展报告 186 卷，先后有 1.8 万名专家学者参与了学科发展研讨，有 7000 余位专家执笔撰写学科发展报告。学科发展研究逐步得到国内外科学界的广泛关注，得到国家有关决策部门的高度重视，为国家超前规划科技创新战略布局、抢占科技发展制高点提供了重要参考。

2014 年，中国科协组织 33 个全国学会，分别就其相关学科或领域的发展状况进行系统研究，编写了 33 卷学科发展报告（2014—2015）以及 1 卷学科发展报告综合卷。从本次出版的学科发展报告可以看出，近几年来，我国在基础研究、应用研究和交叉学科研究方面取得了突出性的科研成果，国家科研投入不断增加，科研队伍不断优化和成长，学科结构正在逐步改善，学科的国际合作与交流加强，科技实力和水平不断提升。同时本次学科发展报告也揭示出我国学科发展存在一些问题，包括基础研究薄弱，缺乏重大原创性科研成果；公众理解科学程度不够，给科学决策和学科建设带来负面影响；科研成果转化存在体制机制障碍，创新资源配置碎片化和效率不高；学科制度的设计不能很好地满足学科多样性发展的需求；等等。急切需要从人才、经费、制度、平台、机制等多方面采取措施加以改善，以推动学科建设和科学研究的持续发展。

中国科协所属全国学会是我国科技团体的中坚力量，学科类别齐全，学术资源丰富，汇聚了跨学科、跨行业、跨地域的高层次科技人才。近年来，中国科协通过组织全国学会开展学科发展研究，逐步形成了相对稳定的研究、编撰和服务管理团队，具有开展学科发展研究的组织和人才优势。2014—2015 学科发展研究报告凝聚着 1200 多位专家学者的心血。在这里我衷心感谢各有关学会的大力支持，衷心感谢各学科专家的积极参与，衷心感谢付出辛勤劳动的全体人员！同时希望中国科协及其所属全国学会紧紧围绕科技创新要求和国家经济社会发展需要，坚持不懈地开展学科研究，继续提高学科发展报告的质量，建立起我国学科发展研究的支撑体系，出成果、出思想、出人才，为我国科技创新夯实基础。

2016 年 3 月

›››› 前言

2014 年 5 月，中国核学会接受中国科学技术协会的委托，正式立项开展 2014—2015 年核科学技术学科发展的研究工作。为了更好地完成此项目，中国核学会成立了以理事长李冠兴院士为首席科学家，近 40 位长期从事核科学技术学科研究的专家、学者组成的课题组。

核科学技术始于 20 世纪前半叶，是一门自然科学与技术科学相交叉的综合学科，它包括了二十几个分支学科。进入 21 世纪以来，核科学技术始终保持旺盛的生命力，深受国际广泛重视和关注，特别是最近几年，各领域得以持续发展，获得了大量成果。当前我国已经跻身世界核电发展的第一方阵，建成了较完整的核燃料循环体系，核技术应用产业迅猛发展。

《2014—2015 核科学技术学科发展报告》是继《2007—2008 核科学技术学科发展报告》之后，中国核学会撰写的第二份学科发展报告，时间跨度大，内容丰富。本学科发展报告由综合报告和 21 个专题报告组成，涉及 25 个分支学科，展现了 2009 年至 2015 年，国外核科学技术学科的发展现状、动态和趋势；回顾、总结和科学地评述我国核科学技术学科近几年来的研究成果（包括新进展、新成果、新见解、新观点、新方法、新技术等）；在总结核科学技术各分支学科发展目标和前景的基础上，提出本学科发展的保障措施与对策建议。

《2014—2015 核科学技术学科发展报告》的撰写者都是相关领域的专家，也都是这一历史时期的见证人。编者力图充分反映当前这一历史时期核科学技术的发展特征，为各位领导、同仁和读者提供一份可读性强、具有真知灼见的学科发展报告。

在本报告的研究和编撰过程中，受到了许多专家、学者的关心，收到了诸多中肯和有益的意见或建议，谨向他们表示谢意。

由于编者水平有限，且本报告涉及内容颇多，挂一漏万等不足之处在所难免，敬请读者批评指正。

中国核学会

2016 年 3 月

›››› 目录

综合报告

专题报告

ABSTRACTS IN ENGLISH

综合报告

核科学技术学科发展综合报告

一、引言

核科学技术始于20世纪前半叶，20世纪30年代发现了中子和核裂变，推动了核武器的发展和核能发电的广泛应用，并产生了原子核科学技术，它包括核物理、核化学与放射化学、裂变堆工程技术、粒子加速器、核聚变工程技术与等离子体物理学、核燃料循环技术、辐射物理与技术、核安全、辐射防护技术、放射性废物处理与处置技术、核设施退役、核技术应用等。核科学技术从诞生之日起就与人类社会的生存和发展密切相关，它不仅属于战略高科技领域，也是国家核心利益和实力的具体标志之一，而且在国民经济中起到了独特的作用，具有重要地位。

我国已把核安全上升为国家安全战略，事关公众健康、经济发展、社会进步、政治稳定，甚至还事关国家的命运、前途和未来；倡导"理性、协调、并进"的中国核安全观，在实践中做到"发展和安全并重、自主和协作并重、治标和治本并重"，遵从规律、系统考虑、共同发展，是我国对核安全概念的理解和总结，也是对国际社会的价值倡导，更是对国际社会的庄严承诺。

进入21世纪以来，核科学技术作为一门前沿学科，始终保持旺盛的生命力，深受国际广泛的重视和关注，世界各国对其投入的研究经费更是有增无减。核能作为一种清洁高效能源，长期在世界能源结构中发挥重要作用。伴随着我国国民经济的不断发展壮大，核科学技术在我国能源、科技、医疗以及工农业等各个领域正发挥着越来越重要的作用。

当前核科学技术发展的特点是：吸取日本福岛核电站事故的经验教训，核电先进国家围绕核电安全性、经济性、可持续性，开展了大量的核技术研发活动，各国继续加强先进裂变反应堆如水冷堆、快堆和气冷堆研究，研发中小型反应堆和利用核电厂开展非电力应用受到关注，随着国际热核实验堆建造工作的进行，许多国家发起新的研发活动，为聚变能商业化计划做准备；在核燃料循环技术领域，离心浓缩铀取得新进展，激光浓缩铀朝着商业化的目标迈进，全碳纤维转子超临界离心机、耐事故燃料元件、金属燃料、干法后处理和高放废物地质处置等技术研发活动十分活跃；在核技术应用领域，同位素生产和应用、核医学、加速器、核探测、辐射加工、核安保、核环保等产业规模不断扩大，美国核技术应用产值已超过核电；核科技大国高度重视核基础领域的发展，依托国家级的综合研究机构，在核物理、核化学与放射化学、加速器技术等理论和实验研究方面取得新的突破，核安全与核应急、辐射防护与环境保护技术不断完善和提高。[1]

近年来，我国核科学技术研究取得了丰硕成果，核科技创新体系不断完善，核燃料循环产业体系不断转型升级。在压水堆方面，通过实施国家重大科技专项，引进消化吸收 AP1000 核电站技术，形成自主的第三代核电品牌 CAP1400；按照最先进的标准要求自主设计的三代核电技术“华龙一号”获得国务院核准开工，拥有自主知识产权，实现了核电带动装备产业走出去；我国自主开发多用途模块化小型堆 ACP100 开始初步设计，为开拓国际市场打下坚实基础。在快堆方面，2011 年 7 月 21 日，中国实验快堆成功实现并网发电；目前自主示范快堆核电站工程前期工作已经启动。在高温气冷堆方面，国家科技重大专项——山东石岛湾 20 万千瓦高温气冷堆核电站示范工程在 2012 年 12 月正式开工建设，2015 年 6 月反应堆厂房实现封顶，2016 年 3 月反应堆压力容器运抵现场，开始核岛主设备的安装工作。在核燃料循环技术领域，铀矿勘查技术大幅提升，又探明了一处超大型铀矿床；研发了先进的铀浓缩技术并成功实现工业化，实现了铀浓缩技术的重大跨越；自主研制的 CF3 核燃料元件完成主要研制工作，进入随堆运行考验阶段，这将为我国自主三代核电建设及“走出去”提供更加有力的保障；自主设计的动力堆乏燃料后处理中试厂热试成功，并正在设计我国首个乏燃料后处理工程，为实现我国核燃料闭式循环迈出了具有重大意义的一步。在核基础研究领域，我国自主研发的世界先进质子回旋加速器首次调试出束，标志着国家重点科技工程——HI-13 串列加速器升级工程的关键实验设施正式建成。此次建成的百兆电子伏质子回旋加速器，是国际上最大的紧凑型强流质子回旋加速器，HI-13 串列加速器升级工程建成后，将广泛用于核科学技术、核物理、材料科学、生命科学等基础研究和能源、医疗健康等核技术应用研究。[2]

二、国际核科学技术发展的现状与趋势

（一）核能技术

核能是一种成熟的低碳技术，它今后的发展趋势是提高安全水平和功率，以利于规模经济开发。日益增长的全球能源需求、气候变化问题、日益枯竭的石油、天然气储备以及化石燃料供应的不确定性，促使核能应用不断扩大。截至 2015 年 10 月，全球共有 441 台在运核电机组，总净装机容量约为 381.6GWe；65 台在建机组，总装机容量约为 62.4GWe。虽然 2011 年福岛核事故对全球核能发展产生了一定的影响，但世界核电事业在注重安全

的基础上依然稳步发展，并将在相当长时间内继续保持增长态势。

近年来，国际上主要开展了第三代及第四代核电技术研究。第三代核电技术日趋成熟，在经济性与安全性方面有很大改进，并逐渐成为世界新建核电机组的主流。同时，为了更彻底地解决经济性、安全性、废物处理、防止核扩散以及提高燃料循环利用率等问题，世界范围内正更加深入开展第四代核电技术研究。“国际核聚变实验反应堆（ITER）计划”着眼于永久解决人类未来能源问题，正在向前推进，取得了一些突破性成就。

1. 先进压水堆进入工程建设阶段

压水堆是目前最成熟的一种核电技术。近年来，各国依据《先进轻水堆用户要求文件》（URD）和《欧洲用户要求文件》（EUR）积极开展第三代先进压水堆研发工作。目前国外具有代表性的有：美国的 AP1000 技术，法国的 EPR 技术，韩国的 APR1400，俄罗斯的 VVER–1000 和 VVER–120，法国与日本合作的 Atmea–1 技术。目前应用这些技术的工程项目部分已开工建设。2012 年 2 月，美国核管会（NRC）委员会批准了 2 台 AP1000 核电机组，这是美国近 30 多年来首次批准新建核电机组。

第三代先进压水堆技术采用非能动系统设计，增加安全系列，采取完善的严重事故预防和缓解措施、增强对外部事件的防御能力，提高了安全性，也通过增大容量、简化设计、延长设计寿期和换料周期等手段提高了经济性。日本福岛核电站事故的发生反映了核电厂的某些安全薄弱环节，事故过后国际上普遍对现有核电厂开展安全审查，并进行安全改造，提高了反应堆的安全性；“实际消除大规模放射性释放”被再次提出并受到重视，成为未来核安全发展的重要趋势。开展燃料和堆芯安全领域的前瞻性和基础性研究，重点开展严重事故机理研究、耐事故燃料元件研制，提高反应堆固有安全性，是未来压水堆发展的重要方向。

自 2004 年 6 月国际原子能机构（IAEA）宣布启动以一体化技术、模块化技术为主要特征的革新型模块式小型堆（SMR）开发计划以来，参与的成员国总数已达到 30 个，涌现了 45 种以上的革新型中小型反应堆概念。这些革新型堆型大多数允许或明确促进非电力应用，如核能淡化海水或核能热电冷联产。

2. 快堆研究在技术和工程方面取得新进展

钠冷快堆在燃料制造工艺和远程操作的热室元件制造技术方面成果显著，并开发了先进在役检查仪表系统、能量转换系统和新型蒸汽发生器，未来将在非能动安全性、高燃耗燃料以及抗辐照材料等方面开展进一步研究。铅冷快堆在系统与设备设计、燃料研发以及铅工艺与材料方面取得了一定成果，未来将主要在材料、铅腐蚀、革新型燃料、先进热传输系统和设备方面深入研究。气冷快堆在概念设计和安全研究上取得较大进展，将进一步开展国际合作，研究包壳材料、特殊风机、阀门和仪表系统等关键技术。

工程建设方面，俄罗斯完成了商用示范堆 BN–800 建设，计划开展 BN–1200 建设；法国正在进行 ASTRID 概念设计；日本发展了 FaCT 项目，进行商用快堆概念设计，计划建设示范快堆循环工厂；印度发展了钍铀循环快堆，PFBR 反应堆建造基本完成；欧洲原子能联营正在建造气冷快堆 ALLEGRO（实验堆），建成之后将有效推动燃料研发等工作。

3. 各国积极开展高温气冷堆各项关键技术和设计集成研究

近年来，各国在第四代核能系统国际论坛（GIF）框架下开展高温气冷堆燃料与燃料循环、材料、设备、设计集成等技术研究。美国主要依托“下一代核电厂”（NGNP）项目进行相关研究，目标是建成高温气冷堆电 / 热（或氢）联产厂，用于工业供热和发电，已在燃料元件开发与考验、高温材料开发、制氢技术、反应堆安全技术等方面有长足进展。日本在氦气透平技术、碘 - 硫热化学水解工艺制氢方面具有优势，计划 2020 年左右建成原型制氢厂，2030 年左右实现商业化。韩国 2008 年批准了“核能制氢研发演示项目（NHDD）”长期计划，预计 2022 年建造一套核能制氢系统，2026 年完成原型演示。欧盟在 HTR-TN 计划下，在设计方法和工具、燃料、材料、氦系统技术、耦合技术等方面合作开展高温气冷堆的研发。

4. 熔盐堆研究呈上升趋势

近年来关于熔盐堆的研究日渐上升，各国积极开展熔盐堆概念设计。法国设计了 MSFR，俄罗斯设计了 MOSART，日本设计了 Fuji-MSR。2009 年美国提出 900MW 球床氟盐冷却高温反应堆，2011 年美国能源部启动固态燃料熔盐堆前期研究计划，以 900MW 球床堆为基准，制定了氟盐冷却高温反应堆的发展战略，开展不同功率反应堆概念设计。2009 年欧盟启动 SUMO 项目，对 MSFR 进行可行性评估，基于反应堆堆芯、后处理设施和废物处置设施的研究提出最佳熔盐快堆系统设计。2011 年欧盟又启动 EVOL 计划，对 MSFR 初始设计及安全方案进行优化。

5. ADS 系统研究日趋活跃

因加速器驱动次临界系统（ADS）在嬗变放射性核废料、有效利用核能资源方面具有的潜在优势，近年来国际上对 ADS 的研究给予了广泛的关注与支持，并从战略高度予以部署和实施。作为新一代核能开发与核废料安全处置的技术路线，ADS 研究相关的学术交流和科技合作也越来越活跃。

目前，国际上加速器驱动次临界系统的研发正在从关键技术攻关逐步转入建设系统集成的研究装置阶段。欧盟 C.Rubbia 领导的顾问组制定和提出了 EUROTRANS 计划，形成 XT-ADS 原理示范装置的先进设计和 EFIT 工业级嬗变装置的概念设计。同时，充分利用现有核设施并在欧盟 F6、F7 框架下开展了 MUSE、MEGAPIE 等多项实验研究。比利时核能研究中心实施的 MYRRHA 研究项目计划于 2023 年左右建成 85MWt 的铅铋冷却 ADS 系统。美国制定和实施了研究核废料嬗变方案的 SMART 等计划，费米国家实验室正在计划建设中的 Project-X 也将开展 ADS 相关研究。日本 JAEA 和 KEK 研究机构在其 J-PARC 强流质子加速器上设有专门用于 ADS 研究的 TEF 实验装置，质子束流能量将达到 600MeV。此外，俄罗斯、韩国和印度等国家也都开展了一系列的 ADS 研究工作。

6. 多国开展超临界水冷堆概念设计

超临界水冷堆（SCWR）是在高于水的临界点（374℃，22.1MPa）的温度和压力下运行的反应堆，是在现有水冷反应堆技术和超临界火电技术基础上发展起来的革新设计，拥有很好的技术基础。与目前运行的水冷堆相比，超临界水冷堆系统简单、装置尺寸小、热效率高，具有更高的经济性和安全性。

美国、中国、加拿大、日本、欧盟、韩国和俄罗斯等10个国家和地区在国际合作框架内共同开展超临界水冷堆研究工作，目前提出了超临界压力水冷热中子堆、超临界压力水冷快中子堆、超临界压力水冷混合中子谱堆、超临界压力水冷球床堆和超临界压力重水堆等设计概念。在安全性、稳定性方面，各国开展了对非能动安全系统、燃料元件和堆芯部件、高温材料、超临界压力水化学、超临界压力条件下堆芯热工水力和反应堆物理特性的分析研究。根据第四代核能系统国际论坛提出的路线图，预期SCWR将在2020年前后完成性能研究和示范堆建设，2025年完成试验验证，2030年前后实现商业应用。

7. 核聚变研究取得了重要物理成果

核聚变因资源丰富和无污染，是人类社会未来的理想能源。由于技术难度大，经费投入大，国际上通过合作和技术共享，共同进行核聚变研究。

受控核聚变包括磁约束聚变和惯性约束聚变。在磁约束核聚变方面，经过多年的探索，托卡马克成为主要途径，相继建成并成功运行大型托卡马克装置，包括欧共体的JET、美国的TFTR、日本的JT-60U等。磁约束受控核聚变的科学可行性已得到证明。由中、美、欧共体、俄、日、韩共建的国际热核实验堆（ITER），已完成概念和工程设计，正在建设中。同时，为提高聚变的经济性和实用性，各国也正在进行深入的聚变科学和技术研究，加强对堆芯等离子体品质、加热系统、装置结构材料、控制技术等的深入研究。惯性约束聚变在理论、实验、诊断、制靶和驱动器方面取得了长足进展。2009年美国建成国家点火装置（NIF），利用NIF装置开展了一系列靶物理实验和点火物理实验，取得重要的物理成果。实现实验室热核聚变点火，开展高温、高密度极端物理等基础前沿科学问题研究，将是未来惯性约束聚变研究的主要方向。

8. 各国纷纷提出聚变－裂变混合堆方案

聚变－裂变混合堆（简称混合堆）是20世纪50年代提出的一种反应堆类型，是次临界核反应堆，由一个聚变堆芯、环绕该堆芯的裂变包层和产氚包层组成，聚变堆芯是一个独立的外部高能中子源，可以使裂变包层以次临界态运行，剩余中子可用来产氚，实现氚自持循环。利用聚变中子的裂变包层主要有以下应用：①核废料管理；②能源生产；③为轻水反应堆生产裂变燃料。在核废料管理以及裂变燃料生产过程中，产生的大量核能对提高整个系统的经济性至关重要。

长期以来，聚变技术是制约聚变－裂变混合堆研究进程的核心因素。20世纪末，Z箍缩技术取得了里程碑式进展，吸引了国际聚变界的高度关注；2010年，美国提出Z箍缩聚变物理设计（MagLIF），预期可在30MA电流条件下实现聚变点火；2012年，俄罗斯启动50MA的贝加尔（Baikal）装置的建设，计划于2018年建成，将有望实现Z箍缩惯性约束聚变点火的历史性突破。以In-Zinerator方案为典型代表，美、俄、欧等国家和组织纷纷提出了各自的聚变-裂变混合堆方案、研究计划和发展路线图，计划在 2035 年前后建成示范堆。

（二）核燃料循环

核燃料循环（nuclear fuel cycle）是指核燃料进入核反应堆前的制备和在反应堆使用后所有涉及核燃料处理、处置过程的各个阶段。它包括铀资源勘查，铀矿开采，铀的提取和精制，铀的化学转化，铀同位素的富集，核燃料组件制造，核燃料组件在反应堆内使用，乏燃料贮存，乏燃料运输，乏燃料后处理，放射性废物处理、处置等。

1. 世界范围内发现了更多的铀矿资源

国外部分铀矿床规模大、品位高，地质预测研究水平先进。铀矿勘探最深已超过 2000m，大型金属矿山开采深度超过 1500m 的约有 115 座。南非的金矿最深已开采到 4800m，勘探最深达到 5424m；美国金矿勘探最深达到 5071m。

随着航空物探技术的迅速发展，高精度数据采集系统和数据处理软件亦获得了巨大的进步，金属矿产的勘探中物化探仪器制造和深部探测技术更是在高精度、大深度方向取得了较为成功的发展，现代遥感技术已经进入一个能动态、快速、多平台、多时相、高分辨率地提供对地观测数据处理的新阶段。随着信息化程度的提高，地质勘探开始向立体找矿、智能找矿的方向发展。

2013 年，包括澳大利亚、博茨瓦纳、加拿大、中非、中国、捷克、丹麦（格陵兰）、印度、约旦、蒙古、纳米比亚、俄罗斯、斯洛伐克和南非在内的许多国家均报告发现了更多的资源。

2. 加强研究与开发安全环保的铀矿采冶技术

铀矿采冶是核燃料循环中的一个重要组成部分，其包括了采矿、选矿、提取与精制等工艺环节。世界铀矿资源的开发利用已有 200 多年的历史。到 2012 年，世界上仍有 21 个国家 50 多座铀矿山在生产运行，铀总产量为 58816 吨，其中露天开采占 19.9%，地下开采占 26.2%，地浸占 44.9%，副产品占 6.6%，堆浸占 1.7%，其他占 0.7%。由此可见，世界铀矿采冶技术以常规采冶工艺和地浸采铀工艺为主，堆浸和原地破碎浸出工艺主要用于处理低品位铀矿石。

为减少铀资源开发对环境的影响，世界主要铀资源开采国均加强了铀矿采冶安全环保技术的研究与开发。澳大利亚、加拿大、美国均取得了不小的进展，相关技术也得到了广泛的应用。

3. 气体离心法是当前先进的工业规模浓缩铀生产方法

气体离心法是当前世界上工业规模生产浓缩铀的唯一先进方法，2013 年 6 月，其他铀同位素分离方法已被气体离心法全部取代。激光同位素分离技术被认为是继气体扩散法和气体离心法之后最有希望成为工业化的浓缩铀生产新方法，但目前仍存在很多技术难题，需要继续投入大量的研发工作。激光同位素分离技术中最具潜力和应用前景的是原子法（AVLIS）和 SILEX 法。

俄罗斯目前有 4 座离心工厂，其最先进的第八代离心机在 2005 年开始生产装备工厂。到 2012 年年底，俄罗斯总的生产能力约为 27100 吨分离功 / 年，预计到 2025 年底将达到 32000 吨分离功 / 年。

英国、德国和荷兰三国联合成立的西欧铀浓缩公司（URENCO）2012 年年底的生产能力达到 16900 吨分离功 / 年。

日本核燃料有限公司（JNFL）2000 年开始开发新型碳纤维复合材料离心机，2011 年底首个级联投入运行，预计其生产能力在 2020 年将增长到 1500 吨分离功 / 年。

美国致力于激光法的研究，是第一个将 AVLIS 技术发展到工业应用水平的国家。2006 年 5 月，美国通用电气公司获得了澳大利亚 SILEX 法的专有权，专门从事相关技术的商业开发。2012 年 9 月通用电气下属全球浓缩激光公司（GLE）获得了建设和经营许可证。在气体离心机的研制方面，其选择的是可维修大型离心机。

4. 高性能燃料更新换代和 MOX 燃料扩大应用

自反应堆问世以来，燃料元件一直在不断发展，性能不断提高，很多国家或公司都非常重视燃料组件的研发工作。目前，世界燃料元件制造能力约为 18000 吨铀 / 年，其中压水堆燃料元件约 11500 吨铀 / 年，重水堆 4000 吨铀 / 年，其他元件约 2600 吨铀 / 年，生产能力不断提高。随着核电快速发展，轻水堆燃料元件制造能力平均利用率将从目前的 50% 提高到 2020 年的 70% 左右。在技术上各国都在不断更新换代，核燃料组件的设计燃耗不断加深，高性能燃料组件技术进步，提高了核电站运行的经济性。事故容错燃料（ATF）已成为国际上核燃料元件发展的新方向，代表了先进核能系统的发展趋势和技术前沿，引领着核燃料新技术的发展。

MOX 燃料应用于快堆核电站是实现核燃料闭式循环的最重要途径，是将来的主要发展方向。国外多个国家已经实现了 MOX 燃料在快堆和压水堆核电站上的成功应用，2004 年 MOX 燃料实际应用比例约占全部核燃料的 2%，2010 年这一比例达到约 5%。欧洲有 40 余座轻水堆获得了使用 MOX 燃料的许可证，其中 30 座反应堆装载了 MOX 燃料，还有 20 座刚取得应用许可证或许可证正在审批程序中。日本有 20 多座轻水堆计划使用 MOX 燃料。大部分反应堆的 1/3 堆芯装载了 MOX 燃料组件，有些新设计的第三代反应堆可装载 50% 的 MOX 燃料组件。日本甚至有一座反应堆被批准装载 100%MOX 燃料组件。从各国发展计划看，预计 2020 年后 MOX 燃料将在压水堆核电站中获得广泛应用。

5. 致力研发第三代和第四代先进后处理技术

对于乏燃料的管理，国际上主要有三种战略考虑：其一是后处理战略，其二是“一次通过”战略，还有一种是观望战略。国际上常把后处理技术发展分为四个阶段，即：早先的军用后处理技术为第一代，目前通用的压水堆乏燃料后处理技术为第二代，仍处于研究阶段的针对分离嬗变研究为目的的先进分离技术为第三代，干法后处理为第四代。目前全世界从事动力堆乏燃料后处理的国家有法国、英国、俄罗斯、日本、印度、中国等[3]，均使用第二代后处理技术，即各种改进型 PUREX 流程。

当前，商用后处理技术的发展趋势是更加注重安全性和经济性，并采用无盐流程开发和减少萃取工艺循环数等措施，减少核废物对环境的影响。美、俄、法、英和印等国家仍继续致力于先进后处理技术的研发，包括基于 PUREX 主流程的先进水法后处理及熔盐电精制法等干法后处理技术，以满足快堆等第四代反应堆乏燃料的后处理，实现次锕系元素和长寿命裂变产物元素分离的一体化后处理流程，进一步降低后处理成本、废物最小化，有利于防核扩散。

法国现在的商业后处理厂集中在阿格中心。经过 40 年的发展，阿格后处理中心已成为法国最重要的商用后处理基地，也是目前世界上最大的轻水堆乏燃料后处理中心。

俄罗斯计划将停建的 RT2 厂改造成为集分离与元件制造为一体的先进技术研究中心，目前已进入改造阶段，可能于 2020 年建成运行。

日本在 2005 年建成青森县六所村后处理厂，年处理能力为 800 吨铀，其工艺的设计主要引进法国的技术，也采用了英国和西德的一些技术，并尽可能地使用本国技术。但其建成并热调试后因种种原因，一直未能投运。

印度的几个小型工厂除采用水法 PUREX 后处理流程外，还是世界上唯一对重水慢化反应堆乏燃料进行后处理的国家。由于印度特别重视对快堆乏燃料的后处理，英迪拉·甘地巴巴原子研究中心正在建造一座快堆乏燃料后处理厂（FRFRP）。

6. 放射性废物处理安全可靠，高放废物深地质处置达成共识

放射性废物是含有放射性核素或被放射性核素污染，其放射性核素的浓度或活度大于审管机构确定的清洁解控水平，并且预期不再使用的物质。放射性废物的处理与处置有其特殊要求并需要专门的措施，其基本方法包括两类：分散稀释和浓集隔离。放射性废气和废液经过净化处理，以气体或液体流出物排放到大气或水体中，属于分散稀释；放射性废物经过固化、整备，把放射性核素浓集在固化体中，实行近地表处置或深地质处置，属于“浓集隔离”。核燃料循环的各个环节都会产生放射性废物，对于绝大部分废物已具备成熟的工艺和技术来对其进行处理和处置。[4]

现在，国际上低、中放废液的处理工艺大致分为两类，即传统处理工艺和革新处理工艺。传统工艺就是常说的“老三段”：沉淀、蒸发和离子交换；革新工艺是以膜分离为主的复合技术，如 AP1000 核电厂采用了“化学絮凝 + 活性炭处理 + 离子交换”处理技术。高放废液的玻璃固化，难度大、技术复杂、发展滞后。自 20 世纪 50 年代以来，玻璃固化开发了罐式法、旋转煅烧炉＋热熔炉两步法、焦耳加热陶瓷熔炉法（也称电熔炉法）、冷坩埚法等四种工艺。目前世界上使用得多的是电熔炉法和两步法，冷坩埚法正在工程验证阶段。韩国开发了用冷坩埚固化核电站废树脂和干放射性废物的技术，2009 年建成工厂，至 2012 年已处理 22t 废物。

到目前为止，国际上采用过多种低、中放废物处置方法，常见的主要有 4 类：工程近地表处置、简易近地表处置、矿穴处置和地质处置。其他处置方法还包括水力压裂、深井灌注、海岛处置和海洋投弃等。国际上较多采用近地表处置，瑞典、芬兰的处置库建在滨海海底花岗岩中，有的国家选建洞穴处置库（如捷克），有的国家利用核爆坑处置低、中放废物（如美国）。

高放废物一般采用深地质处置库进行处置。国际上完成深地质处置库场址预选并得到国家批准的仅有瑞典和芬兰两国，其他不少国家都处于地下实验室建设或场址初选阶段。各国场址选择按本国地质条件进行，现在国际上研究较多的是黏土岩和花岗岩。美国尤卡山的凝灰岩场址和德国戈莱本的岩盐场址，都因遭反对而中止。国外现已建设了 26 个地下实验室，有的建在花岗岩中（如瑞典、加拿大、日本、韩国、芬兰、印度、捷克等），有建在黏土岩中（如比利时、法国、瑞士等），也有的建在岩盐中（如德国、美国）。

7. 核设施退役技术成熟，市场前景广阔

核设施都有一定的寿期，期满或因其他原因停止服役后，为了充分考虑人类的健康、安全和环境保护，需要进行退役，最终实现场址不受限制的开放和使用。退役方案包括立即拆除、安全封存（或称延迟拆除）和就地埋葬。核设施退役是一门综合性工程，涉及的技术很多，包括：源项调查、去污、拆除解体、废物管理、辐射检测、辐射防护、场址清污等。过去 40 年间，关于各类核设施退役已积累了大量的经验，全世界已有约 100 个铀矿，110 个商用动力堆，46 个实验堆或模式堆，250 多个研究堆和一些核燃料循环设施已达到寿期而退役，其中一些已经完成退役并整治成绿地，或改造成商业中心、技术园区、核博物馆[5]。现在已有很多成熟的技术和设备，可用于核设施退役的安全拆除、去污等，并已在很多地方成功运用。

英国已有 29 个反应堆开始退役，按照在核燃料卸除后，将冷却水池排干、清洗，拆除和拆毁发电机厂房，对反应堆建筑物长期安全监管封存的步骤进行退役。在封存期过后，进行建筑物拆除，厂址平整和环境美化。法国对已停运的气冷堆采取了部分拆除和推迟 50 年进行最终拆除和拆毁的方案，并在马库尔建造一个对核设施拆除的钢铁进行再循环利用的工厂。德国采取了关闭后立即拆除方案，利用水下切割技术，将大部分污染部件转走，并可对大部分金属进行再循环。美国退役程序都是在核管会监管下制定的，现已有 31 个动力堆关闭和退役，经验丰富且具有多样性，至少有 14 个动力堆采用了安全监管封存方案，另有 14 个动力堆采用了立即退役方案，还有几个小型试验堆采用了埋葬方案。

（三）同位素与辐射技术

同位素与辐射技术是指利用核发出的以及加速器产生的粒子和射线，与物质相互作用来研究和改造物质的技术，是核技术的重要组成部分，是当代重要的尖端技术之一。

同位素与辐射技术的应用几乎涵盖了国民经济的各个领域，特别是放射性同位素应用，在医学、农学、脉冲功率应用和核测试分析中应用尤为引人注目。

1. 放射性同位素应用进展快速

随着国际上几个主要的放射性同位素制备用反应堆接近寿期和对核不扩散的限制越来

越重视，国际原子能机构（IAEA）和经济合作与发展组织（OECD）都在关注高浓铀生产裂变产物钼 -99 的替代技术，包括用低浓铀直接堆照生产和用加速器制造。目前已有荷兰（建设反应堆）、德国（建设反应堆）、澳大利亚（扩大产能）、比利时（研究低浓铀技术）、韩国（建设专用同位素反应堆）、加拿大（使用加速器）在开展相关工作。美国为满足航天用同位素电池制备需要，启动了恢复钚 -238 生产的项目，计划每年生产 5kg。

近年来，锝标记药物的研究得到了极大的关注，出现了一系列基于锝配合物的新型标记药物。不过在实际应用时这些化合物也存在一些问题，如螯合基团过大、中心金属原子价态易被氧化、标记物稳定性不好等。发展新的锝配合物，设计新的配体，寻求新的标记手段和方法，有可能找到性能更加优良的标记药物分子。

国际上核素治疗出现了使用发射 α 射线的核素，美国食品药品监督管理局（FDA）批准了 ^{223}Ra 应用于晚期前列腺癌患者的治疗。正电子放射性药品方面，FDA 还批准了三个诊断阿尔茨海默病（AD）的氟 -18 药品，其中 ^{18}F-AV45 比较成功，说明中枢神经系统（CNS）退行性疾病是研究的热点。

在放射免疫技术方面，国外临床检测项目已达 200 余项。固相包被技术在放射免疫分析（RIA）的应用已占整个检测项目的 90% 左右。韩国和德国已实现从加样到测量的整个实验检测过程的自动化。

放射性同位素应用进展快速。目前，国际上同位素技术工业应用研究热点集中在 γ-CT 无损检测、辐射成像安全检查、新型核测控仪器仪表研发、环境污染监测与治理、辐射加工等方面。

2. 辐射技术在多方面得到广泛应用

辐射加工是利用 γ 射线或加速器产生的电子束、X 射线辐照被加工物体，使其品质或性能得以改善的过程。在发达国家，辐射加工已经发展为一门新兴高科技产业，在工业、农业、医疗卫生、食品、环境保护等多方面有着广泛用途，并取得了巨大的经济效益和社会效益。据统计，全世界辐射技术产业化规模已达到年产值数千亿美元。美国作为该产业的发展大国，其规模达 6000 亿美元，占国民经济总值的 3% ~ 4%。日本的辐射加工技术应用着力于其产业结构的优化升级、资源的高效利用以及环境保护。

近年来，国外核技术应用产业的概况如下：

（1）全世界大型钴源辐照装置约 250 座，装源量 2.5 亿居里，而用于辐照的加速器超过 1000 台，总功率 45MW。

（2）辐射化工产品年产值超过 1000 亿美元。

（3）用于集成电路的离子注入机 3000 多台，产值 1470 亿美元。

（4）全世界辐照食品的销售量 30 万吨。

（5）70 个国家在 186 种植物上诱变新品种 2252 个。

（6）全世界半数以上国家采用辐射雄性不育法对 200 多种害虫进行杀灭处理。

（7）全世界每年有 3 ~ 4 亿人次接受放射性诊断和治疗。

（8）94 座生产同位素的反应堆，49 台同位素生产专用加速器。

（9）核医学（PET）专用回旋加速器数百台。

（10）生产 3000 多种放射性同位素及其制品。

国外的加速器装置在数量上再度增加的同时，在产品质量上也不断提高。装置结构紧凑，易操作，维修方便，长期运行稳定性和可靠性、智能化水平等有明显提高，如地那米型加速器从低能到高能的完整系列，电子帘加速器从 80 ~ 300keV 完整系列。加速器的控制系统已发展到计算机智能控制、远程诊断、电器插件更换自动调整、信息采集和储存等，自动化水平很高。

3. 核医学显像得到飞跃发展

进入 21 世纪，核医学显像仪器得到了飞跃发展，形成了以多模式影像为特征的分子功能影像时代。20 世纪 90 年代末，以 GE 公司的 Hawkeye 为代表的 SPECT/CT 及其符合线路成像的广泛应用，随后西门子公司和飞利浦公司也相继推出 SPECT/CT，其 CT 配置也由早期的 X 线球管发展到现在的 4–16 排 CT 为主导的诊断级 CT，使核医学影像的质量大为改善，定位更加准确。2009 年美国 GE 公司推出了半导体晶体的心脏专用 SPECT、乳腺显像专用机等，常规的显像仪器质量也在不断提高。18F–FDG 也成为 21 世纪最有价值的显像剂之一，此外一些新的分子影像探针也陆续试用于临床。2012 年，美国 GE 医疗集团推出将 PET/CT 与 MR 于不同房间的复合型机型，称之为 PET/CT–MR 模式。

进入 21 世纪，新的显像剂研究也获得进展，除了常规的单光子放射性药物和 18F–FDG 外，放射性核素标记的奥曲肽生长抑素受体显像、RGD 整合素受体显像、雌激素受体显像、乏氧显像以及正电子核素标记的乙酸、胆碱、FLT 都相继用于临床，丰富了学科内容，提高了疾病诊断和鉴别诊断的能力。

4. 核农学应用广泛

国外核农学起步较早，已发展为一门成熟技术在世界各地广泛应用。目前全球已经有 100 多个国家利用该技术来改良粮食作物、经济作物和花卉苗木等。联合国粮农署（FAO）协同国际原子能机构（IAEA）致力于核与生物技术的开发，以保持世界粮食的稳定持续增长。据不完全统计，运用此项技术，全球范围内共培育了 3218 个突变植物品种。

农产品辐照加工呈快速发展趋势。到目前为止，已经有 42 个国家批准 538 种农产品和食品的辐照加工，全球年辐照农产品的总量已超 50 万吨。近年来，在 FAO/IAEA/WHO 三个国际组织的积极倡导下，辐照农产品和食品逐步转向商业化，农产品辐照技术正在加快向农产品和食品工业领域转移。

农业核素示踪已广泛用于农业生态环境保护、农产品原产地溯源等领域。在病虫害控制方面，美国、加拿大、澳大利亚等世界上超过 2/3 的国家已对 200 多种害虫利用昆虫辐射不育技术开展研究和防治。

5. 脉冲功率应用前景广阔

脉冲功率技术是在电气科学基础上发展起来的一门新兴学科，是研究高功率电脉冲的产生和应用的科学。脉冲功率技术已被广泛应用于国防（核武器、电磁轨道炮、高功率微波武器、高能激光武器等研究）、聚变能源、材料、环境保护、医疗和生物等领域。现在，脉冲功率技术已发展成为涉及粒子加速器、等离子体物理、可控热核聚变、高电压工程、电介质物理、力学、材料科学等多个学科的新型交叉学科，成为当代高科技的主要基础学科之一，有着非常广阔的发展和应用前景。在五个核大国中，脉冲功率技术处于重要的战略地位。

2010 年，美国建造的双轴闪光照相流体动力学试验设施（DARHT）成功进行了第一次双轴 X 光照相流体动力学试验，对核武器研究极有价值。

2012 年末，美国波音公司公布了一种微波炮与巡航导弹集成的新概念电磁脉冲导弹，被称为 CHAMP（反电子设备高功率微波先进导弹项目）。CHAMP 首次成功解决了脉冲功率装置的小型化、HPM 天线设计、紧凑型 HPM 源以及导弹的自防护等关键技术，具有重要的应用前景。美国有可能在近期实现初步部署。

2014 年，美国海军委托英国航空航天公司（BAE）和美国通用原子公司（GA）分别研制的 32MJ 炮口动能的工程化原型样机已经完成，成功进行了多次测试和发射。在紧凑脉冲功率源和弹丸设计方面取得突破。美国海军的目标大致是 2020—2025 年初步部署电磁轨道炮。

美国海军实验室的高功率准分子激光研究世界领先。研制的 KrF 激光 ELECTRA 装置采用两束 500keV/100kA/100ns 电子束双向泵，实现了 300J/1Hz、250J/5Hz 和 700J/1Hz 重频运行，电插头效率达 7.4%。美国启动了准分子激光能源驱动器研究规划，计划 2022 年建立聚变实验装置（FTF，5Hz/0.5MJ），2031 年建立聚变电厂原型装置。

6. 核测试与分析广泛应用于多个领域

（1）中子散射技术。

目前，世界范围内谱仪装置超过 400 台[6]，中子散射向着探测速度更快、空间分辨更高和能量范围更大的高水平前沿学科应用迅速拓展。美国的 MaRIE 中提出利用中子散射为微米尺度上的先进材料研究。欧盟在 2013 年启动了 1600 万欧元为期 5 年的“欧盟加速原子尺度先进材料未来科学家的培养计划”，核心内容就是中子散射和 μ 介子光谱两大新兴关键技术。

（2）中子照相技术。

中子照相技术广泛用于军事、工业制造及核能材料等领域，同时在朝着小尺度样品高空间分辨与大尺度样品强穿透的两极发展。瑞士 PSI、德国 HZB 等机构已将低能中子分辨率提升至 10μm 左右，利用加速器、散裂源或反应堆产生高能与裂变中子开展大尺度样品检测；借助晶体单色器和斩波器，实现冷中子 Bragg 限成像，eV 能区共振成像以及 MeV 能区元素成分较精确共振测量。美国爱达荷国家实验室尝试开展了放射性元件的间接层析成像；近年还发展极化中子成像实现磁场的图像化，全息中子成像实现晶体内原子占位精确测量。

（3）核设施退役检测分析技术。

当前，国际上的发展趋势是利用成熟技术开发联合测量设备和方法。现场检测方面，法国原子能委员会（CEA）开发了包括 γ 成像（α 成像）–γ 剂量率探测 –γ 谱仪分析的组合技术。英国研究人员于 2011 年开发了能够同时探测 α 、β 、γ 粒子的组合式探测技术，有望在核设施退役中使用。此外，近年来研发的桶装废物非破坏测量技术、管道内表面 α 活度监测技术、长距离 α 测量（LRAD）技术、乏燃料破损检测技术等已逐步在核设施退役中得到应用。实验室分析方面，国外研发了核设施退役样品前处理技术和注入技术，以满足 ICP–MS 对 Th、U、Pu 同位素的分析；为满足堆退役废物管理的要求，丹麦里瑟国家实验室研发了混凝土、石墨、铝、铅、钢材中 ^{3}H、^{14}C、^{36}Cl、^{55}Fe、^{63}Ni、^{41}Ca、^{129}I 的分析方法；为满足加速器生物屏蔽层退役要求，瑞士 Schuman 等研发了加速器混凝土屏蔽层样品放化分析方法，对屏蔽层中的 ^{152}Eu、^{60}Co、^{44}Sc、^{133}Ba、^{154}Eu、^{134}Cs、^{144}Ce、^{22}Na、^{129}I、^{10}Be、^{36}Cl、$^{239/240}Pu$、^{238}U 等核素进行了分析。

（4）放射性核素的分离分析技术。

美国国家核取证溯源中心（NTNFC）在痕量核材料锕系及易裂变核素的快速分离分析技术处于世界领先水平。铀、钚核材料主同位素分析精度达 10^{-5}，低丰度同位素分析精度＜ 0.1%，氧同位素分析精度＜ 0.01%。美国劳伦斯・利弗莫尔国家实验室（LLNL）研发了加速器质谱及激光共振电离质谱等先进设备，分析灵敏度已达 10^{8} 原子水平，可实现天然铀中 ^{236}U 探测（10^{-12}），^{63}Ni 中＜ 10^{-11} 的 ^{63}Cu 探测，Pu 的探测灵敏度达 10^{-15}g。该实验室建立了 10^{-12} 钚的热表面电离同位素质谱分析技术，相对标准偏差≤ 0.4%，与标称值偏差≤ 0.7%。

目前，分离功能材料和放化快速分析方法也有了新的突破。国外近年报道的有机金属框架结构的放化分离新材料的比表面积高达 6240m^{2}/g，有望在惰性气体裂片核素分离得到广泛应用。

（四）核基础研究

核基础研究的进步，将使发展核能的制约因素得到解决，全产业链均将受益。

1. 高度重视辐射物理与技术的科学研究

辐射物理与技术主要包括辐射与物质相互作用、辐射环境生成、辐射效应与加固、辐射测量与诊断、辐射应用等研究方向，是核科学技术的重要组成部分。

近年来国际在辐射物理与技术研究领域可归结为：强脉冲辐射环境模拟技术、空间辐射模拟装置研发、核辐射效应机理与损伤研究、电磁脉冲辐射效应、辐射医学等。

国外在新型耐辐射材料、先进耐辐射工艺、高性能电子元器件以及保真性辐照试验方法和仿真平台研制方面不断取得新进展。

国际上高度重视电磁脉冲对航天器、信息化系统、电力系统等的效应、评估和防护技术研究。各主要发达国家均在大力发展相关的电磁脉冲模拟、仿真计算、效应机理、评估和防护研究。为了满足科学研究和应用的需求，国外均在建设大型核科学装置，如美国的 FRIB、欧洲的 FAIR、未来的 EURISOL。

国外开发了耐辐射铁电材料，系列化高速非易失存储器，耐辐射深亚微米介质隔离等工艺，建立了门类齐全的辐射物理和效应模拟源，为不同模式辐射激励、不同电路级别的核辐射效应微观参数和宏观电性能测试研究提供了保障。

2. 激光等离子体加速器发展迅速

粒子加速器按照其作用原理不同可分为静电加速器、直线加速器、回旋加速器、电子感应加速器、同步加速器、对撞机等。

传统粒子加速器受到材料电场击穿阈值的限制，加速梯度通常小于 100MV/m。激光等离子体加速由 Tajima 和 Dawson 在 1979 年首先提出，其加速梯度可以达到 100GV/m，超过传统射频加速器三个量级以上。近年来激光等离子体加速器发展迅速，实验上已经证实可在厘米量级的距离内将粒子加速至 GeV。

2004 年法国的 LOA、英国的 RAL 和美国的 LOASIS 实验室首先得到了 ~ 100MeV 准单能电子束。2013 年美国奥斯汀大学在 >100J 的 PW 级激光器系统上得到了能量超过 2GeV、10% 准单能电子束，最近，美国劳伦斯·伯克利国家实验室（LBNL）利用 300TW 激光脉冲进一步获得了 4.2GeV、6% 准单能电子束，这是等离子体加速历程上新的里程碑。与电子相比质子要重 1000 多倍，加速更加困难，通常采用固体薄膜或者接近临界密度的高密度气体来作靶材。2012 年美国洛杉矶加利福尼亚大学（UCLA）利用 CO_2 激光器得到了 20MeV、1% 能散度的质子束，这是离子加速在实验上首次得到能散度在 1% 量级的单能离子束。近年来韩国光州科学研究院（GIST）大学通过光压加速得到 >80MeV、能散度为 100% 的质子束。

3. 核安全成果突出

日本福岛核事故引起了国际社会的广泛关注，特别是如 IAEA、世界核电厂运营者联合会（WANO）以及西欧核监管协会（WENRA）等促进和平利用核能与核安全发展的国际组织，组织开展了一系列核安全方面的活动，这些活动的成果为各核电国家制定改进行动提供了重要的参考。

《核安全公约》每三年召开一次履约审议大会，在 2014 年 3 月 24 日至 4 月 4 日，召开了第六次审议大会。大会审议结果表明日本福岛核事故后绝大多数国家保持并发展核能的愿望和政策并没有改变。IAEA 计划在 12 个方面修订核安全标准，并确定了 77 个改进领域。截至 2015 年 3 月底，IAEA 已通过了多项标准的修订建议，并于 1 月 5 日提出了《核动力厂设计安全》新的修订版。

2011 年 6 月欧盟启动压力测试，测试反应堆的应对极端事故工况的能力。瑞士、乌克兰等欧盟邻国参加了压力测试，还与亚美尼亚、白俄罗斯、克罗地亚、俄罗斯和土耳其等国家展开合作。压力测试报告于 2012 年初提交欧盟议会讨论，在 2013 年 6 月欧盟峰会上通过最终版本。2014 年 7 月 8 日，欧盟理事会通过了对核安全指令的修订案。

4. 辐射防护技术取得显著进步

近年来，联合国原子辐射影响科学委员会（UNSCEAR）针对公众、工作人员和医学诊疗患者接收的低剂量和低剂量照射对健康风险评估的证据进行了系统地评述。并针对日本福岛核事故所致职业照射和公众照射水平与效应进行了全面地评估。

国际上非常重视空间辐射生物效应的研究和国家层面核与辐射应急能力的建设。国外在辐射防护最优化研究和实践领域取得了显著进步，并针对不同照射情况下的剂量控制原则与方法的研究取得了一定的进展，为制定相关法律法规提供了理论基础。

自动化、智能化、可视化以及网络化技术广泛应用于辐射防护。

5. 计算物理学取得一系列成就

随着电子计算机的出现和发展，逐步形成以电子计算机为工具，应用数学的方法解决物理问题的应用学科——计算物理学（Computational Physics），它是数学、物理、力学、天文等和计算机相结合的产物。计算物理学在核科学技术中应用非常多，像热工水力、输运-燃耗、流体力学、固体力学和材料物性等多物理过程耦合模拟。

（1）先进核反应堆数值模拟。

21 世纪以后，随着计算机的水平不断提高，以及核电市场的复苏，国际上对反应堆堆芯数值计算的重视程度不断提高，研发了新一代核电工程使用的设计软件，提高了工程设计软件的准确性和先进性。如美国西屋公司开发的 PARAGON-ANC9 软件系统，法国阿海法公司开发的 ARCADIA 软件系统，瑞典 STUDSVIK 公司开发的 CASMO5-SIMULATE5 等。

同时国际上也正在将更为先进的计算方法和计算模型实用化，从而进一步去除方法本身的近似，降低方法模型对试验结果和工程经验的依赖，如日本开发的 AEGIS-SCOPE2 程序系统，美国及韩国分别开发的 DECART 和 nTRACER 等，美国开发的 MC21 等蒙卡软件。

2010 年后，美国、欧洲等国为了推动高性能计算机在核反应堆数值模拟领域的发展，分别启动了国家支持的相关科研计划。美国启动了 CASL 以及 NEAMS 两项支持核反应堆数值模拟计划，主要目的是通过更为精确和多物理耦合的数值模拟来加快新型反应堆研发，缓解核反应堆研发带来的压力。欧洲启动了相似用途的 NURESIM/NURESP/NURENEXT 系列计划。自此，国际上掀起了一轮基于高性能计算机的、考虑核反应堆中多专业耦合的、精细化模型的数值模拟高潮，目前已经取得了一系列研究成果。

（2）随机中子动力学理论与数值模拟。

在美国曼哈顿工程期间，费曼采用连续变量点堆随机中子动力学方程研究一个中子点火概率。在禁核试以后，2002 年，美国洛斯·阿拉莫斯国家实验室（LANL）研制了计算定态点火概率的二维 Sn 程序，该程序集成在核武器初级二维 Sn 数值模拟程序包 Partsin 中。1999 年和 2006 年，LLNL 分别研制了计算定态点火概率的二维 Sn 程序 Ardra 和 AMR。2007 年，LLNL 在三维 MC 程序 Mercury 中实现了一个中子定态点火概率计算功能。2009 年，在 LANL 研制了计算动态系统一个中子点火概率的一维 Sn 程序。

（3）裂变－聚变混合堆理论与数值模拟研究。

美国和西欧国家在 20 世纪 80 年代，受国际能源供应压力降低、聚变技术发展停滞、混合堆没有明确需求牵引及防止核扩散和反核等多重压力，混合堆研究计划一度搁置。进入本世纪，随着聚变技术的发展，美国重新重视聚变－裂变混合堆研究，佐治亚理工学院聚变研究中心开展了磁约束驱动的嬗变堆的深入研究。美国圣地亚国家实验室提出以 Z-Pinch 惯性约束聚变为驱动源的混合堆。LLNL 提出了基于国家点火装置 NIF 的混合堆概念 LIFE。

三、我国核科学技术学科的发展

核工业是高科技战略产业，是国家安全重要基石。60 年来，几代核工业人艰苦创业、开拓创新，推动了我国核工业从无到有、从小到大，建立了世界上只有少数国家拥有的完整的核科技工业体系，实现了核能大规模和平利用，取得了世人瞩目的成就，为国家经济社会发展、增强国家综合实力、保障国家能源安全、提高人民生活水平作出了积极贡献。中国核工业将坚持安全发展、创新发展，坚持和平利用核能，全面提升核工业的核心竞争力，续写我国核工业新的辉煌篇章。

（一）核能技术领域

在过去几年里，我国核电事业取得进一步发展，截至 2015 年 10 月，我国大陆在运机组 29 台，装机容量达 28468MWe，在建机组 20 台，装机容量达 23171MWe，计划到 2020 年我国的运行核电装机容量将达到 58000MWe。尽管受到 2011 年福岛核事故的影响，我国的核电发展速度有所减缓，但核能在中国能源可持续发展中的战略性地位没有改变，在更加注重核安全的前提下，仍在积极发展核电。我国对核能技术研究不断深入，并取得了丰硕的成果，在吸收国外先进技术的基础上，不断进行自主创新，形成具有自主知识产权的先进技术。

我国核能技术研究百花齐放，除三代技术研究外，在快堆、高温气冷堆、熔盐堆、超临界水堆等四代核电以及核聚变技术上也取得很大进步，为未来核能技术的发展奠定了坚实的基础。

1. 压水堆技术跻身世界第一阵营

我国目前在运核电技术多样，但主要以压水堆为主，在未来一定发展时期内，仍将以压水堆为主要堆型。

我国在 30 年核电站设计、建造、运营经验基础上，充分借鉴 AP1000、EPR 等先进核电技术并考虑福岛事故经验反馈，研发了具有自主知识产权的三代核电机型“华龙一号”，其示范工程已经开工建设。“华龙一号”提出“能动加非能动”的安全设计理念，采用“177 堆芯”设计，相比国内在运核电机组，发电功率提高 5% ~ 10%，同时降低了堆芯内的功率密度，提高了核电站的安全性；拥有双层安全壳，可以抵御商用大飞机撞击；设计寿期达60年，堆芯采用18个月换料，电厂可用率高达90%。从型号研发到示范工程落地，“华龙一号”很好地解决了安全性、先进性、成熟性和经济性等一系列难题，安全指标和性能指标完全满足国际上对于三代核电技术的要求。“华龙一号”的成功落地，标志着我国步入世界先进核电技术国家的第一阵营。中国核电“走出去”已上升为国家战略，结合“一带一路”的发展战略，“华龙一号”正推向国际市场，已与巴基斯坦、阿根廷等国家达成合作协议。

我国从西屋公司引进AP1000技术，在过去几年，全面开展了AP1000消化吸收工作，掌握了AP1000核岛设计技术和核岛关键设备设计分析方法，AP1000国产化率达到70%。通过自主创新及消化吸收再创新，充分借鉴国内外核电经验的再创新，满足最新的安全法规和标准，考虑福岛事故后的相关要求，深入贯彻纵深防御理念，全面提升了应对超设计基准事故和外部事件的能力，形成了自主化三代核电机型CAP1400，即将进入工程实施阶段。

2013年，完成目前世界最大单机容量核能发电机——台山核电站1号1750MW核能发电机的制造，台山核电站是我国首座、世界第三座采用EPR三代核电技术建设的大型商用核电站。

我国政府积极投入支持自主的模块式小型堆研发，并将模块式小型堆列入《国家能源科技“十二五”规划》。目前在国内中核集团在国家资助下开展模块式小型堆研发，完成初步设计，正在积极推动示范工程建设，合作开展浮动核电站研究；中广核集团、国家核电技术公司及清华大学也推出模块式小型堆新型号。

2. 中国实验快堆成功并网

中国实验快堆（CEFR）工程坚持“以我为主、自主创新”原则，在前期关键技术研究和部分国际合作的基础上，自主进行设计、制造、建安和调试工作，取得了大量创新性成果。经过15年的努力，中国实验快堆于2010年7月首次实现临界，2011年7月成功并网发电。

通过研究，我国掌握了快中子装置的反应堆物理特性和相关理论，研究了MOX燃料的设计及制造技术并形成了一定的技术基础，全面掌握了核级钠制备、分析等技术。CEFR项目实施过程中突破了大量关键技术，通过引进和自主开发，70%的设备实现了国产化设计和制造加工，成功研制了非能动事故余热导出系统、非能动虹吸破坏装置、换料系统全自动化控制系统和小型氢计化系统，部分指标已达到第四代先进核能系统的要求。我国快堆研究已形成了一批针对钠冷快堆技术的研究试验设施和工业配套能力，将成为后续快堆电站建设的重要基础。

我国快堆采用“实验快堆、示范快堆、商用快堆”三步走路线。CEFR的热功率为65MW，电功率20MW，是我国快中子堆发展的第一步。下一步将建成600MW规模的中国示范快堆（CFR600）。结合CEFR工程实践经验，借鉴国外技术方案，我国确定了

CFR600 总体技术方案，正在进行相关关键技术攻关。

3. 高温气冷堆技术保持世界领先

我国高温气冷堆技术研究始于 20 世纪 70 年代，2006 年高温气冷堆核电站示范工程（简称 HTR-PM）列入国家重大专项。在国家大力支持和科研人员的协同创新下，我国处于高温气冷堆技术领域的前沿并保持世界领先，是国际高温气冷堆研发最为活跃的国家。2014 年 12 月 30 日，HTR-PM 燃料元件已在荷兰高通量堆完成了堆内辐照试验，居于世界上高温堆燃料元件辐照结果的最好水平，远优于设计指标，为 HTR-PM 装料许可提供了重要的技术支持。

近年来，我国成功研发了球形燃料元件中试生产线，首条商业生产线已全面建成，计划于 2015 年 10 月份投产；全面建成了大型氦气试验回路，是世界上规模最大的高温氦气回路试验平台；在反应堆压力容器制造技术方面也取得突破进展。另外，我国还成功研制了大功率电磁轴承主氦风机工程样机并达到世界领先水平。现已掌握商业规模模块式高温气冷堆的设计和建造技术，2012 年开工建造 200MWe 级模块式高温气冷堆商业示范工程，总体进展顺利，预计 2017 年完成。另外，我国在 HTR-PM 示范工程的基础上，启动了 600MWe 模块式高温气冷堆热电联产机组总体方案研究，正在开展预概念设计工作；在当前模块式高温气冷堆技术的基础上制定了超高温气冷堆技术的进一步研发计划。

4. TMSR 专项取得显著进展

2011 年中国科学院启动“未来先进核裂变能”战略性先导科技专项，研究钍基熔盐堆核能系统（简称 TMSR），几年来取得了显著成绩。

目前，完成了 10MW 固态燃料熔盐实验堆和 2MW 液态燃料熔盐实验堆的概念设计，开始进行 10MW 固态燃料熔盐实验堆的工程设计；研制了部分关键设备的原理样机以及个别设备的工程样机，为 10MW 固态燃料熔盐实验堆和 2MW 液态燃料熔盐实验堆的建成奠定了基础。

在材料方面，现已成功研制了先进高温耐腐蚀材料，制备的合金锭综合性能达到美国 Hastelloy N 的水平；掌握了氟盐脱氧净化关键技术，成功实现了中试规模生产；发展了锂同位素离心萃取技术，合成了新型高效锂同位素萃取剂，并在国际上首次成功实现了实验室规模的高丰度 ^{7}Li 同位素离心萃取分离试验；在燃料处理方面提出了在线 - 离线相结合、干法 - 水法互补的燃料后处理概念流程，采用氟化挥发和减压蒸馏技术进行铀与载体盐分离。

另外，TMSR 专项在核能高温制氢方面也取得一定成果，已建成国内最为完备的高温制氢大型综合性研究平台。

5. ADS 系统研究过渡到工程实施阶段

中国科学院战略性先导科技专项“未来先进裂变核能——ADS 嬗变系统”（简称“ADS 先导专项”）启动以来，在超导直线加速器、重金属散裂靶、次临界反应堆及核能材料等研究方面取得了重要的阶段进展和突破，若干关键技术达到国际领先或先进水平，使我国具备了建设 ADS 集成装置的工程实施基础。

超导直线质子加速器研究已实现各单项关键技术突破，完成耦合器、功率源、束测、控制等配套设备的研制以及高稳定度 ECR 质子源样机的研制；研制的 ADS RFQ 加速器的束流功率、束流强度和运行稳定性等性能位于世界先进水平。研制的 162.5MHz 超导直线加速器原型样机成功引出能量 2.55MeV、束流强度 11mA 的连续波质子束，束流强度比目前国际上最高指标连续束运行的超导直线加速器高出 5 倍。在重金属散裂靶研究方面，创造性地提出了融合固体靶和液态金属靶优点的新型流态固体颗粒靶概念，使得能承受数十兆瓦束流功率的散裂靶成为可能，从而开辟了一条新的 ADS 技术路径并引致国际同行专家的跟踪研究。目前基于 GPU 超算平台完成了固体颗粒流靶的初步设计，原理性实验也获得成功。此外，基于这一设计理念的原理样机正在建设中。关于 ADS 次临界反应堆的研究，在铅铋冷却反应堆工艺平台及关键设备研制取得重要进展。已建成集材料服役、热工水力及安全实验于一体的、处于世界先进水平的大型多功能液态铅铋综合实验平台，零功率装置建设正在建设当中；完成模拟燃料组件、换料机构等关键设备样机的研制。具有从配方到工艺完全自主知识产权的核能系统结构钢候选材料 SIMP 钢的研发取得阶段性成果，已达 2t 级，在 5t 级冶炼中，其性能指标均优于或不亚于目前主流核能装置使用的抗辐照结构材料。

6. 超临界水冷堆基础技术研发完成

我国 2006 年全面启动研究工作，将 SCWR 研发规划为 5 个阶段：基础技术研发、关键技术研发、工程技术研发、工程试验堆设计建造以及标准设计研究。

2009 年，“超临界水冷堆技术研发（第一阶段）”项目立项，目前已完成了超临界水冷堆基础研究，提出了超临界水冷堆总体技术路线，完成了我国有自主知识产权的百万千瓦级 SCWR（CSR1000）总体设计方案。我国独创性开展了双流程结构堆芯和环形元件正方形燃料组件等设计和论证，验证了 SCWR 结构可行性；建立了三维模型和实体模型，完成了超临界流动传热恶化特性实验与计算流体力学模型研究，为总体设计方案的优化提供了支撑；全面开展了材料筛选，掌握了关键试验技术，构建了试验分析平台和数据库，为工程化应用奠定了基础。

2014 年 5 月，我国正式提交了中方申请加入“第四代核能国际论坛”超临界水冷堆系统的政府协议，正式成为继欧盟、加拿大、日本、俄罗斯之后的第五个成员国，今后将在第四代核能系统国际论坛（GIF）框架下进行相关超临界水冷堆研发活动。

7. 核聚变研究水平大幅提高

我国紧跟国际步伐，在受控核聚变方面开展全面而深入的研究。自 2008 年以来，在核能开发科学基金支持下，核聚变科学和工程成果显著。

在磁约束核聚变方面，我国建成了 HL-2A 和 EAST 实验装置，并成功实现高约束模（H- 模）放电，这是我国磁约束聚变实验研究史上具有里程碑意义的重大进展，标志着我国在 H- 模物理机制研究和长脉冲 H- 模运行方面跻身国际最前沿。针对聚变科学，我国开展了约束和输运、磁流体不稳定、等离子体和器壁表面相互作用及偏滤器物理、高能量粒子物理等方面的研究，成功将电子回旋加热应用于 HL-2A 撕裂模主动控制，在 HL-2A 和 EAST 两大装置上实现了偏滤器位形，在高能电子激发的比压阿尔芬本征模、鱼骨模、高能量粒子模方面取得重要实验结果。在工程方面，我国设计了大型托卡马克 HL-2M，建成后，将实现等离子体参数的大幅提高。大功率辅助加热系统、先进加料技术、聚变堆设计和材料的研究也取得重要进展。

在惯性约束聚变方面，我国先后研制了神光 I、神光 II/ 神光 II 升级、神光 III 原型 / 神光 III 以及星光系列激光装置，形成了较完整的激光聚变研究体系，包括支撑激光器研制的元器件产生、加工和检测能力；开展了黑腔物理、内爆物理、辐射输运、辐射不透明度和流体力学不稳定性等一系列物理研究，研制了以二维 LARED 集成程序为代表的激光聚变数值模拟程序体系，发展了有特色的实验诊断方法和技术；取得了重要研究成果。同时，我国还研制了“聚龙一号”装置，开展了 Z 箍缩惯性约束聚变物理研究。目前，我国激光聚变研究正在向实现聚变点火和攻克高能量密度极端条件下的科学技术难题的重要目标稳步推进。

8. 探索聚变 - 裂变混合堆中关键技术

我国聚变 - 裂变混合堆研究始于 20 世纪 80 年代，2010 年以来，在 ITER 项目国内配套研究的支持下，我国开展了磁约束聚变驱动混合堆的研究，提出了次临界能源堆概念设计方案，形成了磁约束聚变的混合堆概念设计方案，并给出比较可靠的安全性、经济性和工程可行性分析。该方案创造性地解决了未来堆运行中核燃料的一系列重大问题，已远远超出了原来混合堆的视野。

在惯性约束驱动混合堆方面，2008 年我国在深入分析国家需求和技术发展现状的基础上提出了“Z 箍缩驱动 - 局部体点火”聚变概念，并进一步提出与先进次临界能源包层技术结合，形成满足大规模能源应用为基本诉求的新型聚变 - 裂变混合堆概念（Z-FER）。2011 年，Z-FFR 概念研究获得国家国防科工局核能开发项目的支持，就其科学可行性开展系统性论证。

（二）核燃料循环领域

1. 从铀矿地质理论到勘查技术均取得显著进步

近 5 年来，我国砂岩型铀矿地质理论取得了显著的发展和创新，进一步完善和提升了热液型铀矿地质理论，铀矿勘查技术更是在“天空地深一体化”和“攻深找盲”方面取得了显著进步，探明了一批大型、特大型铀矿床，地质理论和找矿实践都进一步证明我国是铀资源较为丰富的国家。

（1）铀矿地质理论。

我国已形成了具有中国特色的砂岩型铀矿成矿理论体系，并创新发展了热液型铀矿的

"幔汁成矿"、"热点成矿"和"深源成矿"等理论。

铀成矿区带划分和资源潜力预测评价研究取得新进展。新一轮全国铀矿资源潜力预测评价将我国铀矿成矿单元划分为4个铀成矿域、11个铀成矿省和49个铀成矿区（带），优选出340多个预测区，首次定位、定深、定量、定型预测出全国铀矿资源总量超过210万吨（未包括非常规铀资源），圈定万吨至10万吨级的远景区40多个，为铀矿勘查部署提供了新的依据。

（2）铀矿勘查技术。

航空数据预处理应用软件、适合直升机装载的小型化航放、航磁测量系统等技术取得新突破。地面物探技术在1000m深度之内探测铀矿信息已取得较好效果。建立了四大类型铀矿典型元素地球化学异常模型，铀分量化探、地气测量等技术得到推广应用。高光谱遥感新技术开始用于岩心编录和矿物填图。中国铀矿第一科学深钻工程首次突破2800m深度，并解决了大深度测井系列技术难题。成功研制了激光（热）电离飞行时间质谱仪、瞬发裂变中子测井系统等。

我国铀矿勘查已由过去以500m深度以浅为主的"第一找矿空间阶段"进入到500 ~ 1500m深度的"第二找矿空间阶段"，新发现和探明了努和廷、蒙其古尔、皂火壕、纳岭沟、巴赛齐、大营、十红滩、塔木素、钱家店等一批万吨至数万吨规模的大型、特大型砂岩型铀矿床，并形成了一批新的铀资源基地，使我国铀资源的开发由原来以南方为主，转变为南北方并举的新格局，进一步提高了国内铀资源的保障能力。

2. 铀矿采冶新工艺技术全面推广应用

我国铀矿采冶始于1956年，经过近60年的发展，形成了完整的铀矿采冶工业体系，也形成了适合我国铀矿资源特点的常规采冶、地浸采铀、堆浸为主的铀矿采冶技术体系。2001—2014年是我国新工艺技术全面推广应用的发展阶段，处理低品位铀矿的地、堆浸技术不断完善和发展，铀多金属矿选冶技术取得突破，不仅提高了我国铀矿采冶技术水平，并且拓展了我国铀资源的开发利用范围，促进了天然铀产能的持续提升。

铀矿开采技术方面推广了无底柱分段崩落开采技术、无轨采矿技术、适宜低品位团块状厚大矿体的深孔落矿和放矿工艺等。

研发了多种常规水冶工艺流程，研制了离子交换设备及树脂，实现了树脂转型、淋洗剂返回利用、工艺水循环利用，环境效益和经济效益不断提升，还开发了流态化沉淀器和多功能沉淀槽。

含铀硼铁矿、铀钼共生矿等铀多金属矿选冶综合回收技术取得突破，并已实现工业应用。

浓酸熟化－高铁淋滤浸出技术、低渗透性铀矿石酸法制粒堆浸技术、细粒级串联堆浸技术等堆浸新技术在我国铀矿采冶工业得到广泛应用，整体水平处于国际领先水平。

我国原地浸出（地浸）采铀技术经过30年的发展，已形成完整的技术体系。CO_2+O_2地浸采铀技术的工业应用，使我国成为世界上唯一同时拥有酸法与CO_2+O_2地浸采铀技术的国家，也标志着我国地浸采铀技术已跻身世界先进水平。

制定、颁布了铀矿冶安全环保系列标准，铀矿井通风不断改善，废水得到有效治理，保障了铀矿冶的可持续发展。

3. 铀浓缩离心机实现工业化应用

20 世纪 80 年代以来，我国就开始工业应用型离心机的初步研制和探索工作，先后开展多种机型离心机的研制。至 2013 年 2 月，我国正式宣布研制的铀浓缩离心机已成功实现工业化应用，标志我国具备铀浓缩自主化工业能力，成为国际上少数几个掌握自主离心法铀浓缩分离技术的国家，不仅技术指标达到国际先进水平，并形成离心机研制、设计、建造和运行的完整产业体系。

在离心机的设计、优化、材料研制、工艺改进、验证、工程设计与建造、运行技术等方面，我国均取得突破性的进展。提出了适合我国国情的离心级联结构模式，成功研制了离心工厂专用的变频电源、仪表、传感器、控制盘柜、流量和压力调节等专用设备，并实现了对级联工艺过程的检测控制。以核工业理化工程研究院为主体，形成了由几十家科研院所、高校、制造企业、设计院、铀浓缩企业等参加的研制与产业化联盟，构建了紧密围绕产业发展的科研、设计、制造、建设和运行的离心法铀同位素分离科技工业体系。

我国经过几十年的艰苦攻关，攻克了离心机研制中的理论、材料、设计、工艺和试验等众多技术难关，突破多项关键技术，在材料研制、优化设计、加工工艺、性能试验等各方面均取得很大进展，多项技术指标达到国际先进水平。我国继俄罗斯、欧洲 URENCO 之后，完全自主掌握离心法铀同位素分离技术，形成了大规模工业化生产能力，产能已能满足我国核电规模化发展需求。

4. 拥有成熟的燃料元件制造技术，产业能力快速提升

压水堆核电燃料元件的制造能力从 2008 年的年产 400t（铀）提高到 2015 年的年产 1400t（铀），增加了 1.5 倍。产业能力的增长，带动了核燃料元件制造技术的不断升级。我国建成年产 1500t 核级海绵锆以及锆合金、各种锆型材生产线。高温气冷堆示范堆球形燃料元件完成了工程化辐照考验，年产 30 万个燃料球的生产线建成即将投入生产，设备国产化率近 100%。

中国核工业集团公司在 CF2 燃料组件基础上，充分考虑了三代核电对燃料组件安全性和先进性的需求，采用自主研发的 N36 高性能锆合金，对管座、定位格架、导向管等关键结构进行了多项创新设计的 CF3 燃料，综合性能与国际先进燃料组件相当，可满足“华龙一号”、核电出口项目及现役电厂未来大规模应用需求。

“华龙一号”CF3 燃料元件先导组件入堆开始工程化辐照考验，为我国核电走向世界创造了条件。CANDU 堆利用回收铀完成了元件研制和辐照考验，全堆芯应用工作开始实施。CAP1400 自主化燃料元件研制全面展开。快堆 MOX 燃料的研制取得实质性进展。

5. 后处理中试厂热试成功，目标自主建设商业后处理大厂

与其他国家一样，我国的后处理技术是从早期的军用后处理技术发展而来，即以

PUREX 流程为主工艺的后处理技术。20 世纪 70 年代，曾开展氟化挥发法和辐照钍元件后处理技术研究。目前进入动力堆乏燃料后处理技术研发阶段。20 世纪 80 年代至“十一五”末，主要围绕中试厂建设开展了必要的工程与工艺技术研发。中试厂于 2008 年建成，随后经过水试、酸试、冷铀试，以及采用 5% 和 50% 大亚湾核电站乏燃料的阶段热调试，于 2010 年 12 月成功完成 100% 热调试，获得了合格的铀、钚产品。2014 年中国原子能科学研究院建成“核燃料后处理放化实验设施”，以高燃耗（62000MWd/tU）动力堆乏燃料后处理流程研发和钚的应用研究为主要目标，是重要的先进后处理技术和核材料提取研究设施，集中反映了近 20 年工艺与后处理装备研究成果，达到国际先进水平。

“十二五”以来，国防科工局与国家能源局将相应的后处理技术研究纳入国家核电重大专项，目标通过“以我为主、中外合作”，突破关键技术，全面掌握商用核电站乏燃料后处理技术，并建设大型商用乏燃料后处理示范工程，实现闭式燃料循环。

近年来，国内在 ADS 和钍基熔盐堆项目的带动下，也开展了干法后处理前期研究。国内不少研究院所与大学也开展了新的分离方法和技术研究，如：离子液体分离铀和稀土；超临界二氧化碳萃取分离铀；杯冠化合物分离锕系 / 镧系元素与锶铯等等，对后处理研究起到促进作用。

6. 废物治理和核设施退役取得了重要进展

中国原子能科学研究院建立了一套处理能力为 1t/h 的热泵蒸发装置，正在研制一套处理能力为 0.5t/h 车载式热泵蒸发装置。该院与海军工程大学合作开发了“化学絮凝 + 活性炭沸石吸附 + 离子交换 + 反渗透”废水处理系统。清华大学核研院研发了选用碟管式反渗透膜的放射性废液膜处理装置。中核四川环保工程有限公司和中核四〇四有限公司近年都新建了放射性废物热解焚烧炉，前者还建了焚烧 TBP/ 煤油焚烧炉。中科华核电技术研究院开发了等离子体焚烧炉，具有炉温高，可烧多种废物的特点。中核四川环保工程有限公司玻璃固化引进了德国的电熔炉技术，目前正在建设阶段。

中核四川环保工程有限公司和中核四〇四有限公司近年已建成极低放废物填埋场，中国工程物理研究院和核动力院也获准在其核设施场址范围内建设专用的填埋场。我国现有两个低、中放废物处置库正在运行，分别是甘肃西北处置库和广东北龙处置库，另有四川飞凤山处置场正在建设中。

从 20 世纪 80 年代以来，我国高放废物地质处置库的选址进行了全国六大预选区比选，在甘肃北山地区打了 19 个深钻孔井，确定甘肃北山为我国高放废物处置库首选预选区，已为建设地下实验室奠定了基础。我国规划在 2020 年建成地下实验室，在本世纪中叶建成高放废物深地质处置库。

我国青海省海晏县金银滩上的核武器研究基地，经多个单位协同作业，对 6000m^3 污土进行了填埋处置，300 多桶放射性废物被运出并作安全处置，成功完成了退役，1993 年通过了国家验收，实现无限制开放使用。后来的回访监测和评估表明，其退役终态目标圆满实现。近年，我国成功完成了北京平谷和吉林长春的城市放射性废物库的退役；上海微型中子源反应堆和济南微型中子源反应堆的退役；中核四川环保工程有限公司和中核四〇四有限公司核设施退役的许多工程项目正在进行中；南方和北方不少铀采冶场址进行了覆土植被或加固护坡等整治，大大降低了氡的析出率。

（三）同位素与辐射技术领域

1. 放射性同位素技术取得迅猛发展

自 2008 年以来，我国的放射性同位素技术在制备和应用两个领域都取得巨大成绩，且从事放射性同位素技术的队伍也正在逐渐壮大。制备领域包括放射性同位素以及制品的制备，应用领域包括医学、农学、工业等领域的应用。掌握了百万居里级钴 –60 同位素制备技术，攻克了制备公斤级钚 –238 的工艺，建成了居里级碘 –123 气体靶制备系统，开始研究利用低浓铀制备千居里级裂变钼 –99 和间歇循环回路制备百居里级碘 –125 的技术。

同时，我国在放射性药物化学和神经受体显像剂、心脑血管显像剂、肿瘤诊断与治疗药物研究中取得可喜的成绩，特别是以 $^{99}Tc^{m}(CO)_3(MIBI)_{3^+}$ 新心肌灌注显像剂和正电子药物的发展为代表的部分成果处于国际先进水平。

在应用技术方面，放射性同位素在月球探测、工业核测控、核分析、核无损检测、辐射加工、核示踪与资源勘探等领域以及核医学、核农学等学科中得到广泛应用。

2. 辐射技术应用产业规模扩大

根据中国辐照加工专业委员会编写的《全国辐照加工技术产业“十二五”发展规划建议》统计，截至 2014 年年底，按照被辐照产品的原值计算，我国辐照加工产业产值规模已达到 600 多亿元。以下是我国辐射技术应用中取得较大进步的领域：

（1）辐照加工用电子加速器。

我国辐照加工用电子加速器发展很快，每年增长新装机加速器超过 10 台，现全国有辐照加工用电子加速器 200 多台，总功率近 6000kW。

（2）辐射消毒。

我国在该领域研究开始很早，并取得不少成绩。现在全国大部分辐照装置的主业都是医疗用品辐射灭菌消毒。我国现在每年生产的一次性辐照灭菌的输液器、注射器都超过一亿套。

（3）半导体加工。

上海化工研究院、上海整流厂和北京辐照中心等单位利用加速器对 KK–200 等器件进行探索试验，取得良好结果。

（4）安检技术。

北京申发科技公司于 2005 年研制成获国家发明专利的背散射式实验样机。目前，中国原子能科学研究院正在研发基于行李包裹与人体一体化的安检系统，该系统仅有微剂量辐射，对人体无伤害。此外，对热中子检查仪、快中子检查仪方面的研究，中国原子能科学研究院也取得较快进展。

3. 核医学方面与世界发达国家差距逐渐缩小

1980 年成立了中华医学会核医学分会，2013 年学会更名为中华医学会核医学与分子影像学会；1981 年创办了《中华核医学杂志》，2012 年更名为《中华核医学与分子影像杂志》。这一切标志着我国核医学的发展与成熟。我国核医学与世界发达国家的水平差距逐渐缩小，各种显像仪器的引进与发达国家基本同步。

4. 核农学对农业发展产生深刻的影响

经过近 60 年的发展，核农学对我国农业生产发展和农业科学技术进步产生了深刻的影响，取得日益明显的经济效益、社会效益和生态效益，对我国农业的持续发展做出巨大贡献，已经成为改造、革新传统农业和促进农业现代化的重要科学技术。

（1）诱变育种的优势和进展。

近年来，我国在粮食作物的辐射诱变育种方面取得显著成绩，也是世界上利用核技术诱变育种规模最大的国家，辐射诱变育成的品种数量占全世界的 1/4。

（2）农产品辐照加工新进展。

我国农产品及食品辐照加工技术的相关研究与产业化开发在国际上处于领先地位，农产品辐照加工已经成为我国食品加工不可缺少的一项高新技术。

（3）核素示踪的农业应用。

核素示踪技术在农业科学、环境科学和生命科学诸领域中得到广泛应用，对推动这些学科的发展起到重要作用。

（4）昆虫辐射不育技术。

我国先后对 10 多种害虫进行辐射不育研究，特别是 21 世纪以来对柑橘大实蝇的人工饲养与释放试验取得成功。

目前，我国的农产品及食品辐照加工技术在国际上处于领先地位，在辐照提升农产品的食用安全性研究、辐照装置等方面取得重要进展。

5. 脉冲功率高水平快速发展

进入 21 世纪，我国又有一批大型脉冲功率装置建成。如西北核技术研究所与俄罗斯合作建成世界上第一台多功能组合式高功率脉冲电子加速器“强光一号”（6MV，2MA，20 ~ 200ns），用于 X 射线效应研究和 Z 箍缩研究。中国工程物理研究院应用电子学研究所建成 Tesla 型 20GW 重频紧凑型强流电子束加速器（1MV，20kA，40ns，100Hz），用于高功率微波研究。中国工程物理研究院流体物理研究所相继建成三台具有世界先进水平的“神龙一号”和“神龙二号”直线感应加速器，以及“聚龙一号”大型脉冲功率装置，分别用于先进的闪光 X 光照相和 Z 箍缩研究。除军事应用外，我国的脉冲功率技术多年来在民用方面也获得飞速发展。

21 世纪以来，我国从事脉冲功率技术研究的单位和团队的数量，投入的人力和财力，均呈迅速增长之势。2008 年 6 月，中国核学会脉冲功率技术及应用分会成立，标志着我国的脉冲功率技术研究及应用形成了稳定的队伍和规模，为今后的持续发展奠定了坚实的基础。

6. 开展大量核测试与分析研究

（1）中子散射技术。

我国已建设三大中子源，包括已于2012年建成并投入运行的中国绵阳研究堆（CMMR堆，热功率为20MW的池式多功能反应堆，同时具备热中子与冷中子供束能力）、即将验收的中国先进研究堆（CARR堆）和2018年建成的中国散裂中子源。依托于此，中子散射和中子成像技术及其应用得到迅速发展，首批配套规划建设的中子散射科学装置有20余台，最终规划建设的谱仪总数量可达50余台。CMMR堆是我国首个建成并投入运行使用的中子大科学研究平台，总体性能指标达到国际先进水平。目前已与国内多家高水平科研单位在国防、核能、航空航天、材料、生命等学科领域开展了合作研究。

在中子散射科学装置的建设过程中，我国逐渐从国外引进向自主研发转变。围绕装置研制、实验技术与应用等方向，国内相关单位之间正走向跨单位合作，譬如，在中子探测器方面中国科学研究院高能物理研究所正与核物理与化学所积极筹建联合实验室。有关材料应力、织构和缺陷等测量方法得到发展，同时在静高压、温度等环境加载装置和原位中子衍射技术向国际先进水平靠近。

尽管我国已建成的中子散射装置与国际上类似谱仪指标相当，但差距犹存，主要表现在：①目前建成的中子散射装置数量与类型有限，尚未形成较全面的表征能力；②在材料内部微缺陷表征方面，国外结合中子小角、超小角以及自旋回波小角技术，已经可以检测亚毫米至亚纳米尺度范围的缺陷分布；③在动力学研究方面，国外基于中子非弹散射技术已经具备μeV至meV能量范围的分辨能力，国内的中子非弹散射谱仪仅实现了meV量级的能量分辨。

（2）中子照相技术。

中国原子能科学研究院基于CARR堆的中子成像装置正在建设，开展了模拟核燃料元件的无损检测等研究；北京大学开展了能量选择编码中子源成像研究；中国工程物理研究院研制了达到国际同类装置先进水平的热中子数字投影/层析照相装置和冷中子数字投影/层析照相装置，热中子成像空间分辨率可达20 ~ 50μm，冷中子成像分辨率可达10 ~ 30μm。

应用研究取得突破进展，航空发动机涡轮叶片残余型芯检出能力达到亚毫克量级，并开展了航空航天火工品、低放射性燃料元件等检测，有希望成为标准检测方法。

（3）核设施退役检测分析技术。

近年来针对 ^{3}H、^{241}Am、U污染设施及研究堆的退役，研发有相应的分析流程，如退役堆石墨中 ^{14}C、^{36}Cl 分析方法，退役堆芯铝材和混凝土中 ^{63}Ni 的分析方法等。

（4）放射性核素的分离分析技术。

针对反应堆乏燃料后处理、环境中核素的放化分析、核武器放化诊断需求，以及军控、核取证分析中对核材料和恐怖核爆炸的溯源需求，超微量核材料与长寿命裂片核素的分离与分析技术近几年在国内得到蓬勃发展。中国工程物理研究院在国内首次发展 ^{97}Tc

稀释剂制备技术研究。国内首次从克量级辐照靶料中提取微克量级 ^{97}Tc，并建立了负热电离质谱法定量 ^{99}Tc 的方法。首次实现了复杂岩石样品中 $10^{-9}g/g$ ^{99}Tc 的定量分析，不确定度为 2%，质谱分析检测 ^{99}Tc 可达到 $10^{-11}g/g$。并在国内首次完成了克量级的铀同位素浓度工作标准物质的制备和定值，为实现同位素稀释质谱法高精度铀浓度分析提供了保障。

成功研制了 MARDS 移动式 ^{37}Ar 快速探测系统，可实现 400L 空气样品中氩的快速分离和纯化，对 ^{37}Ar 的最小探测浓度小于 $30mBq/m^3$，满足探测 1kt 地下核爆炸的要求。该项技术成果处于国际领先水平，是目前国际上唯一可用于全面禁止核试验条约现场视察的 ^{37}Ar 探测设备。

（四）核基础研究领域

1. 具备了良好的辐射物理与技术的基础

国内在辐射物理研究领域具备良好的基础，在裂变物理、中子物理、核物理基础和理论方面的研究取得重要成果。

（1）裂变物理。中国原子能科学研究院、北京大学、中国科学院、清华大学、中国工程物理研究院等完成了许多有价值的课题：模拟中子引发裂变链概率的演化过程；利用实验研究 ^{235}U 裂变碎片在 PIN 探测器中的沉积能量；采用 c、h、α 参量描述核的形变、建立含中子发射的朗之万耦合模型，完成核裂变前中子发射多重性的蒙特卡罗计算，区分鞍点前及鞍点后的中子发射；采用 ^{252}Cf 裂变中子源，利用 MCNP 程序模拟中子及 γ 射线的输运，计算不同辐照位置样品的中子吸收剂量和 γ 射线（光子）吸收剂量。

（2）中子物理。中国工程物理研究院中子散射平台依托快中子脉冲堆、临界 / 次临界装置和中子发生器等设备，开展中子学宏观和微观参数的实验及相关理论研究，发展精密测试技术，初步建立了服务于武器中子物理学理论方法、程序及参数校核的基准性实验数据库。中国原子能科学研究院建造的 100MeV 强流质子回旋加速器于 2014 年 7 月 4 日首次调试出束，标志着 HI-13 串列加速器升级工程的关键实验设施建成。该加速器是国际上最大的紧凑型强流质子回旋加速器，也是我国自行研制的能量最高质子回旋加速器。其设计突破 70MeV 以上能区回旋均采用分离扇或螺旋扇的国际惯例，表明我国已掌握该领域一系列创新技术。在国防核科学研究、新核素合成、天体物理研究、医用同位素研发、治癌技术研究等前沿领域中有望取得突破性成果。

（3）核物理基础。中国科学科院近代物理所的 HIAF 多用途装置，已列入国家计划。该装置利用强流直线加速器作为前加速，利用 2 个环形同步加速器作为后加速，形成国际上强度和能量组合最高的加速器装置，可以开展核物理、高能量密度物理、强子物理和核技术应用方面的研究工作。

（4）核理论。对原子核的相对论平均场理论和相对论无规位相近似理论的建立与发展做出重要贡献。中国科学院在三体核力的基本性质及其应用，中国原子能科学研究院在核的巨共振多声子态、核的高自旋、超形变、摇摆运动、微观光学势模型、核运动的随机性，北京大学在核的形状相变等研究方向上取得了引人注目的研究成果。

近年来，辐射物理与技术研究发展迅速，为国民经济发展做出了重要贡献。在强聚焦二极管方面开展了大量的理论和实验研究工作，其中研制的阳极杆箍缩二极管获得了正前方 1m 处 37mGy 的剂量，焦斑直径 1mm。在脉冲能量传输与汇聚的物理研究方面，建立了 5m 长的 2Ω 阻抗磁绝缘传输线实验平台，开展了长磁绝缘传输线实验与理论研究工作。对新型器件的辐射效应及损伤机理进行了深入细致的研究，研究了辐射与新型器件中短沟效应、窄沟效应、强场效应、量子隧穿效应等相关作用的一些基本物理问题和针对新型器件特点的辐射损伤机理；从超深亚微米和纳米级器件角度出发，对辐射条件下器件损伤机理、效应规律进行理论描述和建模；分析辐射引起器件失效的损伤机理及对器件可靠性的影响，预测辐射环境中器件的寿命。在纳米级集成电路方面，通过试验片制备和试验对 90nm 和 65nm 器件和电路的辐射效应进行了研究。在辐射屏蔽材料、SOI 加固工艺、新沟道器件、新材料器件不同模式辐射激励、各种集成电路辐射效应、加固设计以及仿真方面取得了显著进展，支持了大科学、大工程项目研究与建设。

2. 粒子加速器获得显著成果

（1）高能加速器。我国高能物理和高能加速器界紧密跟踪国际前沿，积极参与高能量前沿的国际合作。中国科学院高能物理研究所的 BEPCII 高能加速器在新一轮的调束研究中，创造了对撞亮度的新高。BEPCII 在设计能量（1.89GeV）下，701mA 双束对撞，亮度达到 $8.53\times10^{32}cm^{-2}s^{-1}$。

（2）重离子加速器。中国科学院近代物理所利用兰州重离子加速器提供的 $^{12}C^{6+}$ 重离子束，研究药用植物杜仲水解液。通过该重离子束非定向性辐照梭菌，导致宿主细胞能荷水平降低、细胞生长加快，ATP 周转速率增加，从而增加了 NADH 供给，使得代谢应答周期缩短，生物酸得率提高。

（3）强流质子直线加速器。我国首台强流质子直线加速器于 2007 年在中国科学院高能物理研究所建成。该加速器采用射频四极加速结构（RFQ），质子束流能量达到 3.5MeV，脉冲流强为 45mA，脉冲工作比超过 7%，平均流强 3.2mA，主要性能指标达到国际先进水平，在国际同类加速器中名列第二。

（4）回旋加速器。中国原子能科学研究院自主研发的回旋加速器技术指标为 100MeV、200μA，直径 6.16m，总重量为 475t，是国际上最大的紧凑型强流质子回旋加速器。国际上首次在 70MeV 以上能区采用直边扇磁极、实现强聚焦；首次实现大型回旋加速器真空中的磁场测量与等时性垫补；在紧凑型回旋加速器中高频腔品质因数首次达到 9500。

（5）同步辐射加速器。上海应用物理研究所同步辐射加速器由能量 150MeV 的电子直线加速器，周长 180m、能量 3.5GeV 的增强器和一台周长达 432m、能量为 3.5GeV 的电子储存环组成，还有沿电子储存环外侧依次分布的多条同步辐射光束线和实验站等，在 X 射线能区最大亮度达 10^{20} 光子 /mm^2/$mrad^2$/s/0.1%BW。

（6）强流直线感应加速器。我国强流直线感应加速器的研究始于 1982 年。几年前自主研制成功“神龙一号”直线感应加速器（18 ~ 20MeV、2.5kA、60ns），并历经 10 年研制，终于在 2014 年研制成功了世界首台以猝发方式工作的兆赫兹重复率强流多脉冲直线感应加速器“神龙二号”。

（7）激光等离子体加速器。过去 10 多年，国内在物理机制、新的加速方案、粒子束的能谱控制、加速稳定性等方面取得重要进展。上海光机所的 ~ 1GeV 准单能电子加速研究已有成果。北京大学和美国 LANL、MPQ 和中国科学院物理所等单位合作获得大于 30MeV 的质子束及 500MeV 的碳离子束。上海光机所正承担建造基于激光等离子体的 X 自由电子激光系统。北京大学在研制可用于癌症治疗研究的超小型激光质子加速器（15 ~ 60MeV）系统。

3. 核安全有多方面发展

2011 年，国家核安全局会同国家能源局、国家地震局对我国大陆运行和在建核电厂进行了综合检查，并结合日本福岛核事故的经验反馈，综合考虑重要性和可实施性，对核电厂提出了改进行动管理要求。为规范改进行动，在 2012 年 6 月我国核安全局制定发布了《福岛核事故后核电厂改进行动通用技术要求》，并全面实施，进一步提升了我国所采用的压水堆核电站的安全性。

截至 2015 年 3 月底，环境保护部核与辐射安全中心独立审核计算能力建设已取得长足进步，并开展了针对国内在运核电厂及 AP1000、EPR、CAP1400、“华龙一号”等安全方面特定关注领域的独立审核计算。

国家核安全局的“在建核电厂建造事件管理和经验反馈信息系统”已于 2015 年 3 月初开始上线试运行。

截至 2014 年年底，国内核电厂概率安全分析（PSA）模型开发已经初具规模，取得阶段性成果，并建立了“中国核电厂 PSA 设备可靠性数据库”。于 2015 年 7 月发布了《中国核电厂设备可靠性数据报告（2015）》。[7]

4. 辐射防护取得较大进步

近年来，我国放射生物学实验研究进入分子水平，并在低剂量和低剂量率照射的健康影响长期跟踪研究中做出了国际认可的成果。

我国初步研发了我国核与辐射事件分级标准，填补了国内液态流出物释放事故 / 事件分级准则的空白。在核与辐射应急工作中也取得了显著进步。

目前，已提出我国放射性废物最小化原则并初步编制了相关技术导则等，一批最佳技术实践已在核电领域取得明显进步。

我国在 2009 年以来，新制定或修订了辐射防护相关的法规和标准，并在制定《原子能法》和《核安全法》，同时也在推动《核安保法》的立法。

5. 计算物理学研究紧跟国际步伐

（1）先进核反应堆数值模拟。

2010—2015 年，国内逐渐形成规范的软件开发规范，以软件工程的思路来开发和管理软件，软件质量得到了保证。紧跟国际核反应堆数值模拟的步伐，在学习利用国际最先进计算模型和方法的同时，取得了一系列具有独创性的研究成果，并且逐渐将最新研究成果形成模拟分析软件，自主化软件包即将形成。

（2）随机中子动力学理论与数值模拟。

北京应用物理与计算数学研究所围绕脉冲堆点火实验，开展系统的能量 – 空间相关三维随机中子场瞬态演化理论研究，提出采用广义半马尔科夫过程建模与模拟随机中子场瞬态演化，首次实现了三维随机中子场瞬态演化的定量模拟，研制了三维随机中子场瞬态演化模拟软件，在国际上第一次解释了在美国 GODIVA–II 脉冲堆上开展的点火实验。这些工作为临界安全研究、反应堆启动过程研究提供了有效的精密化模拟方法和手段。

（3）裂变 – 聚变混合堆理论与数值模拟研究。

中国工程物理研究院根据中国的能源需求和铀资源状况，在分析传统裂变燃料增殖混合堆、嬗变堆的基础上，在比较多种燃料与冷却剂的组合方案之后，提出了以 U–10Zr 合金为燃料、用轻水冷却，以供应能源为目的的混合能源堆概念。

北京应用物理与计算数学研究所完成了基于磁约束聚变和 Z–Pinch 惯性约束聚变的混合堆物理设计。

2010 年以来，在次临界能源堆的燃耗和系统模型研究方面获得了进展。

1）开发了三维输运与燃耗耦合程序 MCORGS，保证了包层中子物理数值模拟的可靠性。

2）参考压水堆系统回路，针对堆芯结构建立了次临界能源堆系统模型，进行了稳态工况验证。分析了没有安全设施动作下功率突升事故、失流事故、热阱丧失事故、冷却剂丧失事故和流道堵塞事故的瞬态进程，给出了允许的安全动作时间范围。提出并分析了针对失水事故的非能动专设安全设施的初步设想。

2015 年 7 月 13 日，在国际 TOP500 组织在德国举行的国际超级计算机大会上，中国“天河二号”计算机以每秒 33.86 千万亿次的浮点运算速度第五次蝉联冠军。“天河二号”计算机浮点运算速度领先排名第二的美国橡树岭国家实验室的“泰坦”超级计算机 16.27 千万亿次。这为我国高精度大型数值计算的硬件基础提供了选择。

四、我国核科学技术学科的发展趋势

（一）核能技术领域

1. 进一步推动压水堆技术创新和出口

在今后几十年内压水堆仍是我国核电新建堆型的主要选择，压水堆技术发展将进一步实现自主化创新，并走向国际舞台。

针对自主化品牌“华龙一号”，我国将进一步开展其在国内外产业化推广的相关研究，形成标准设计，完成“华龙一号”示范堆建设。另外，在“一带一路”战略带动下，我国积极将“华龙一号”推向国际市场，以实现自主化核电技术出口。未来，我国将针对

CAP1400 主泵等关键设备开展国产化攻关，加快 CAP1400 示范工程的开工建设，并实现 CAP1400 技术的推广应用。

同时，为进一步提高压水堆安全性，依据先进设计理念，深入开展非能动安全系统研究，深入严重事故机理研究，优化完善事故预防与缓解的工程技术措施，研制耐事故燃料和新型燃料，提高反应堆堆芯的固有安全性，从根本上避免严重核事故的发生，保证反应堆的安全；开展保障安全壳完整性研究，确保安全壳的包容性，实现“实际上消除大规模释放可能性”。

模块化小堆技术发展集中体现了压水堆的创新趋势，从紧凑型设计向一体化设计发展，实现具有固有安全，经济性好，灵活布置的反应堆技术是未来核能发展的方向之一；同时，在核能多用途利用方面积极探索热电联产，集中供热，制氢和海水淡化等技术，以适应分布式能源网络。

2. CFR600 是下一阶段快堆研究重点

目前我国已完成实验快堆建设，将依据“实验快堆、示范快堆和商用快堆”三步走的发展策略继续稳步推进。

接下来主要进行 600MWe 中国示范快堆（CFR600）的建造。在示范快堆成功建造和运行的基础上，进一步发展商用快堆，实现快堆的商业推广。预期将于 2025 年建成 CFR600，2030 年左右建成百万千瓦级大型高增殖商用快堆，2035 年实现规模化建造。

为保证 CFR600 的顺利建造，将开展液力悬浮非能动停堆棒研究、堆内自然循环研究、堆芯解体事故进程研究以及雾状钠火研究，研制主泵、蒸汽发生器、控制棒驱动机构等关键设备，提高我国快堆工程设计技术和设备自主化能力。另外，将逐步建立快堆电站规范标准体系，完善中国实验快堆实验和运行配套条件，加快 MOX 燃料制备技术研究。在技术研究支持下，实现我国快堆建设的发展目标。

3. 模块化热电联产和超高温技术是高温气冷堆的发展方向

高温气冷堆未来的发展方向主要是多模块高温气冷堆热电联产和超高温气冷堆技术两个方面。

在 HTR-PM 示范工程基础上，一方面，我国将进一步开展 60 万千瓦模块式高温气冷堆总体设计，发展安全、高效、经济的产业化多模块高温气冷堆；另一方面，在当前技术基础上进行超高温气冷堆技术的预研，开展耐更高温的燃料元件技术、氦气透平技术、高温氦 / 氦中间换热器技术、高温电磁轴承技术、高温核能制氢技术等研究工作，为更高效的安全发电、大规模核能制氢奠定基础。围绕高温气冷堆未来发展的关键技术，积极参与国际合作，解决材料、燃料、设计及设备等方面的问题，使我国继续引领国际高温气冷堆发展。

4. 熔盐堆将继续开展基础性研究和实验装置建设

我国熔盐堆研究致力发展固体燃料和液态燃料两种技术，以最终实现基于熔盐堆的钍资源高效利用。

在下一阶段，将在钍铀循环核数据、结构材料、后处理技术等方面开展基础性研究工作。依托 TMSR 核能专项，未来将建设 TMSR 仿真装置（TMSR–SF0）、10MW 固态燃料 TMSR 实验装置（TMSR–SF1）和具有在线干法后处理功能的 2MW 液态燃料 TMSR 实验装置（TMSR–LF1），以支撑未来我国熔盐堆技术研究，实现关键材料和设备产业化。预计到 2030 年左右，我国全面掌握 TMSR 设计技术，基本完成工业示范堆建设，同时发展小型模块化熔盐堆技术，进行商业化推广。

5. ADS 研究进入系统集成验证阶段

ADS 先导专项的实施在强流超导直线质子加速器、高功率重金属散裂靶、次临界反应堆的设计、关键样机研制及系统集成等方面都取得了重要突破，使我国具备了建设首台 ADS 集成系统 CIADS 的基础。

CIADS 装置的质子束流能量 250MeV、束流强度 10mA，散裂靶可承载质子束流功率 2.5MWt，次临界快中子反应堆热功率 10MW。CIADS 将是世界上首个兆瓦级加速器驱动次临界系统原理验证装置，将研究加速器 – 散裂靶 – 反应堆耦合特性，检验系统可靠性，开展次锕系元素嬗变原理性实验等研究，发展具有自主知识产权的加速器驱动嬗变系统设计软件，掌握系统集成关键技术，为我国在未来设计建设加速器驱动嬗变工业示范装置奠定基础。

此外，在 ADS 先导专项实施的基础上，研究团队进而提出了“加速器驱动先进核能系统 ADANES”的全新概念和方案。ADANES 方案可充分发挥 ADS 系统增殖和产能的潜力，从而提高核能资源的利用效率。这一全新的核能技术路径的研究将在 CIADS 装置建设与实验研究的过程中不断推进和优化。

6. 超临界水冷堆将进行关键技术攻关

我国目前已完成超临界水冷反应堆基础技术研究，按照 SCWR 研发规划，下一步将进入研发第二阶段，即进行关键技术攻关研究，全面掌握超临界水冷堆设计技术和设计方法，完成 CSR1000 的工程实验堆的设计研究。通过进行堆外实验、材料优化及工程应用堆外性能、燃料元件辐照考验装置设计等关键技术攻关，开展包壳和堆内构件材料入堆辐照研究，为工程设计和工程试验堆设计建造奠定基础。

7. 核聚变研究将围绕国家战略规划进一步开展

对于核聚变，将继续瞄准世界科技前沿和国家对战略能源需求，围绕国家核聚变能源研究发展战略规划，积极开展进一步的研究。

在磁约束核聚变方面，我国将积极参与 ITER 计划，深入开展聚变等离子体物理、燃烧等离子体物理等研究，进行广泛的国际交流与合作。在此基础上逐步独立开展核聚变示范堆的设计和研发，最终设计建造聚变示范堆，实现核聚变能源商业利用。神光 III 激光装置的建成和投入，标志着我国惯性约束聚变研究进入新层次，今后的工作将以实现惯性约束聚变热核点火为目标，开展理论、实验、诊断和驱动器等技术攻关，充分利用神光 III 激光装置和其他装置开展辐射输运、辐射流体力学、高压状态方程等高能密度物理研究以及实验室天体物理、激光核物理等前沿基础科学探索研究。

8. 逐步开展 Z-FFR 实验研究堆的研制和建设

Z-FFR 概念研究目前进展顺利，其科学可行性已经得到较好的论证，并在此基础上获得了 Z-FFR 总体方案和技术路线设计，其技术指标体系满足预定要求，为下一步设计和研发 Z-FFR 实验研究堆奠定了科学技术基础。未来将分阶段逐步开展 Z-FFR 实验研究堆的研制和建设，用以对 Z-FFR 涉及的一系列重大而又复杂的物理、技术、材料和工程问题进行系统性地研究、开发与验证，逐步形成 Z-FFR 工程化应用的成套技术，为聚变能源技术及早大规模服务于人类经济社会创造条件。

（二）核燃料循环领域

1. 铀矿地质需深化铀成矿理论，提高探深能力，实现智能化

“十三五”期间，深化研究铀成矿理论，进一步提高探深能力，实现智能化预测评价，自主研发先进的找矿仪器设备等仍然是铀矿地质学科发展的主要任务。总体趋势包括：创新基础地质与成矿理论，深部铀成矿理论向纵深化方向发展，积极探索新的找矿类型；攻深找盲技术手段更加多元化、数字化和集成化，对海量地质数据的处理效率不断提高或用大数据进行预测，深入“玻璃地球”、“数字地球”等新概念的应用，深部探测逐步实现三维精细化；三维模型指导找矿的成功率将不断提高；钻探工艺设备进一步向自动化、智能化、信息化方向发展；分析测试技术不断向微区原位、精细精确、省时省力、快速高效方向发展。高精度放射性找矿仪器设备向数字化、轻便化、智能化方向发展。

2. 针对复杂铀矿开展新采冶工艺、技术的研究

经过 50 多年的开采，我国探明的高品位、易采冶的铀资源已消耗殆尽，大量品位低、难处理的铀资源亟待开发利用。因此，必须加强工艺组合、技术优化研究和新工艺、新技术的开发。

随着我国砂岩型铀矿地质勘查工作的不断推进，地下水矿化度高、厚砂体薄矿层矿床，大埋深、低渗透性矿床，多层矿体叠加矿床，碱法浸出率低、酸法耗酸高的难浸矿床等复杂砂岩型铀矿相继发现。开发这些矿床需开展：新型高效浸出剂的研发，以及地浸钻孔高效成井技术、多层矿体开采技术、矿层浸出机理及地下流体运移模拟与控制技术、低渗透砂岩型铀矿助渗技术、厚砂体薄矿层矿床建造人工隔水层技术等研究。重点攻克大埋深矿床高效钻孔成井、低渗透性矿床解堵增渗、厚砂体矿床隔水层建造及控制溶浸液流向等关键技术，强化地浸浸出机理、溶液运移的基础理论和专用设备和材料研究，拓宽地浸采铀技术的应用范围，提高地浸采铀技术水平。

3. 提高离心机的经济性和可靠性

离心机的研制、离心法分离工厂的建设仍是目前一段时间内主要的工作重点，并且要根据国际上离心法铀同位素分离技术发展的大趋势，不断提高我国离心机的经济性和可靠性，不断降低单位分离功的成本，进一步提高我国在国际铀浓缩市场的竞争力。同时还应研究有可能成为下一代分离技术的激光法以及其他铀同位素分离技术。

4. 燃料元件制造新材料和新结构推陈出新

核燃料元件制造技术的发展，以新型核燃料芯体材料、新型包壳材料研发为核心。随着科学技术和核反应堆技术的发展，核燃料元件新材料和新结构的不断推陈出新，核燃料元件的制造技术也随之发展。

（1）压水堆燃料。

以氧化物陶瓷芯块加锆合金包壳为特征的核燃料元件是未来相当长时期核电燃料元件发展的主体。提高氧化物芯体导热性能并提高锆包壳抗事故能力是主要研究方向。

事故容错燃料（ATF）方面，以氧化物芯块、锆合金包壳为特征的核燃料元件会加快改进，推出新型号，如铀铍氧化物芯块、环形燃料等。随着城市供热堆、海上浮动核电站等小型堆的陆续推出，相应燃料元件的研发也将启动。

ATF 燃料的研发也将加快步伐。符合 ATF 燃料特征的芯体材料（包括燃料块及其基本材料）和包壳材料可有多种选择，已成为目前研发重点。

（2）MOX 燃料。

制造 MOX 燃料关键是要解决工艺装备，包括 MOX 燃料芯块、MOX 燃料棒和 MOX 燃料组件等制造设备的国产化和自动化问题。国产装备的研制也将带动装备自动化技术的发展。同时将研发 MOX 燃料不锈钢包壳材料。

（3）包覆颗粒燃料。

新型包覆颗粒燃料可适应多种反应堆型，如高温气冷堆、超高温气冷堆、气冷快堆以及压水堆等。超高温气冷堆要求燃料元件在更高温度和更高燃耗条件下运行，用 UCO 核芯代替 UO_2 核芯颗粒，用 ZrC 涂层或者 ZrC/SiC 复合涂层代替 SiC 涂层，正成为四代核能系统新型包覆颗粒燃料研究的热点。全陶瓷包覆颗粒弥散体燃料（FCM）是新型轻水堆燃料研究的主要方向之一。其采用 UO_2 或 UN、U（N\C）核芯，TRISO 包覆技术，SiC 弥散体芯块，锆合金包壳。

5. 掌握自主建设商用后处理大厂技术，继续研发干法后处理

我国已掌握动力堆乏燃料后处理厂中试技术，面向第三代后处理技术的先进分离工艺研究也取得重要阶段性进展。经近几年来的讨论和核电重大专项的落实，已明确了下阶段技术攻关的重点：

（1）确保中试厂稳定运行，积累工业钚。中试厂长期运行，验证工艺、设备可靠性等，解决可能出现的问题。

（2）开展第三代后处理技术研究，其中主工艺部分在中试厂基础上开展先进无盐两循环工艺技术热试验研究，并提取镎、锝；研制具有连续处理功能的系列关键设备、分析检测与自控技术研究，其中卧式剪切机、连续溶解器、连续钚尾端处理设备等是关键；开发后处理厂设计安全基准事故分析技术、临界安全技术及临界安全设备。

（3）开展干法后处理技术研究，为快堆商业发展和 ADS 研发奠定核燃料循环基础。

6. 以消除安全隐患为主攻目标，加快核设施退役和废物治理

（1）安全贮存和固化废液。

需要对高放废液玻璃固化配方、工艺和设备等进行研究；研发废液槽罐底部泥浆、残渣、板结物的回取和清洗技术，以及避免排空废液罐漂罐事故的措施，以尽快安全、经济洗净并处置排空的槽罐。

（2）攻克石墨废物处理与处置难关。

反应堆中大量废石墨的处理与处置是国际上还未解决的难题。我国生产堆和研究堆退役存有大量石墨，现已提出多种处理方案，正在开发自蔓延高温合成固化技术（SHS）。

（3）α 废物检测。

中国原子能科学研究院研制的桶装 α 废物检测装置，已逐步在国内推广应用，需进一步提高检测灵敏度。

（4）加快低、中放废物处置库（场）建设。

我国放射性废物处置库（场）的建设严重滞后，与核电发展不相适应。现在我国各核电站的废物主要暂存在废物库中，早建的核电站废物贮存已超过 20 年。在沿海地区潮湿、多雨、强海风的气候环境条件下，钢桶、钢箱不可避免要出现腐蚀泄漏，所以要加快建设低、中放废物处置场（库）。为此，需要库型以及运输路径和运输工具等，进行科学优选、评价和论证。

（三）同位素与辐射技术领域

1. 重点开发放射性同位素制备与相关应用

（1）放射性同位素制备。

重点工作包括：利用低浓铀大规模制备裂变产物 ^{99}Mo 的工艺研究和生产线建设；^{238}Pu 生产能力建设；高比活度 ^{60}Co 制备；从乏燃料中提取放射性同位素 ^{90}Sr 和 ^{137}Cs 等。并开展 ^{68}Ga、^{64}Cu、^{89}Zr、^{94}Tc 等正电子核素的制备研究，关注 $^{68}Ge/^{68}Ga$，$^{82}Sr/^{82}Rb$ 等正电子核素发生器的研制。

（2）放射源制备。

研制 γ 刀用 ^{60}Co 放射源；建立高活度 β、γ 放射源生产设施；建立放射源质量控制中心。

（3）放射性药物制备。

开展放射性药物基础化学、配位化学研究；研究新的放射性标记技术以及快速合成分离方法，大力发展 PET 药物；建立已有临床正电子药品的质量标准；关注正电子核素药物、新的 Tc 核心放射性药物、^{123}I 标记的单光子显像药物以及 ^{177}Lu、^{90}Y、^{64}Cu 和 α 核素放射性治疗药物的发展。

（4）放射免疫试剂。

增加检测品种；改进现有 RIA 产品，实现固相包被管分离。加强关键原料的研发；

研制全自动分析测量设备，提高放射免疫分析的自动化程度。

（5）放射性同位素应用。

开发乘用车 γ 射线成像安检技术；研究基于射线扫描的 3D 复印与 3D 打印原位检测技术；开发射线 3D 成像无损检测技术；开发先进工业在线核测控技术。

2. 辐射技术应用进入规模化、产业化的快速发展

（1）辐照装置迈向大型化、专业化和高性能化。

（2）辐照企业趋向规模化和集约化态势。

（3）重视资源利用、人类健康和环境保护。

（4）食品辐照快速发展。

3. 深入发展核医学技术

（1）核素显像。多模式成像技术的发展成为必然趋势。

（2）核素治疗。核素治疗的应用范围不断扩大，核素内照射治疗将成为临床上继内科药物治疗、外科手术治疗和外照射放疗之后又一重要的治疗手段。

（3）显像仪器的发展。仪器公司在不断研究并推出更先进的仪器，利用新型的仪器更快速完成检查，获得更高质量的图像。

4. 加深核农学应用

诱变育种作为一种成熟的育种技术，在提高产量、改善品质、增强抗逆性、优化形态等方面具有极大的应用前景。

同位素示踪技术在农药等农用化学物质（小分子）的环境行为与归趋以及 N、P 和 C 养分循环等研究中具有常规方法无法比拟的技术优势，尤其在农用化学物质界和残留研究中不可或缺。

害虫辐射不育研究已建立基本理论与方法体系，我国主要农作物生产中，广泛存在着多种灾害性害虫，开展辐射不育研究意义重大。

5. 发展先进脉冲功率技术，促进其在多领域的应用

（1）提高脉冲功率源的峰值功率和输出电流。发展以直线变压器驱动源（LTD）技术为代表的驱动器技术，克服现有技术路线中绝缘堆和器件寿命等的限制，进一步提高装置的输出电流。

（2）提高脉冲功率源的储能密度和功率密度。提高脉冲功率源的重复频率和实现高平均功率运行。为满足国防、国民经济及基础科学研究更大范围的应用需求，需要实现装置从单次高峰值功率向重频、高平均功率运行模式的转变。为此，需要突破长寿命重频开关、大容量下快速充电、负载的更换或复位、热管理等技术问题。

（3）发展紧凑型、模块化、固态化的脉冲功率源技术。

（4）应用领域，从以国防安全为主向多领域发展。

脉冲功率技术曾经是、现在是、将来也必将是支撑国防安全的重要学科。但从世界范围看，脉冲功率技术已经从以国防安全为主向国民经济、基础科学多领域快速发展。

6. 加速核测试与分析技术发展

（1）中子散射技术。

我国的中子散射科学技术水平和应用能力有望跻身世界先进行列，特别是在工程材料和凝聚态物理领域将会取得重要进步。如果成立国家级实验室并加强资源优化配置和高水平用户培养，将积极促进中子散射大科学平台效益的发挥，加速其技术先进化、理论深度化、用户规模化和领域广泛化的发展，尽早为国家重要科学与技术的发展提供创新工具与检测平台。

（2）核设施退役检测分析技术。

同步辐射技术、加速器质谱技术等均具有分析灵敏度高、分析速度快等优点，对核设施退役中大量样品的快速分析具有优势。

（3）放射性核素的分离分析技术。

复杂体系下痕量长寿命裂变产物核素如 ^{126}Sn、^{151}Sm、^{107}Pd 等的分离与分析技术已是未来的发展重点。不断提高分析方法的灵敏度，实现分析方法的自动化及智能化是当前放射性核素分离与分析的发展趋势。

（四）核基础研究领域

1. 关键基础技术为辐射物理及技术研究重点

强脉冲辐射环境模拟将主要研究不同种类及参数的强脉冲辐射产生及其应用的基础理论与关键技术，通过高能量密度储能、大功率开关压缩、脉冲传输线汇聚产生高功率电脉冲，驱动不同类型的强流二极管、箍缩等离子体、辐射天线等负载，产生与特定辐射场作用等效的不同能谱或频谱特征的高强度脉冲射线束、射线场、电磁场等。

近期，国内辐射物理与技术的重点发展趋势是研究辐射环境生成与模拟、辐射测量、辐射效应等的关键基础技术。在不同种类及参数的辐射产生及其应用的基础理论与关键技术方面，重点是射线束、粒子束的产生技术，高功率电脉冲产生技术、等离子体 X 射线辐射源技术、高功率电磁场产生技术等；在辐射测量技术方面，重点是混合辐射场粒子种类甄别与能谱测量、新型辐射探测器、航天器辐射损伤在轨监测和诊断；在辐射效应机理方面，重点是单粒子瞬态和多位翻转效应、低剂量率增强效应、新型器件的辐射效应、充放电效应、协和效应、辐射对器件可靠性影响研究、微剂量效应、光电图像传感器的辐射效应等；在辐射效应数值模拟与仿真方面，重点是粒子输运模拟、器件级数值模拟、电路级辐射效应数值模拟、系统级辐射效应数值模拟、数值模拟软件研发等；在辐射效应试验与评估技术方面，重点是重离子能量和角度对单粒子效应试验的影响、空间低剂量率增强效应地面加速试验方法、空间位移效应试验方法、充放电效应模拟试验、重离子微束试验、激光微束试验等。

2. 深入研究 Z 箍缩物理及逆康普顿散射光源

主要深入研究 Z 箍缩物理，探索利用 Z 箍缩实现聚变的技术途径；进一步研究强聚焦二极管物理，实现能够稳定聚焦的高能 X 射线二极管定型。空间辐射地面模拟装置研究的重点在于重离子同步加速器相关动力学和技术研究，质子同步加速器慢引出束均匀性研究，高能单色伽马射线源相关技术研究以及中子源相关技术研究等方面。

开展逆康普顿散射光源的研究，将为国内外，特别是国内的生物、物理、材料、化学、生命科学等学科的科学工作者提供有力的科研仪器，推动其中重要的、有基础意义的问题的研究。同时，也将大大推动如 X 射线微加工、医疗诊断和治疗、核材料检测等重要应用领域的发展。

3. 积极推进辐射防护技术

（1）大力推进辐射防护装备技术体系的“四化”（智能化、信息化、网络化、集成化），加快核与辐射应急技术的“三化”（智能化、信息化、网络化）。

（2）积极推进放射性废物处置安全技术的研究。

（3）开展不同能源链环境放射性排放及其辐射影响研究。

（4）进一步加大力量积极开展相关基础研究、科普和公众沟通等。

4. 核反应堆数值模拟发展潜力大

在核反应堆数值模拟技术方面，未来的发展重点是高精度中子学模型，并采用高性能计算机来进行并行计算，同时进行核反应堆多专业耦合方法及模型研究。

反应堆启动过程模拟软件、反应性噪声测量模拟软件需继续完善。复杂场景下的核临界安全问题是随机中子动力学应用的主要领域之一，随机中子、光子场瞬态演化过程与复杂流体或者复杂动态构形的耦合与相互反馈也具有重要研究价值。

混合能源堆方面进一步的发展重点是，利用现有的中子输运、燃耗和热工水力程序，结合实际的工程条件，细化研究内容和优化物理设计，并为开展核燃料循环、材料辐照损伤研究提供基础数据。

五、建议

为确保我国核工业的长期稳定发展，推动我国核科学技术不断前进，提出下列保障措施和建议[8-9]。

（1）加快制定核科技发展规划。

核科技是核能应用的基础，也是核军工的基础。尽管我国已经制定了宏观核能发展战略，但迄今为止，我国还没有完成能支撑核能和核军工发展的核科技发展规划的制定，特别是中长期规划。

核科技研发是一个需要多领域、多学科尖端科学技术共同继承的工作，它的发展将带动多方面的科学、技术和工程领域的进步。同时，核科技发展规划涉及国家经济、能源、环保、社会、安全、政治、外交等多方因素，需要政府主管部门来规划、实施和管理。

而在核科技发展中，核基础科研又是核科技发展的源泉和动力，只有具备了核基础研究的原始创新，才能推动核科技规划的快速稳定发展。因此，在国家核科技发展规划的制定中，应突出核基础研究的战略地位，对其给予重点关注并加大支持力度，来全面提升我国核科技的研发与创新能力。

（2）发展核电有利于减排改善环境，实现绿色低碳发展。

我国经济社会发展对能源需求持续增长，面临着国内资源环境制约日趋强化和应对气候变化减缓 CO_2 排放的双重挑战。当前我国生态环境污染形势已极其严峻，治理雾霾已成为中国能源结构调整刻不容缓的战略任务。要从根本上解决雾霾问题，呼吸到清洁的空气，就必须大幅度减少碳燃料的使用，实现绿色低碳发展，而核电是稳定、洁净、高能量密度的能源，规模化发展核电将对我国突破资源环境的瓶颈制约，保障能源安全，减缓 CO_2 排放，实现绿色低碳发展具有不可替代的作用。

我国已成为世界上少数几个拥有完整核工业体系的国家，拥有自主的三代核电技术品牌，并开展示范工程建设，我国核电厂的核燃料供应完全立足国内，结合国际开发合作和战略储备，我国核电已具备规模发展的能力。

核电的规模化发展不仅将促进能源发展，而且将拉动装备业、建筑业、仪表控制行业、钢铁等材料工业的发展，促进高科技及高端产业的发展，有利于经济转型。

出台促进核能规模化发展的有关法律法规，在配套考核、价格机制、节能发电调度、发电余额收购等政策上给予支持，要为核能的规模化发展营造良好发展空间和政策条件，调动发挥各方建设主体的投资积极性，促进核能的规模化发展。

（3）积极推进核燃料后处理产业发展。

为确保核能可持续发展，早在 1983 年，我国就确定了“发展核电必须相应发展后处理”的战略，坚持“核燃料闭式循环”的方针路线。我国核能保持着稳步有序的推进节奏，其规模化发展态势也日趋明朗。相较于我国核电的快速稳步发展和快堆的战略规划进程，我国闭式循环的关键环节——乏燃料后处理能力则严重滞后，随着乏燃料产生量和累积量的不断增加，后处理能力滞后引发的一系列问题正变得格外突出。

此外，我国核能发展实行的“热堆 – 快堆 – 聚变堆”的三步走战略中，闭式循环乏燃料后处理是我国核能发展向第二步迈进的关键环节。后处理项目因技术复杂、建设周期较长，更要尽早启动。而我国后处理产业尚未形成工业生产能力，是核燃料循环中的薄弱环节。从时间上看，我国后处理相关研究的任务和需求十分紧迫。

考虑到核能事业安全、持续发展需要，我国应高度重视核燃料循环各环节的协调发展，积极推进乏燃料后处理产业的发展。

考虑到在相当长时间内我国乏燃料后处理能力将大大低于乏燃料产生量的实际情况，需要尽快考虑并落实今后几十年乏燃料的中间贮存。

（4）加强我国核电立法和吸收公众积极参与的制度建设。

福岛核事故后，部分公众对核电安全产生疑虑，究其原因，一是公众对核电安全不了解，二是核电建设方与公众缺乏有效的沟通。为此要完善法律法规和制度体系。

一方面，要加快推进原子能法、核安全法的立法工作，尽快出台《核安全法》和《原子能法》，编制并发布《新建核电厂安全要求》等技术政策文件，提倡核安全合理可达到的尽量高的原则，扩大核电厂设计的包络范围，强化纵深防御体系。

另一方面，要制定和健全公众参与制度，推进核电发展方式转变，积极适应社会经济发展新常态，建立政府、企业、专家、社会团体和公众共同参与的协调机制，构建良好的公众沟通平台，推进核电知识科普，宣传核安全文化，引导理性交流，协调社会关系。可借鉴法国核电厂周围地区信息委员会和大亚湾核电厂核安全咨询委员会的成功经验，通过制度化的组织形式做好与社会群体的协调与沟通。

—— 参考文献 ——

[1] IAEA. 2014 年核技术评论 [R]. GC (58) /INF/4. 2015.

[2] 陈瑜. 中核集团展“十二五”重大创新成果 [N]. 科技日报，2015-05-13.

[3] Global Fissile Material Report 2013 [R]. IPMF. 2013.

[4] 罗上庚. 放射性废物处理与处置 [M]. 北京：环境科学出版社，2007.

[5] http://www.world-nuclear.org/info/Nuclear-Fuel-Cycle/Nuclear-Wastes/Decommissioning-Nuclear-Facilities/.

[6] Richter D, Springer T. A twenty years forward look at neutron scattering Facilities in the OECD countries and Russia [R]. 1998.

[7] 吴晶晶. 我国首次发布《核安全文化政策声明》[N]. 中国能源报，2015-01-01.

[8] 刘兴. 透析“两会”核布局 [J]. 中国核工业，2015，(3)：10-23.

[9] 刘兴. 中国后处理坎坷前行 [J]. 中国核工业，2015，(1)：35-37.

负责人：姚瑞全

撰稿人：陆　燕　张　雪　陈亚君　李言瑞

涂金池　张国庆　信萍萍　姚瑞全

审稿人：严叔衡　蒋云清　潘启龙　吴春喜

专题报告

辐射防护技术

电离辐射防护（简称辐射防护）是研究预防电离辐射对人和非人类物种产生的有害作用的应用性学科，也称辐射安全，保健物理或放射卫生。本文将针对2009年以来国际国内辐射防护学科主要发展态势进行分析与展望。

一、学科发展现状

1. 辐射照射水平

人为活动引起天然辐射照射的增加显著，例如，与20世纪90年代初相比，当前我国居民室内氡照射水平至少已增加80%，这主要源于大量掺渣建材和新型建筑材料制造工艺的使用，也与建筑物室内密封性明显提高、室内氡测量方法的改进有关。

全球医学照射水平呈现快速增长趋势。全球人口平均医学照射个人有效剂量，从1988年的0.35mSv增加到2008年的0.62mSv，并呈现明显上升趋势，其中放射诊断剂量增加尤为明显。美国和日本的医疗照射已接近或超过天然辐射照射，如1980年美国的医学照射有效剂量为0.53mSv，天然本底照射有效剂量为2.4mSv，而到2006年美国的CT扫描、核医学、介入放射学和诊断放射学有效剂量分别为1.5mSv、0.8mSv、0.4mSv和0.3mSv，天然本底照射有效剂量为3.1mSv。我国医学照射增加也很明显，如1988年、2000年、2008年我国医学照射有效剂量分别为0.088mSv，0.21mSv和0.39mSv（初步估计），这主要与大量先进核医学检查程序的无序使用有关。

联合国原子辐射效应科学委员会（UNSCEAR）2013年报告系统地评估了2011年日本福岛事故的辐射照射水平。碘-131和铯-137的大气释放量分别在100 ~ 500PBq，6 ~ 20PBq范围内，这些估计值分别小于切尔诺贝利事故相应释放量的1/10和1/5。事故后撤离前及撤离期间成年公众成员受到的有效剂量估计值均值小于10mSv。

2. 辐射生物效应

近年来，我国利用动物或细胞模型开展的放射生物学实验研究进入分子水平。围绕电离辐射诱导的受照射组织或细胞中基因和蛋白表达变化开展了大量研究，在辐射损伤机制、辐射敏感标志物和分子生物剂量估算等研究方面也取得了较大的进展。低剂量照射对造血和免疫系统的兴奋作用、诱导机体适应性反应、基因组不稳定性和旁效应等非靶效应研究方面获得了更多的实验证据。在辐射流行病学研究方面取得了某些进展。针对医用诊断 X 射线工作者的研究发现，一些慢性多因素疾病（如，高血压、冠心病、脑卒中等）死亡率，X 射线线工作者高于对照组人群，提示遗传易感性和基因多态性等因素在发病中的作用。广东阳江天然放射性高本底地区流行病学研究发现：随着累积剂量的增加，居民特异性眼晶状体浑浊的危险显著升高。

国际放射防护委员会（ICRP）2009 年发布氡声明及 2012 年出版的委员会第 118 号出版物，明确指出氡致肺癌标称辐射危险系数增加到原来的 2 倍，辐射诱发白内障的剂量阈值降低至 0.5Gy，约为先前的 1/10；辐射诱发循环系统疾病的剂量阈值约为 0.5Gy。UNSCEAR2013 年报告明确指出儿童对辐射更加敏感。

3. 辐射监测技术

在国内，目前碲锌镉（CZT）探测器阵列、气体闪烁正比计数器（GSPC）等新技术已经可以用于直接测量人体肺部放射性含量和分布，以及基于电感耦合等离子体质谱（ICP-MS）分析技术测量气溶胶活度浓度的研究将极大地降低间接测量方法的探测下限。大流量气溶胶取样技术已得到广泛应用，并开展了大面积 β 表面污染位置灵敏监测技术的研发。基于智能机械搭载的放射性污染成像探测技术——人工智能伽马相机，已达到与国外技术相当的成像技术指标。我国已初步建立了国家和地方两级全国辐射环境监测网络系统，包括全国辐射环境质量监测（含国控站点）、重点监管设施周围环境监测、核与辐射事故应急监测。针对核电厂流出物监测系统探测下限及流出物监测数据统计分析开展了较深入的实验研究。开发了基于半导体探测器的无人值守连续测氡仪；国产 KF606 氡累积探测器已应用于铀矿工的职业照射监测和住宅氡活度浓度的调查研究。辐射损伤生物剂量计研究已进入基因领域。

在国外，光致发光技术（OSL）和光致荧光玻璃剂量计（RPL）已得到实际应用；半导体电子个人剂量计、直接离子存储剂量计等新型剂量计正在逐步取代基于小型盖格计数管的电子个人剂量，在可携性、低功耗等性能上不断提高，并得到应用和推广。在线氡测量仪，如美国 RAD7 测氡仪、德国 PQ2000 便携式氡测量仪，已广泛应用于各项氡相关研究计划中。

4. 辐射防护最优化

2007 年 ICRP 发布新建议书，其他有关国际组织如国际原子能机构（IAEA）、经济合作与发展组织核能署（OECD/NEA）及欧盟和美国等已修订或正在修订相应的标准或技术导则，从实践管理角度进一步阐述了防护最优化原则（ALARA）的管理要求、工作管理、现场实施、效果评估等，如2009年OECD/NEA出版的《核动力厂职业照射辐射防护最优化工作管理》。在辐射防护最优化实践方面，国际与国内开展了基于照射来源在线监测实时优化防护措施的监测技术、网络技术、人工智能、管理控制一体化系统的研发。

5. 核与辐射应急技术

福岛事故后，我国针对运行和在建核电机组，新型或改良型核电机组如华龙一号、AP1000、EPR、高温气冷堆和中国实验快堆，以及核燃料循环设施等开展了一系列的安全大检查，包括应急准备与响应有关的安全检查、状态评估、设计改进和现场改造等活动，国家核安全局联合国家地震局、国家能源局等部门发布了《福岛核事故后核电厂改进行动通用技术要求》。同时，国际国内针对事故期间国际贸易及食品控制标准、多机组共模故障应急准备、公民事故心理干预和核电安全公众沟通等开展了一系列的检查、改进和实践。

我国自主研制的“核与辐射应急评价与决策支持技术系统”已具有推广应用的条件，可望用于核电厂和核燃料循环设施。我国自主研制的强辐射场机器人监测装备、车载应急辐射监测系统、航空应急辐射监测系统、去污洗消应急设备、核应急专用包容系统等，已在国家级核应急技术支持中心和应急分队建设中得到了实际应用；我国医学应急也制定了适宜国情的急性放射损伤诊断与治疗方案程序、初步建立了辐射损伤指标体系、建立了受照射人员生物学剂量分析技术。

国家核事故应急协调委依托成员单位建设的核与辐射应急技术支持中心和应急分队，在2011年福岛事故应急响应、“嫦娥三号”卫星发射现场应急待命、2014年南京丢失放射源应急响应及“神盾–2009”和“神盾–2015”核应急综合演习中发挥了积极作用，应急装备、应急程序及应急队伍得到实际检验。

6. 放射性废物最小化研究

放射性废物最小化技术及顶层设计研究，提出了我国放射性废物最小化原则、初步编制了我国放射性废物最小化规定及核电厂放射性废物最小化技术导则等，一批最佳实用废物最小化技术在新建核电厂的设计及运行核电基地废物集中管理中心建设中得到了实际应用。针对内陆核电建设，核电业主与科研单位联合研发的内陆核电放射性废液处理新技术可以实现放射性“近零排放”。

7. 辐射防护法律法规

自2009年以来，我国新制定或修订了《放射性物品运输管理条例》《放射性废物安全管理条例》《核电厂环境辐射防护规定》等法规和标准。目前我国的《原子能法》和《核安全法》正在制定之中，同时也在推动《核安保法》的立法工作。国际上，最重要的一个进展是2014年欧洲委员会（EC）、联合国粮食及农业组织（FAO）、IAEA、国际劳工组织（ILO）、OECD/NEA、乏美卫生组织（PAHO）、联合国环境规划署（UNEP）和世界卫生组织（WHO）共同倡议编制出版了《电离辐射防护与辐射源安全：国际基本安全标准》。

二、国内外学科发展状况比较

总体上讲，与国际先进国家相比，我国辐射防护及其相关学科虽然取得了较大进步，但仍存在明显差距。

1. 辐射照射水平

UNSCEAR 2013 年报告全面地评估了福岛事故所致职业照射和公众照射水平与效应。我国环境保护部门对福岛事故释放对我国的辐射影响进行了较详细的监测与评估。另外，针对福岛事故液态排放，我国学者在研究 IAEA 核与辐射事件分级（INES）的基础上，研制了我国的核与辐射事件分级标准，并再次对历史上及近期发生的主要核与辐射事故 / 事件进行了较全面的回顾与评价。

近年来，我国在人类活动引起天然辐射照射水平增高、居民氡照射水平调查研究方面达到了国际先进水平，如我国地下煤矿工人职业照射的调查研究成果彻底改变了 UNSCEAR 2008 年报告的全球结果；我国主要城市和农村居民氡照射与 20 世纪 90 年代初相比至少增高了 80%，已经引起国际同行高度关注；我国稀土矿开采的辐射照射也引起了国际同行关注。

2. 辐射生物效应

近年来，UNSCEAR 主要针对公众、工作人员和医学诊疗患者接受的低剂量和低剂量率照射对健康危险估计的证据进行了系统地评述。流行病学研究表明，人类受到中等和高剂量辐射照射能够引起很多器官实体癌和白血病发病率的升高，而低剂量诱发的癌症发病率增幅相对较低；尚无人类直接证据证实辐射照射的遗传效应；低剂量辐射照射导致白内障发生率上升，较高剂量受照人群中心血管疾病的发生率升高，但这些非癌症疾病在人群中较为常见，因而个体病例归因于低剂量辐射照射还存在许多的困难。

多年来，我国在低剂量低剂量率照射的健康影响长期跟踪研究中做出了国际同行普遍认可的成果，如矿工氡致肺癌标称危险研究、广东阳江高本底地区居民照射健康调查跟踪研究、医用诊断 X 射线工作者某些慢性多因素疾病死亡病理研究等。

ICRP 第 115 号出版物提出氡致肺癌的标称危险系数提高了近 1 倍。ICRP 第 118 号出版物详细阐述了电离辐射导致人体各组织、器官或系统发生早期和晚期反应的作用机制，更新了人体各组织器官的剂量阈值，尤其针对电离辐射诱发心血管疾病和白内障的剂量效应关系进行了系统评估。我国在氡照射及其健康危险评估研究中与美国、日本同行开展了大量合作研究工作，也为居民氡水平照射可以致肺癌直接证据的得到做出了积极贡献。

当前国外高度重视空间辐射生物效应的研究，除开展地面模拟空间辐射实验外，近年多利用国际空间站开展辐射生物效应研究。我国在该领域主要是开展了一些跟踪研究，有价值的研究成果不多。

3. 辐射防护监测技术

目前国外自动化、智能化、可视化以及网络化技术在辐射源和工作场所在线监测、核与辐射应急监测等得到了较广泛的应用，而国内在这些技术应用研究还较少，需大力推进国内这些技术的单项突破和集成化、体系化研究与开发。

近年来，迅速发展的电子个人剂量计（EPD）、直接离子存储剂量计（DIS，具有被动式和主动式剂量计功能）、OSL 荧光径迹探测器等新型个人剂量计也在不断得到应用和研发。高风险放射源的空间定位、实时测控技术在国外一些国家开始得到实际应用，而国内在该方向的研究与开发刚刚起步。福岛事故经验表明，自动化和智能化搭载平台技术对于严重事故情况下的应急监测或强辐射强条件下的辐射场监测是非常急需的；事故中晚期环境污染治理的过程控制及验收监测，迫切需要大面积高灵敏 β 探测系统或装备。感应耦合等离子体质谱（ICP-MS）分析方法和加速器质谱（AMS）技术，在低水平或极低水平环境监测以及事故早期异常事件甄别测量中开始得到一些实际应用，国内仅仅是针对某些特殊任务监测开展过一些探索性研究。

4. 辐射防护最优化

20 多年来国际辐射防护最优化研究和实践取得了显著进步。以核电厂为例，目前世界运行的压水堆核电厂职业照射年集体剂量平均值约为 0.7 人 · Sv/ 机组，相比 20 世纪 90 年代初期年集体剂量 2 人 · Sv/ 机组，20 年间降低了约 70%。尽管如此，美、法等核能发达国家也注意到职业照射控制面临的一些新挑战，已启动了一系列研究计划，如美国于 2005 年就启动了“辐射防护 2020 研究计划”，其目标是重塑核电厂的辐射防护；法国 EDF（法国电力机构）于 2003 年就启动了“核电厂污染控制研究计划”等。在 2014 年国际职业照射防护大会上，提出了未来可能影响核工业职业照射防护的一系列新技术趋势，这些技术将在 2020 年左右得到推广应用。国际上，目前辐射防护最优化重点关注的问题主要包括：防护与安全管理的改进、辐射源项的管理、辐射照射水平的监控、环境排放的最优化、废物最小化等新技术。

国内关于辐射防护最优化相关技术的研究与实践，相对迟缓。主要表现在，第一，对辐射防护最优化理念与原则的认识仍存在偏差，有相当多的从业者认为它只是一种理念或原则性要求；第二，只讲限值、不认同剂量约束值或参考水平，更不讲防护最优化；第三，防护与安全最优化实用技术较少等。

5. 核与辐射应急技术

进入 21 世纪初以来，国外先进核技术国家特别重视国家层面核与辐射应急能力的建设，这主要是受美国“9 · 11”事件的影响，而福岛事故应急响应也验证了对国家核与辐射应急能力的需求。国际上，一是移动网络技术（基于卫星或其他通讯方式）的应用极大地，提高了应急信息的快速传输和实时管理；二是应急监测装备整体集成功能强大；三是基于强大的国家实验室技术后援力量；四是已形成了一套完善、高效的运行机制和协作方式。

近年来，我国核与辐射应急工作也取得了显著进步，表现在：一是加快了国家核与辐射应急法规、预案、执行程序等建设；二是加大了国家级核与辐射应急技术支持能力的建设，包括国家核与辐射应急技术支持中心和应急分队能力的建设；三是一批新技术新装备已得到初步应用，如无人机技术、智能机械技术、可视化技术等。但是，我国在核与辐射应急组织能力保持、应急专业队伍稳定、应急装备技术研发、应急实战经验提升等方面，与国外先进国家相比较都存在明显的差距。

6. 放射性废物最小化研究

放射性废物最小化是放射性废物管理基本原则之一。直到 20 世纪 70 年代末，最先在美国才真正认识到放射性废物最小化的实际意义和现实重要性。首先是核电厂低放废物的处置成为了一个现实问题，运输和处置费用迅速上涨，管理要求也日趋严格。因此，许多核电厂开始采用先进的减容技术，明显减少了需要临时贮存和处置的废物体积。20 世纪 80 年代美国国会颁布了低放废物政策法，废物的处置要求更趋严格，废物的处置费用显著上涨，达到每立方米 1 万美元，这迫使核电厂不得不更加重视废物最小化问题。进入 21 世纪初，国外已普遍关注废物最小化问题。当前无论是核电先进国家或地区如美国、法国，还是像韩国等核电规模较小的国家或地区，都十分重视废物最小化问题。

目前，我国放射性废物最小化实践，近年来在核电领域已取得明显进步，但是核电行业外的其他核工业领域还没有引起足够重视。“十二五”期间对我国放射性废物最小化及顶层设计进行了较系统的研究。

7. 辐射防护法律法规

国外主要针对不同照射情况下的剂量控制原则与方法的研究取得了一定的进展，为制定辐射防护法律法规提供理论基础。例如，辐射防护管理控制的起点或范围，天然源照射与人工源照射控制的社会认识、政治判断、经济考虑是否应平等考虑等。同时，关于对辐射照射健康影响的感受与认识，即公众沟通方法，也开展了一系列的研究工作。

国内主要针对内陆核电厂建设的环境影响以及矿产资源开发过程引起的天然辐射照射增加开展了一些实际的研究工作，期望为辐射环境保护法律法规的制定提供某些支撑。

综上，辐射防护学科发展的总体现状是辐射健康效应机制和流行病学研究已进入基因大分子结构水平，辐射防护技术智能化、信息化、网络化、集成化已经成为当前发展趋势，辐射防护政策的制定过程更加透明，废物处置及其技术已成为影响核电事业持续发展的关键问题之一，核与辐射事故应急技术得到了较快发展。

三、2016—2020 年发展趋势预测

1. 辐射照射水平研究

将会持续关注福岛事故等所致辐射照射水平及其变化、全球医疗照射调查研究、天然存在放射性物质（NORM）照射和居民氡照射调查研究、不同发电链的环境排放辐射影响

研究等。

2. 辐射生物效应研究

仍将会继续关注低剂量低剂量率辐射健康危害评估及辐射生物效应机制研究，特殊人群组（例如二次癌症人群、儿童核医学检查人群等）辐射危害的归因方法与技术，以及空间辐射空间站生物效应实验研究等。

3. 辐射防护监测技术研究

重点将会在辐射监测装备与系统的“四化”（智能化、信息化、网络化、集成化），三维辐射场成像技术，环境气溶胶快速低温取样技术、高风险源空间定位实时测控技术，^{3}H 和 ^{14}C 环境监测技术，“近零排放”流出物监测技术、放射性废物最小化监测技术等会有较大发展。

4. 辐射防护最优化研究

将主要围绕在现场辐射源及其分布定位技术、新型放射性包容技术、人工智能在核电厂维修维护和安全状态可视化的集成技术、防护最优化工程技术等方面开展研究与开发。

5. 核与辐射应急技术研究

重点将会在应急监测与评估技术的智能化、网络化，应急信息大数据库建立等方面有所突破。同时，将会重点关注核设施严重事故后环境恢复技术及残留辐射照射控制目标的研究。

6. 放射性废物最小化研究

核设施内放射性物料清洁解控实践、放射性废物分拣技术智能化、放射性废物最小化最佳实用技术工程应用等将在核电站得到实际推广应用。

7. 辐射防护法律法规研究

预计 IAEA 最新基本安全标准、放射性废物处置安全全过程系统分析等一系列安全导则将会在各成员国得到广泛的实际应用等。针对我国政府在国内积极稳妥发展核电的政策及核电对外积极“走出去”的国家战略，“华龙一号”的环境保护标准如何与国际接轨，以及国内内陆核电建设放射性液态流出物“近零排放”标准、温排水排放方式及消散水体温升控制标准等，可能都需要抓紧制定并得到国际认可。

四、我国本学科领域的发展策略

总体上讲，我国辐射防护学科发展的方向与策略是：

一是，加快核与辐射安全法律法规的制定与出台，推进我国核电“走出去”战略的实施。例如，原子能法、核安全法、核安保法等制订，GB18871—2002 修订，辐射防护监管范围和放射性废物安全全过程系统分析等法规和标准的制定等。

二是，大力推进辐射防护装备技术体系的“四化”（智能化、信息化、网络化、集成化）。例如，核设施辐射场所和流出物监测装备、核电厂现场针对源实时分布的测控系统、放射性废物分拣智能化装备等。同时，加快核与辐射应急技术的“三化”（智能化、信息化、网络化）。建议开展“让智能机械化代替人、让网络信息化减少人”科技兴安全专项行动，积极推进我国辐射防护技术的现代化。

三是，进一步加强医学照射控制研究。例如，放射医学诊断检查程序的正当性、医学剂量测量与控制技术及其质量保证，以及合格的物理师等。

四是，积极推进放射性废物处置安全技术的研究。例如，高放废物深地质处置和放射源等中等深度钻孔处置的选址及其安全问题研究，放射性废物处置安全全过程系统分析技术及其技术标准、技术导则的研究与制定，核电站“近零排放”技术，温排水利用工程技术及其环境影响评价技术研究等。

五是，系统开展不同发电能源生产链环境放射性排放及其辐射影响研究，例如，风能发电和太阳能发电的全寿命周期评价、水电氡排放数据调查、与发电产业相关稀土元素开采、冶炼等环节的 NORM 排放调查等。

六是，持续开展辐射健康效应及辐射危险感知研究，以及公众信息沟通、决策信息透明等利益相关者参与活动，例如，空间辐射生物效应实验研究、低剂量低剂量率长期健康效应跟踪研究、核科学技术知识科普活动、全民核与辐射安全文化培植、包括政府决策者和非同行专家在内的公众沟通与平等交流等。

— 大事记 —

2010 年 3 月，潘自强、刘森林等编著的《中国辐射水平》首次正式出版发行，同年 5 月联合国原子辐射影响科学委员会 (UNSCEAR) 中国代表团团长潘自强院士代表中国政府正式递交该科学委员会，并被美国国家图书馆收录。

2012 年 5 月，中国核学会辐射防护分会秘书长杨华庭研究员代表中国辐射防护学会（对外）参加国际放射防护联合会第十三次大会 (IRPA13)。

2012 年 11 月 25 日—12 月 1 日，应中华核能协会邀请，中国原子能科学研究院刘森林副院长一行 10 人赴台湾参加了第二届“两岸放射性废物管理研讨会”。

2013 年 4 月 22—26 日，中国原子能科学研究院 (CIAE) 与国际原子能机构 (IAEA) 联合在北京成功举办了第七届天然存在放射性物质 (NORM-VII) 国际研讨会。国内外近 300 名相关领域的科学家、学者和政府官员参加了会议。

2013 年 7 月 15—18 日，中国原子能科学研究院辐射安全研究所在海南省三亚市成功举办第七届辐射安全与测量技术国际研讨会 (ISROD-VII)。国内外近 150 名该领域科技工作者及在校研究生参加了会议。

2013 年 7 月，国际放射防护委员会换届，刘华核安全总工程师遴选为主委员会委员；刘森林研究员、马吉增研究员、岳保荣研究员、孙全富研究员、李建国研究员分别入选第四委员会、第二委员会、第三委员会、第一委员会和第五委员会委员。这表明在国际防护委员会主委员会及各分委员会都有中国大陆学者与专家全面参与该委员会的工作。

2014 年 5 月，中国核学会辐射防护分会副理事长刘森林研究员代表中国辐射防护学会参加在马来西亚首都吉隆坡召开的第 4 届亚洲大洋洲辐射防护大会 (AOCRP-IV)。

参考文献

[1] 中国电力百科全书编辑委员会，等. 中国电力百科全书（第三版）：核能发电卷 [M]. 北京：中国电力出版社，2014.

[2] 潘自强，刘森林，等. 中国辐射水平 [M]. 北京：原子能出版社，2010.

[3] ICRP. Lung Cancer Risk from Radon and Progeny [R]. ICRP Publication 115. Ann. ICRP 40 (1), 2010.

[4] ICRP. ICRP Statement on Tissue Reactions/Early and Late Effects of Radiation in Normal Tissues and Organs – Threshold Doses for Tissue Reactions in a Radiation Protection Context [R]. ICRP Publication 118. Ann. ICRP 41 (1/2), 2012.

[5] UNSCEAR. UNSCEAR 2013 Report：Sources，effects and risks of ionizing radiation [R]. New York：United Nations Publication，2014.

[6] 周平坤. 放射生物学若干科学问题与学科前沿 [J]. 放射医学与防护杂志，2010，30 (6)：629-633.

[7] 樊飞跃，王继先，樊赛军. 光辉历程 20 年（1994—2014）中华预防医学会放射卫生专业委员会简史 [M]. 长春：吉林科学技术出版社，2014.

[8] 潘自强，周永增，周平坤，等译. 国际放射防护委员会 2007 年建议书 [M]. 北京：原子能出版社，2011.

[9] EC，FAO，IAEA，ILO，OECD/NEA，PAHO，UNEP，WHO. Radiation Protection and Safety of Radiation Sources：International Basic Safety Standards (No. GSR Part 3) [R]，2014.

[10] IAEA. The Safety Case and Safety Assessment for the Predisposal Management of Radioactive Waste (No. GSG-3) [R]，2013.

[11] 刘森林，郝建中，夏益华，译. 国际放射防护委员会第 104 号出版物：放射防护控制措施的范围 [M]. 北京：原子能出版社，2015.

[12] 潘自强，等. 核燃料循环前端与后端技术发展战略研究 [M]. 北京：原子能出版社，2013.

负责人：刘森林

撰稿人：刘森林　陈　凌　李幼枕　刘立业　张建刚　陈晓秋

学术秘书：李　夏

审稿人：潘自强　杨华庭　骆志平

辐射物理与技术

一、引言

辐射物理与技术是研究天然与人为辐射环境生成与模拟、辐射效应与加固、辐射测量与诊断以及辐射应用的科学，是核科学与技术的重要组成部分，是在核科学、宇航科学、电子科学、计算机科学、材料学、物理学、地球物理学等学科基础上发展起来的一门新兴交叉学科。

辐射环境生成与模拟主要研究人为辐射、天然辐射和高功率电磁辐射等各种辐射环境的生成和模拟技术，主要包括核辐射源、宇宙射线等天然辐射、强脉冲加速器 / 直线加速器 / 回旋加速器 / 同步加速器等各种类型的加速器产生的粒子束、射线束和电磁辐射等。

辐射效应主要研究辐射与物质的相互作用，研究各种天然或人为辐射作用于材料、元器件、机械系统、电子学系统、生物组织等产生的各种效应，研究辐射作用过程中能量耦合、沉积、转换、输运等在材料、器件和系统中的作用机理，研究辐射引起的器件、系统性能下降或失效的机制与规律，研究为降低这种辐射效应在材料、器件或电子学系统方面采取的加固技术以及抗辐射能力的评估技术。

辐射测量与诊断主要研究各种辐射环境以及辐射效应的参数测量与诊断，包括辐射场（中子、伽马、X 射线、电子束、电磁场）的时间行为、强度、能量、能谱 / 频谱、空间分布参数等的测量诊断方法与技术，诊断辐射形成过程，为各种辐射环境生成和效应试验研究提供准确的环境参数。

辐射应用主要是指各类辐射及相关技术在效应模拟、探测系统标定考核、聚变能源、材料改性、表面处理、辐照加工、透射照相、离子注入、环境治理、新能源开发等领域的应用技术及相关的应用基础研究。

经过几十年的发展，国内在辐射物理与技术研究领域具备了良好的基础，为国家安全和国民经济发展做出了重要贡献。但是，随着微电子技术与空间技术的快速发展，对辐射物理研究和设备抗辐射性能提出了更高的要求，出现了许多新的问题和挑战，面临诸多亟待解决的关键科学问题。

二、辐射环境生成与模拟技术发展现状与趋势

辐射环境生成与模拟主要研究不同种类与参数的辐射产生涉及的科学问题，主要包括强脉冲辐射环境和天然辐射环境两大类。强脉冲辐射环境生成与模拟是研究人为强辐射环境（包括强脉冲伽马、X 射线、电子束、离子束、中子、电磁脉冲等）的产生技术，天然辐射环境研究空间、大气层内、地球表面等各种辐射的特点及采用放射源和加速器模拟产生该类辐射的技术。

（一）强脉冲辐射模拟技术

强脉冲辐射环境模拟主要研究不同种类及参数的强脉冲辐射产生及其应用的基础理论与关键技术，通过高能量密度储能、大功率开关压缩、脉冲传输线汇聚产生高功率电脉冲，驱动不同类型的强流二极管、箍缩等离子体、辐射天线等负载，产生与特定辐射场作用等效的不同能谱或频谱特征的高强度脉冲射线束、射线场、电磁场等。

当前研究的热点是不同种类及参数的强脉冲辐射产生及其应用的基础理论与关键技术，内容包括：射线束、粒子束的产生技术，高功率电脉冲产生技术，等离子体 X 射线辐射源技术，高功率电磁场产生技术等。

1. 高功率粒子束产生及其应用

高功率粒子束，又称强流脉冲粒子束，研究的重点是不同类型的强流二极管产生不同能段的 X 射线（包括软 X 射线、硬 X 射线和高能 X 射线），其中广泛涉及强束流、等离子体物理和高能量密度物理等方面的基础研究，如：强流二极管阴极表面电子发射的物理机制，强束流的产生、控制、传输及其与等离子体的相互作用，预充等离子体对韧致辐射二极管工作性能的影响。

在强聚焦二极管研究方面，当前的研究热点是能够实现稳定聚焦的小焦斑（~1mm）X 射线的二极管技术，如美、英、法等国都在竞相研究阳极杆箍缩二极管、自磁箍缩二极管、傍轴二极管、浸磁二极管等强聚焦二极管技术，其中阳极杆箍缩二极管已获得最小焦斑直径 1mm 聚焦 X 射线，并得到了实际应用。

国内在强聚焦二极管方面开展了大量的理论和实验研究工作[1]，其中研制的阳极杆箍缩二极管获得了正前方 1m 处 37mGy 的剂量，焦斑直径 1mm（图 1）。

2. Z 箍缩物理

Z 箍缩等离子体内爆不稳定性的控制与利用，稠密等离子体中辐射输运等。从应用角度出发，研究重点是如何利用各种物理机制或技术手段以有效提高辐射转换效率并且较精

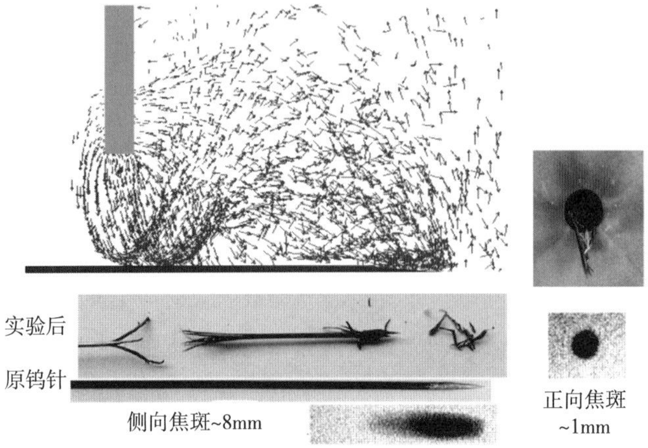

图 1　阳极杆箍缩二极管数值模拟与实验结果

确地控制能谱。近几年，在软 X 射线产生技术研究方面，美国深入开展了 Z 箍缩负载优化技术研究，以更为复杂、精细的多层嵌套负载将 keV 量级的软 X 射线辐射转换效率提高近一倍。

3. 高功率脉冲产生、传输与汇聚

脉冲能量传输与汇聚的物理和技术问题也是当前的研究重点，如美国 ZR 装置设计指标为电流 26MA，实际只能达到 23MA，研究发现正是在功率汇聚部分出现显著的电流损失。在超高功率传输与汇聚方面，国内外都重点开展了磁绝缘传输线（MITL）技术研究。在“闪光二号”加速器上建立了 5m 长的 2Ω 阻抗磁绝缘传输线实验平台（图 2），开展了长磁绝缘传输线设计技术研究工作，电流传输效率＞ 95%。

图 2　“闪光二号”上建立的 5m 长的 2Ω 阻抗磁绝缘传输线实验平台

4. 未来发展趋势

在强脉冲辐射环境模拟方面，主要总结如下几个方面的未来发展趋势：

（1）对等离子体在高功率粒子束产生、加速、聚焦与传输过程中的作用机理认识更加深刻，通过深入研究，获得能够满足强脉冲辐射效应研究和高能 X 射线照相要求的二极管优化类型。

（2）通过对 Z 箍缩等离子体行为的深入研究，有效提高 X 射线转换效率，探索利用 Z 箍缩实现聚变的技术途径。

（3）探索解决超高功率传输与汇聚、高功率脉冲产生中的开关、触发以及可靠性等技术瓶颈问题。

（4）研究超快前沿电磁脉冲辐射天线与传统天线的不同之处，提高由脉冲功率源转换为超快电磁脉冲辐射的效率以及减小畸变的技术。

（二）空间辐射模拟装置

我国空间辐射地面模拟装置主要是利用加速器装置提供高能射线粒子的空间辐射环境，用以检测航天电子元器件的抗辐效应、生物学效应等，为航天器的安全与可靠运行以及航天员在弱辐射环境下的健康与安全提供重要保障[2-3]。

目前空间辐射地面模拟装置研究的重点在于重离子同步加速器相关动力学和技术研究，质子同步加速器慢引出束均匀性研究，高能单色伽马射线源相关技术研究以及中子源相关技术研究等方面。

1. 重离子同步加速器相关动力学及技术研究

同步加速器因具有束流能量高、能量连续可调、可提供的离子种类丰富、离子种类切换时间短等优点[4]，将成为空间辐射地面模拟研究的主流加速器装置。实现超长周期慢引出[5]，就可将同步加速器的脉冲束流变成准连续束。这就为在同步加速器上发展微束技术打下了坚实的基础。目前在兰州回旋加速器上实现的微束束斑尺寸已经达到了 2 μm[6]。如果要实现 1 μm 以下的微束，还需系统技术的整体跨越。而在同步加速器上实现微束，将是一个世界范围内的率先突破。

针对建造重离子同步加速器辐照应用装置所需要解决重点问题包括：小型同步加速器磁聚焦结构构造、重离子高效率高均匀度慢引出方法研究、基于同步加速器的微束研究、低能重核离子的寿命研究、直线注入器的研制、高亮度离子源的研制、高灵敏探测设备的研制等。

2. 质子单粒子效应地面模拟装置

目前我国尚需中高能质子加速器平台，以便全面满足抗辐射加固等研究的需要[7]。现有的北京 H1-13 串列加速器提供的质子能量最高为 26MeV，目前已建成 100MeV 的质子回旋加速器；清华大学的 CPHS 也只能提供 13MeV 的质子束，可以部分满足我国快速发展的航天事业抗辐射加固试验研究工作的需要，但能量需要进一步扩充。同步加速器的明显优势在于它可以对束流的能量在很大范围内准确方便地调节，以适应单粒子效应实验对离子能量精确变化的需求，在 10MeV 到 300MeV 能量范围内不需要额外的降能片，这样就可以确保相对干净的辐射环境。所以，建议研究直线注入器 + 同步加速器的组合方案。同时质子回旋加速器结构和操作比较简单，可以在 100MeV 的基础上向更高能量发展。

3. 高能单色伽马射线源

基于逆康普顿散射的辐射源利用相对论电子束散射激光光子，产生准单色、方向性好、能量可调、具有亚皮秒时间结构的 X/γ 射线，图 3 所示为世界上逆康普顿散射源研究的情况。

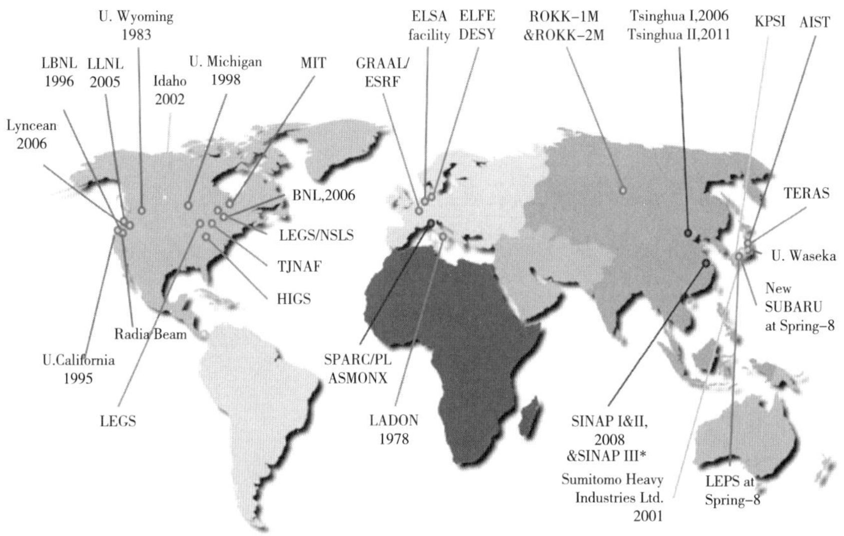

图 3　世界范围内开展逆康普顿散射源研究的情况

清华大学于 2002 年开始对逆康普顿散射 X 射线装置的关键技术进行研究（图 4），目前正在与西北核技术研究所合作开展高亮度伽马射线源装置的建设工作。

图 4　清华大学逆康普顿散射实验平台

4. 未来发展趋势

空间辐射环境模拟装置的未来发展趋势如下：

（1）重点突破重离子同步加速器相关动力学及技术研究，主要包括：用于辐照实验的小型同步加速器动力学研究；高效率、高均匀度重离子慢引出方法研究；基于同步加速器的微离子束研究；低能重核离子的寿命研究；全离子直线注入器的研制；高亮度离子源的研制；束流测量设备的研制等。

（2）适合质子单粒子效应等辐射效应地面模拟装置的关键技术研发，主要包括：100MeV 以上的质子回旋加速器研发，宽能量范围的束流引出时间均匀性问题和各种束斑尺寸的空间均匀性问题。

（3）高能单色伽马射线源关键技术攻关，包括：高亮度相对论电子束的产生、操控及诊断技术研究；高能量激光束产生、传输、聚焦和诊断技术研究；逆康普顿散射产生的 X/γ 射线参数的诊断方法和应用试验研究；皮秒电子束与太瓦激光束的同步技术研究；用于产生高平均亮度的逆康普顿散射源的低能电子储存环的物理和技术问题研究、高增益光学存储腔研制。

三、辐射效应与加固技术发展现状与趋势

本节主要从四个方面分析国内外的发展现状与趋势，一是新工艺、新器件的辐射效应，二是新材料辐射效应与损伤，三是高功率电磁脉冲辐射环境、效应机理及防护，四是电子器件与系统加固新技术及可靠性评估方法。

1. 新工艺、新器件的辐射效应研究

根据国际半导体技术发展路线图（图 5）发布的未来半导体工艺技术预测，世界集成电路主流工艺到 2016 年实现 22nm 工业化生产。工艺的按比例缩小，新器件、互连结构的引入所带来的器件寄生效应、阈值电压、高频器件耦合及互连等，对其辐射环境下的应用提出了越来越大的挑战[8]。

目前我国生产工艺已进入纳米（90nm、65nm）时代[9]，正在向 45 ~ 40nm 工艺迈进。当前和未来一段时间，国家重大航天工程对以高可靠、长寿命、抗辐照为特征的高性能集成电路提出明确迫切需求。

美国国防部和美国国家航空航天局（NASA）实行 MURI 计划，指导未来辐照加固电

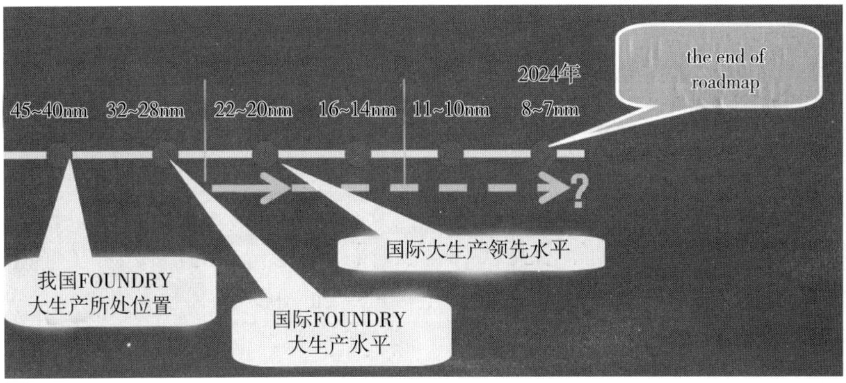

图 5　国际半导体技术发展路线图

子元器件开发的知识和工具，其中新器件技术对辐照响应的影响、新工艺超小器件中的单粒子效应、超小器件中的位移损伤和总剂量效应是研究的主要内容。

在效应和机理方面，国内对新型器件的辐射效应及损伤机理进行了深入细致的研究，研究了辐射与新型器件中短沟效应、窄沟效应、强场效应、量子隧穿效应等相关作用的一些基本物理问题和针对新型器件特点的辐射损伤机理；从超深亚微米和纳米级器件角度出发，对辐射条件下器件损伤机理、效应规律进行理论描述和建模，所建模型嵌入商用电路仿真软件 HSPICE 中进行了一些单元电路的仿真；分析辐射引起器件失效的损伤机理及对器件可靠性的影响，预测辐射环境中器件的寿命。在纳米级集成电路方面，通过试验片制备和试验对 90nm 和 65nm 器件和电路的辐射效应进行了摸底研究。

新工艺、新器件的辐射效应研究发展趋势：

（1）新工艺、新器件单粒子、总剂量、剂量率、位移损伤效应与损伤新机理的重大基础问题。

（2）微纳器件和特种器件的辐射损伤新机理研究。

（3）基于加速器和其他辐射源数据的辐射效应数据库建设和评价，建立可靠的数值模拟方法。

2. 新材料辐射效应与损伤研究

后摩尔时代，在新材料方面，重点发展基于新材料的硅基器件和新材料器件。美国国防部和 NASA 实行的 MURI 计划，把新材料的辐照响应作为研究重点之一。

从图 6 的半导体体系图中可以看出，在传统半导体发展的基础上，新材料器件发展迅速。

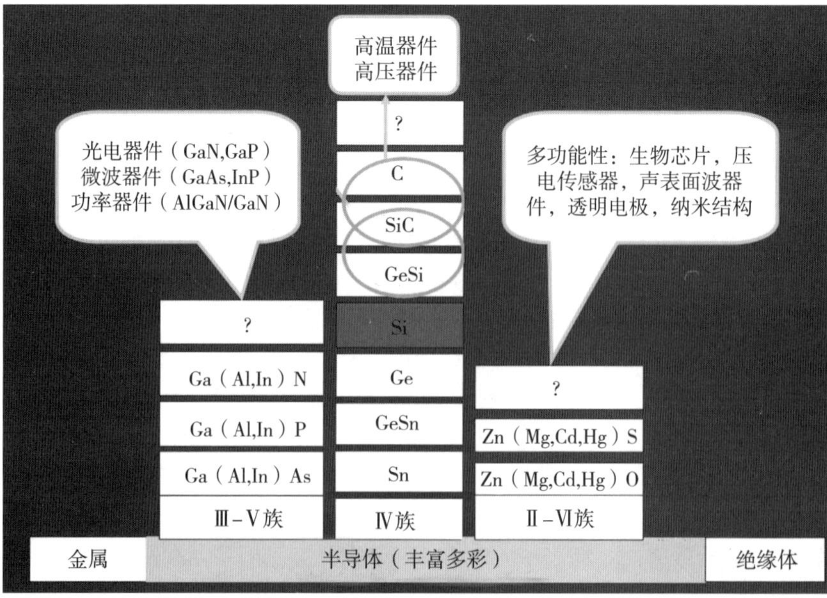

图 6 半导体体系图

国内在辐射屏蔽材料、SOI 加固工艺、新沟道器件和新材料器件不同模式辐射激励和各种集成电路辐射效应和加固设计以及仿真方面取得了显著进展，支持了大科学、大工程项目研究与建设，但仍跟国外研究水平有相当差距。主要研究趋势为：

（1）新材料器件、新沟道器件、新型功能材料、铁电等新型存储器的辐射效应及其损伤机理研究。

（2）屏蔽材料新材料、新结构研究。

（3）功能材料和结构的微剂量自损伤老化机制和无损检测方法研究。

3. 高功率电磁脉冲辐射环境、效应机理及防护研究

国际上高度重视电磁脉冲对航天器、信息化系统、电力系统等的效应、评估和防护技术研究。各主要发达国家均在大力发展相关的电磁脉冲模拟、仿真计算、效应机理、评估和防护研究。美国国会专门成立了电磁脉冲委员会对国防设施和关键基础设施开展电磁脉冲作用下的威胁评估，并提出了系列加大研究工作的政策建议。

随着微电子工艺水平的提高，器件和设备集成度更高，工作电压和功耗也更低，导致耐受电磁脉冲的能力更低。与此同时，以 FPGA、ASIC、CPU、DSP 等为代表的超深亚微米和纳米大规模 / 超大规模集成电路越来越多地被应用到信息化设备中，现代社会对信息化、网络化等依赖程度加深，在电磁脉冲作用面前，表现也会较以前更为敏感和脆弱。

电磁脉冲效应研究的热点包括复杂系统电磁脉冲耦合规律、系统的损伤规律、系统级的评估方法研究等。在射线场与系统相互作用产生的系统电磁脉冲效应研究方面，物理建模、计算方法和实验验证是当前研究难点。

在电磁脉冲效应研究方面今后的发展趋势：

（1）高功率电磁脉冲环境的计算模型和验证。

（2）高功率电磁脉冲与复杂电子系统相互作用的建模仿真。

（3）高功率电磁脉冲对器件和设备的效应机理研究。

（4）高功率电磁脉冲测量、评估和防护新技术。

4. 电子器件与系统加固新技术及可靠性评估方法研究

随着集成电路特性尺寸的急剧减小，器件和系统加固变得更加困难，特别是纳米器件中引入了浅沟槽隔离、双应力氮化线技术、嵌入式的 SiGe 和应力放大技术（图 7），器件

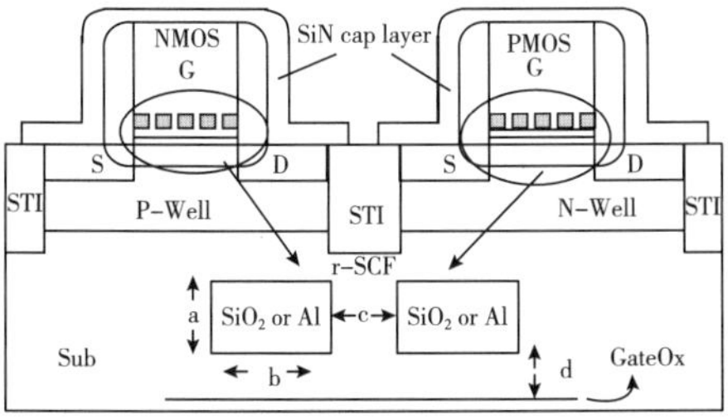

（a）沟道引入应力放大

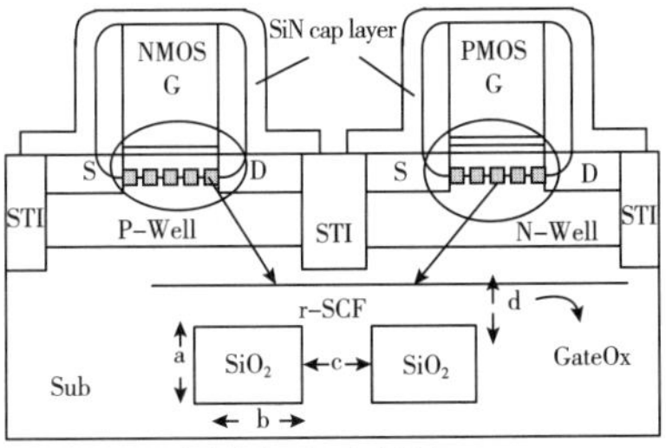

（b）栅极引入应力放大

图 7　应力放大技术

在辐射下的长期可靠性成为一个新的问题，因此需要开展器件级和电子系统级的辐射效应及加固技术研究以及器件在辐射环境下可靠性评价技术研究。

在集成电路的辐射可靠性与加固技术方面的发展趋势：

（1）薄栅氧化层、应变硅与新材料的辐照可靠性研究。

（2）版图级与系统级抗辐照加固技术。

（3）新结构器件的可靠性加固方法与加固技术研究。

（4）微纳系统及新型纳米材料辐射效应评价方法及防护理论。

四、脉冲辐射测量与诊断技术发展现状与趋势

随着核科学技术的发展，强流瞬态脉冲辐射场的产生、应用成为新的研究热点。发展脉冲辐射测量和诊断技术，对航天工程、核反应堆设计、大型核科学装置研制与运行、天体物理研究、材料分析和医学应用等都具有重要意义。

脉冲束包含的粒子数目随时间变化的测量，高精度射线能谱的测量依然是研究的重点。同时，脉冲计数型测量和脉冲电流型测量的有机衔接，具有重要应用价值和学术意义。脉冲辐射测量与诊断技术朝着超快、超强、超高粒子分辨和超高灵敏方向发展。

在脉冲辐射测量与诊断技术方面的发展趋势：

（1）构建形式多样的脉冲辐射场，用于辐射探测技术研究和测量系统的检定和校准、辐射防护仪表的校准、核临界事故报警仪等的检定、反应堆周期仪的检定和校准，特殊脉冲辐射探测仪表的检定等。

（2）发展满足特殊场合探测需求的先进辐射探测技术研究，如：基于像素阵列探测器高性能成像系统的模拟及实验研究；小型高灵敏度脉冲中子探测器研制；大视场时空分辨X光单色成像技术研究；用于狭小空间的14MeV脉冲聚变中子探测新方法；低剂量快脉冲 γ 射线束测量技术研究等。

（3）新型先进辐射探测器的研制和研究，如宽禁带化合物半导体辐射探测器研究；基于光纤辐照效应的辐射场检测方法研究；基于在线测量系统的载能离子辐照损伤机理研究等。

（4）基于辐照效应的测试和诊断，如：编码成像技术及应用研究；强电磁场环境对聚变核反应的干扰机制研究等。

五、辐射应用发展现状与趋势

辐射应用是辐射物理与技术研究最活跃的方向之一，国内外都开展了大量的基础研究。在透射照相方面，研究X射线、伽马射线、质子的透射照相的物理基础，如高能X射线和高能质子的流体动力学研究，国外取得了先进的研究成果，国内也开展了利用强聚

焦电子束轰击材料产生小焦斑X射线进行透射照相的相关物理研究。在离子束材料改性方面，国外通过多年的基础研究，已成功应用于火车车轮等关键材料的改性，提高了部件的耐磨损性能，延长了使用寿命，国内西北核技术研究所、北京大学、大连理工大学等也开展了相应的研究，取得了重要进展。在污染治理与脱硫脱硝方面，中国工程物理研究院也进行了大量研究。利用辐射模拟研制过程中形成的脉冲功率技术，西北核技术研究所、中国矿业大学、西安交通大学等联合开展了煤层气、页岩气开发技术研究，获得了重要进展。

在辐射应用方面，今后的发展趋势是更进一步研究辐射与物质相互作用的微观机制，研究不同应用需求对辐照/辐射参数和工艺技术的要求，探索辐射及其衍生技术在聚变能源与新能源开发、环境治理、加工制造等领域新的应用技术及相关应用基础研究。

六、发展策略和建议

随着国家经济地位的提高，我国面临的国际形势越来越严峻，对关键设备设施的性能提出了更高的要求，尤其对卫星、航天器、信息系统等的综合性能的提高提出了更加紧迫的需求。

我国整体科研水平有所提高，但在高精尖领域的原创能力还很薄弱，而国外对我国的技术封锁却越来越严重，许多国外成熟的先进技术，在国内还很落后，完全依赖进口，因此，必须充分发挥辐射物理与技术研究的创新平台作用，提升原始创新能力，改变我国在该领域的落后局面，建设体系配套的研究体系。

随着航天工程和微电子技术的迅猛发展，辐射物理研究面临着更大的挑战，需要协同创新、联合攻关，解决辐射物理研究中的重大难题。经过多年研究，我国在辐射模拟、辐射效应与辐射场测量等辐射物理研究方面，建立了较为完备的体系，具有比较坚实的研究基础，形成了一支经验丰富的研究队伍。

建议国家设立重大研究计划，加大经费、项目和人才投入，重点突破辐射环境生成与模拟、辐射效应与加固、辐射测量与诊断、辐射应用等方向的关键技术，解决制约我国辐射物理与技术发展的瓶颈问题，打破国外技术封锁，获得具有自主知识产权的创新性成果。

重点开展的研究方向如下：

（1）辐射模拟环境生成技术方面：①强流脉冲粒子束产生及应用基础；②Z箍缩物理；③高功率脉冲产生与超高功率密度能量传输与汇聚理论；④高峰值亮度/高平均亮度辐射源新原理；⑤加速器微束装置动力学研究及高效高均匀度离子束慢引出技术。

（2）辐射效应与加固方面：①新材料、新器件等的相关能级、缺陷辐射效应微观机制；②新硅基材料、替代性沟道材料（如III–V族化合物半导体、石墨烯、碳纳米管）等新材料的辐射效应机理；③UTB、多栅三维和纳米线等新工艺器件辐射效应机理及加固新原理；④多因素复杂器件、系统辐射效应损伤物理建模与加固新原理。

（3）辐射测量与诊断方面：①脉冲辐射探测器刻度用辐射场产生技术；②空间等特殊场合辐射探测涉及的科学问题；③宽禁带半导体探测器和先进气体探测器技术；④基于辐照效应的测试和诊断新原理、新技术；⑤复杂脉冲辐射场的联合诊断新方法、新技术；⑥高速成像及相关电子学器件和技术。

（4）辐射应用方面：①辐射与物质相互作用的微观机制研究；②针对不同应用需求的辐照 / 辐射参数和工艺技术研究；③辐射及其衍生技术在聚变能源与辐射效应、探测系统标定考核、新能源开发、环境治理、加工制造等领域新的应用技术及相关应用基础研究。

—— 大事记 ——

2011 年 10 月，西北核技术研究所研制的“剑光一号”加速器获得部委级科技进步奖一等奖。装置输出电流 51kA，产生的 X 射线焦斑直径 1mm，最高能量 2.4MeV，正前方 1m 处剂量 37mGy。该装置拥有完全的自主知识产权，达到国际同类装置先进水平。

2012 年 10 月，科技部正式批复成立“强脉冲辐射环境模拟与效应国家重点实验室”，实验室的研究方向主要包括强脉冲辐射环境模拟、辐射效应、脉冲辐射测量与诊断，依托单位是西北核技术研究所。

2013 年 10 月，中国核学会辐射物理分会成立，挂靠单位为西北核技术研究所，聘请陈佳洱、方守贤、詹文龙、王乃彦等 10 位专家担任顾问，学会理事会由 102 名专家组成，由邱爱慈院士担任理事长，由包为民、郝跃、夏佳文、欧阳晓平、陈伟等 12 位专家担任副理事长，秘书长由陈伟兼任，由包括产学研各个方面的 80 余家理事单位参加学会。

2013 年 11 月，西北核技术研究所研制成功 5.45m 长的低阻抗同轴型磁绝缘传输线，实现了在 7mm 间隙，5.45m 长的距离上传输电压 400kV，传输功率 160GW，传输的功率密度 3.2 GW/cm^2，电流传输效率＞ 95%。

2013 年 12 月，西北核技术研究所研制成功 Z 箍缩高能密度物理研究平台，能够开展 Z 箍缩等离子体的温度、密度、内爆过程及辐射特性等物理过程的诊断研究工作。

2014 年 2 月，西北核技术研究所研制成功智能化的气体高压开关技术研究平台，能够实现自动升降压、充放气、数据传输记录等功能，具备重复频率的运行能力，配套图像、光谱等专用诊断设备，可用于气体开关性能试验研究与寿命考核。

2014 年 5 月，西北核技术研究所完成激光微束单粒子效应模拟实验平台的建设，平台包括皮秒激光器、聚焦光路系统、机械隔振光学平台、控制计算机等，形成利用脉冲激光模拟研究单粒子效应的实验能力。

2015 年 6 月，西北核技术研究所研制成功系列化 FLTD 模块，包括 7 级 FLTD 串联模块，500kA FLTD 模块，0.1Hz 重频 800kA 模块等。

参考文献

[1] 杨海亮，邱爱慈，孙剑锋，等. 两种典型结构强流自箍缩二极管技术研究［J］. 中国工程科学,2009,11(11).

[2] Francis A. Cucinotta. Space Radiation Risks for Astronauts on Multiple International Space Station Missions［J］. 2014，DOI: 10.1371/journal.pone.0096099.

[3] 李向高，祁章年，陈湄. 高能重离子的生物学效应初探［J］. 航天医学与医学工程，1996，9，6.

[4] K. Noda, T. Furukawa, S. Shibuya. Source of spill ripple in the RF–KO slow–extraction method with FM and AM［J］. NIM A，2002（492）.

[5] Jian Shi，Jian–ChengYang，Jia–WenXia，et al. Feedback of slow extraction in CSRm［J］. NIM A，2013（714）.

[6] SHENG Li–Na，SONG Ming–Tao，ZHANG Xiao–Qi. Design of the IMP microbeam irradiation system for 100 MeV/u heavy ions［J］. CPC，2009，33（4）.

[7] 贺朝会，李永宏，杨海亮. 单粒子效应辐射模拟实验研究进展［J］. 核技术，2007，30（4）.

[8] 赵力，杨晓花. 辐射效应对半导体器件的影响及加固技术［J］. 电子与封装，2010，10（8）.

[9] 陈刚，高博，龚敏. 设计和表征一个65nm抗辐射标准单元库［J］. 电子与封装，2013，13（6）.

撰稿人：陈　伟　杨海亮　邱爱慈　欧阳晓平　夏佳文　唐传祥
王　立　谢彦召　龚　建　曾　超　许献国　林东生

核安全（含核应急）

一、引言

核安全是指核设施、核活动、核材料和放射性物质采取必要和充分的监控、保护、预防和缓解等安全措施，防止由于任何技术原因、人为疏忽或自然灾害造成事故，并最大限度地减轻事故情况下的放射性后果，从而保护工作人员、公众和环境免受不当的辐射危害。在广义上应包括核设施安全、核材料安全、核装备安全、辐射安全、放射性物质运输安全和放射性废物安全。狭义上常指核设施和核材料安全。本文主要介绍核设施安全方面的学科进展情况。

核安全是核行业的生命线。随着我国核工业和核能事业的快速发展，目前已逐渐形成一个多学科交叉、集管理与工程技术于一体、具有鲜明学科特色、相对独立的新兴综合学科——核安全学科。2014 年，中国核学会核安全分会正式成立。

自 1979 年以来，国际上已经发生了三起重大核事故，特别是 2011 年 3 月 11 日发生的日本福岛核事故[1]，是一起由极端外部自然事件及其次生灾害导致长时间全厂断电而引发的严重多堆事故，也是迄今为止全球发生的较为严重的核事故之一，对全球核能界产生了广泛而深远的影响，再一次凸显了核安全的极端重要性和广泛影响性。福岛核事故的发生，促使学术界、工业界和核安全监管部门对核安全的理念和核电厂安全保障措施进行重新审视和反思，进一步提高了对核安全的认识，促进了核安全学科的发展、核安全技术的进步和核安全监管能力的飞跃。

福岛核事故后，国务院于 2012 年先后审议通过了《核安全和放射性污染防治“十二五”规划及 2020 年远景目标》（以下简称“核安全规划”）[2]《核电安全规划（2011—2020 年）》等，进一步强调了核电发展要把核安全放在首位的理念，从顶层设计上为核安全学科的发展给予了保障。

2014年3月24日，习近平总书记在荷兰海牙的“核安全峰会”上全面阐述了“理性、协调、并进”的中国核安全观，提出“发展和安全并重、权利和义务并重、自主和协作并重、治标和治本并重”。2014年4月15日，中央国家安全委员会召开第一次会议，把核安全提升到国家安全战略高度，列入了国家安全体系，为我国核安全学科的创新发展指明了方向。

二、总体发展概述（国内）

1. 核安全上升为国家安全战略[3]

2014年4月15日，中央国家安全委员召开第一次会议，把核安全与政治安全、国土安全、军事安全、经济安全、文化安全、社会安全、科技安全、信息安全、生态安全、资源安全等一同列入国家安全体系，核安全成为11个国家安全的内容之一。这标志着我国已把核安全上升为国家安全战略，核安全的定位更加清晰、更加明确。核安全是国家战略安全的重要组成部分，事关公众健康、经济发展、社会进步、政治稳定，甚至还事关国家的命运、前途和未来，需要相关从业人员把核安全当成首要任务来做，当成政治任务来抓。核安全与其他安全一样，不是孤立存在的。核安全搞得好，核电就能够健康发展，也能够促进节能减排、环境保护和生态文明建设。

2. 倡导中国“核安全观”[3]

“理性、协调、并进”的中国核安全观，“理性”是指要正确认识核安全的基本规律，并且进一步把握核安全的基本规律。“协调”是指要系统考虑、系统管理。“并进”是指要共同发展、共同前进。

发展和安全并重，核心思想就是要避免回到“重发展、轻安全”的老路，要走好“重发展、重安全”的新路。权利和义务并重，核心思想就是要落实责任，构筑人人都是安全的一道防御体系。自主和协作并重，核心思想就是要共享经验，全面提升核安全水平。治标和治本并重，核心思想就是要透过现象看本质，建立安全长效机制。

总之，“理性、协调、并进”的中国核安全观，就是要遵从规律、系统考虑、共同发展。这既是我国对核安全概念的理解和总结，也是对国际社会的价值倡导，更是对国际社会的庄严承诺。

3. 核安全发展的顶层设计

2011年3月16日，国务院针对福岛核事故召开常务会议，要求充分认识核安全的重要性和紧迫性，抓紧编制核安全规划和核电安全规划。这是中国首次编制核安全发展的规划，从顶层设计角度对核安全学科的发展方向起到了重要的指引作用。

2012年国务院批准的《核安全规划》确定了核安全工作的指导思想、基本原则和目标，统筹规划了9项重点任务、5项重点工程、8项保障措施。

2012年10月24日，国务院常务会议在审议通过《核安全规划》的基础上，决定按照全球最高安全要求新建核电项目，新建核电机组必须符合三代安全标准。会议强调，安全是核电的生命线。发展核电，必须按照确保环境安全、公众健康和社会和谐的总体要求，把“安全第一”的方针落实到核电规划、建设、运行、退役全过程及所有相关产业。要用最先进的成熟技术，持续开展在役在建核电机组安全改造，不断提升我国既有核电机组安全性能。此次国务院会议还批准了《核电安全规划（2011—2020 年）》。

4. 核安全文化建设的新阶段

核安全文化是指各有关组织和个人以“安全第一”为根本方针，以维护公众健康和环境安全为最终目标，达成共识并付诸实践的价值观、行为准则和特性的总和。

面对我国核电快速发展与公众安全诉求不断增长的形势，为贯彻国家安全战略，落实“理性、协调、并进”的中国核安全观，履行国家核安全责任和国际核安全义务，国家核安全局会同国家能源局、国家国防科工局于 2014 年 12 月 19 日发布了《核安全文化政策声明》[4]。其中阐明了监管部门对核安全文化的基本立场和态度，以及培育和实践核安全文化的原则要求，为营造全行业良好核安全文化氛围提出倡议，号召全社会共同提高核安全水平。

自 2014 年 9 月 1 日开始，国家核安全局组织开展了核安全文化宣贯推进专项行动，按照全体持证单位和所有骨干人员“两个全覆盖”、弄虚作假和违规操作行为“两个零容忍”的目标，制订方案，编写教材，组织实施，提高从业人员的忧患意识、诚信意识、责任意识、敬畏意识、守法意识，确保核与辐射安全。

5. 从系统工程出发，构建核安全监管大厦

核安全监管系统就像一座大厦，需要系统性地构建其基础和支撑。以中国传统和现代建筑学的形象化语言表述，核安全监管大厦有四块基石、八项支撑，或者说是四根大梁，八根支柱。如图 1 所示。

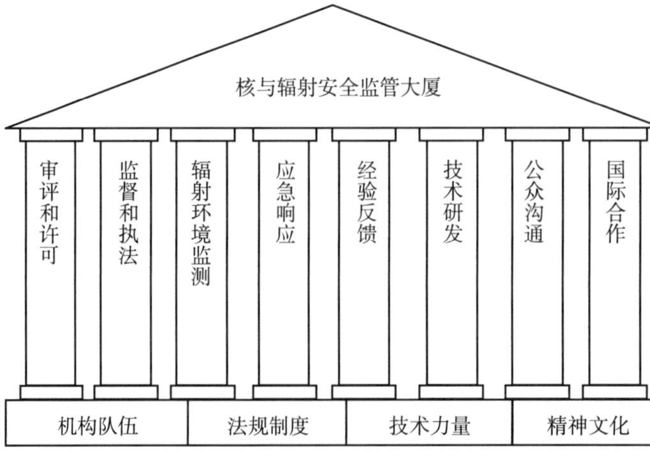

图 1　中国核与辐射安全监管大厦示意图

法规制度、机构队伍、技术力量、精神文化是核安全监管大厦的四块基石。一是夯实法规制度基石。制定《核安全法》和《原子能法》，完善以《原子能法》《核安全法》和《放射性污染防治法》为统领的核领域法律顶层设计。二是夯实机构队伍基石。建立隶属于环境保护部、机构完整的国家核安全局。三是夯实技术力量基石。建设核与辐射安全监管技术研发基地项目，形成独立分析和试验验证、信息共享、交流培训三大平台。四是夯实精神文化基石。落实“理性、协调、并进”的中国核安全观，普及核安全文化，强化大局意识、风险意识、进取意识、规矩意识[5]。

我国的核安全监管正围绕机构队伍、法规制度、技术力量、精神文化四块基石，按照审评和许可、监督和执法、辐射环境监测、应急响应、经验反馈、技术研发、公众沟通、国际合作八个支柱领域，已初步构建起一座坚实的、强有力的核与辐射安全监管大厦，为全面完成《核安全规划》所确定的目标和任务，有效履行国家核安全局的使命、践行核心价值观并最终实现远景目标奠定了基础。

6. 核安全监管技术研发基地建设取得突破

为落实国务院及其批复的《核安全规划》要求，环境保护部（国家核安局）组织编制了《国家核与辐射安全监管技术研发基地建设项目建议书》，已获得国家发改委批准。项目共计 10 个重点工程项目，覆盖核设施、核安全设备、核技术利用、铀（钍）矿伴生放射性矿、放射性废物、放射性物品运输、电磁辐射装置和电磁辐射环境监管以及核材料管制与实物保护等主要方面，覆盖选址、设计、建造、调试、运行、退役等所有环节。国家核与辐射安全监管技术研发基地建设项目正按照整体规划，分步实施的原则进行建设。

7. 全面加强核安全技术基础研发条件建设

根据《核安全规划》和《核电安全规划》的要求，我国将全面加强核安全技术研发条件建设，改造或建设一批核安全技术研发中心，提高研发能力。组织开展核安全基础科学研究和关键技术攻关，完成一批重大项目，不断提高核安全科技创新水平。截至 2015 年 3 月底，我国已建成的核安全技术研发中心和实验平台主要包括：

（1）国核能源实验室，是国家核电技术公司建立的反应堆安全系统和关键设备的试验验证平台，主要用于开展大型先进压水堆 CAP1400 的安全研究。

（2）反应堆热工水力与安全实验研究中心，归属中广核集团，主要用于开展华龙一号等堆型的安全研究。

（3）高温气冷堆工程实验室，归属清华大学，主要用于高温气冷堆的安全研究。

（4）核电站运行维护研发平台，归属国家核电技术公司。

（5）核安全相关设备鉴定及材料评估试验平台，归属国家核电技术公司。

（6）核电站数字化仪控系统研发中心，归属中广核集团。

（7）中广核集团核电仿真技术研发中心。

（8）国家能源核电软件重点实验室，归属国家核电技术公司。

（9）核电厂设计与验证平台，归属中国核电工程公司。

（10）先进核电技术自主创新研发中心，归属中国核电工程公司，用于先进核电总体技术、核电工艺系统、设备及材料研发的研发。

8. 核事故应急跨电厂、跨集团支援能力初步建立

福岛核事故后，为加强我国核电厂核事故工程抢险能力，国家核安全局发布了两个文件，即《核电集团公司核电厂核事故应急场内快速救援队伍建设总体要求》和《核电集团公司核电厂核事故应急场内快速救援队伍建设技术要求（试行）》。为整合各集团应急支援力量，提高跨核电厂支援的时效性和有效性，国家核安全局于 2014 年 5 月 5 日牵头组织中国核工业集团公司、中国广核集团公司、中国电力投资集团公司、国家核电技术公司和中国华能集团公司共同签署了《核电集团间核电厂核事故应急相互支援框架合作协议》。同日，中广核集团依托大亚湾核电基地组建了中广核集团核应急支援队。2014 年 5 月 19 日，中核集团依托秦山核电基地组建了中核集团核应急支援队。2015 年 5 月 13 日，中国电力投资集团公司核电厂核事故应急场内支援队伍和支援基地在中电投烟台培训基地正式揭牌。上述三个应急救援队的建立，标志着我国形成了互为犄角、互为支持的核事故应急快速支援力量格局。

9. 改善核能公众可接受性的技术能力和方法

福岛事故后，我国加强了核信息公开方面的研究，发布了《核与辐射安全监管信息方案（试行）》与《加强核电厂核与辐射安全信息公开的通知》，规范了我国核信息依法公开与核与辐射事故情况下舆情应对。

国家核安全局正组织编制公众沟通工作方案，创新公众沟通方式方法，全力破解核与辐射安全公众沟通难题，探索建立中央督导、政府主导、企业作为、社会参与的核与辐射安全公众沟通体系，推动建立健全科普宣传、信息公开、公众参与、舆情应对“四位一体”的公众沟通工作机制。

10. 成立核安全学科的全国性专业学术组织

2014 年 12 月 16 日，中国核学会核安全分会成立大会暨第一届全国会员代表大会在北京举行。核安全分会的成立是在我国核电事业安全高效发展以及福岛核事故后核安全学科发展的双重迫切需求下提出的。从核电事业发展、学科本身发展的角度出发，迫切需要有一个能够让各种核安全相关学术观点相互交流的平台。核安全分会工作重点在于：促进核安全技术进步、行业的核安全文化、核安全科普教育、国际合作与交流等。

三、学科主要进展（国内）

1. 核电厂改进行动通用技术要求

国家核安全局针对综合安全检查[6]中发现的问题，结合福岛核事故的经验反馈以及可以进一步提高核电厂安全水平的改进工作，综合考虑安全改进的重要性、实施进程的可行性，对核电厂提出了福岛后改进行动管理要求。

为了规范中国大陆各核电厂共性的改进行动，国家核安全局于2012年6月12日发布了《福岛核事故后核电厂改进行动通用技术要求》[7]。

通用技术要求为改进规定了技术指南，主要内容如下：①实施防水封堵时，按照设计基准洪水位并叠加千年一遇降雨评估积水水位，在移动补水装置接入前保证一个余热排出安全系列可用。②移动补水装置的容量设计按照停堆后6小时接入考虑，每一厂址设置两套。③移动电源设置两套，其中一套的容量可带载低压安注泵或辅助给水泵。④移动补水装置和移动电源贮存位置可防高于设计基准洪水5m以上的洪水，离开安全厂房100m以上，构筑物按民用建筑当地最大烈度加一度设计，SL2校核。⑤乏燃料水池增设必要的液位、温度监测。⑥安全壳内氢气产量按照100%活性区包壳锆水反应评估。⑦应急控制中心构筑物抗震按民用建筑当地基本烈度加一度设计，SL2校核。严重事故下可居留性按100mSv评估。

截至2014年底，相关的安全改进项目都已完成。

2. 独立审核计算能力建设取得长足进步

独立审核计算是国家核安全监管部门或受其委托的研究咨询机构（独立于核设施运营单位及作为其支持的研究院、设计院等）对核设施建设的各关键建设阶段进行安全分析、评价和预测的重要技术手段之一。

环境保护部核与辐射安全中心作为国家核安全局的全职、全范围技术支持部门，正逐步建立两套核安全计算分析软件体系（包括燃料管理、反应堆热工水力分析、燃料组件性能分析、严重事故分析、安全壳性能分析、放射性后果分析、概率安全分析、结构力学分析、设备管道应力分析、核临界分析、辐射防护分析等方面）。其中一套采用与设计单位相同的分析软件（包括美国西屋和法国AREVA的有关设计分析软件等），以便在业主和设计者提供的输入数据基础上核实电厂设计输入数据和分析模型的正确性，并开展一定的参数敏感性分析工作。另一套通过从美国核管会（NRC）引进和商业采购最新的核安全计算分析软件，以建立一套与设计完全不同的安全分析软件体系，以便采用现实或最佳估算分析方法，对新建核电厂和核电厂设计改进项目进行独立审核计算，以评估电厂的安全裕量，并把握电厂的安全性。

截至2015年3月底，核与辐射安全中心独立审核计算能力建设已取得长足进步，并开展了针对AP1000、EPR、CAP1400、华龙一号等，以及国内在运核电厂安全方面特定关注领域的独立审核计算。

3. 建立国家核安全局经验反馈体系

经验反馈是核电行业不可或缺的工作。经验反馈工作的开展，可加强电厂核电技术、经验和事故情报的交流，大力促进核电厂设计、建造、运行经验的共享，为核电厂的安全可靠运行提供保障。

为了充分利用好所有相关经验信息，并使之得到广泛的分享，国家核安全局于2012年开始着手建立了一套运行核电厂经验反馈体系，以便系统化、常态化地开展经验反馈工作。2014 年 11 月 4 日，国家核安全局运行核电厂经验反馈体系投入运行。

与此同时，国家核安全局也非常重视在建核电厂经验反馈体系建设，“在建核电厂建造事件管理和经验反馈信息系统”已于 2015 年 3 月初开始上线试运行。

4. 推进概率安全分析（PSA）的发展和应用

国家核安全局于 2010 年 2 月 8 日发布了技术政策《概率安全分析技术在核安全领域中的应用》（试行），向核能界和公众表明了监管当局发展 PSA 技术和推动风险管理在核安全监管活动中应用的决心和相关技术见解。福岛核事故后，国家核安全局又在《核安全规划》中提出了新建核电项目必须满足的概率安全目标，以及开展全范围（包括外部事件、二级）PSA 的监管要求。在《“十二五”新建核电厂安全要求》（报批稿）中，提出确定论分析和概率分析并重的要求，旨在通过全范围的安全分析发现核电厂设计中可能存在的薄弱环节，实施合理可行的安全改进，以进一步提高核电厂的安全水平。

截至 2014 年底，国内核电厂的 PSA 模型开发已经初具规模，PSA 应用法规标准文件体系已初步形成，运行核电厂 PSA 应用试点已取得阶段性成果，国内主要核电设计单位也均已具备全范围 PSA 分析能力（包括地震、内部火灾、水淹 PSA 等）。

5. 建立中国核电厂 PSA 设备可靠性数据库

数据分析是 PSA 开发和应用的重要基础。为了支持 PSA 技术在我国核能行业更加深入、更加广泛的应用，核与辐射安全中心通过与苏州热工研究院的合作，于 2014 年建立了“中国核电厂 PSA 设备可靠性数据库”。

该项目首次对全国运行核电厂的设备可靠性数据样本进行标准化和规范化的采集和处理，建立一套既包括国际通用数据又反映国内各机组运行状况的 PSA 设备可靠性数据库，可作为行业通用数据标准，填补了 PSA 缺乏国内通用数据的空白。

2015 年 7 月，国家核安全局正式发布了《中国核电厂设备可靠性数据报告》（2015 版）。

6. 总结核安全监管三十年经验

国家核安全局成立于 1984 年，2014 年国家核安全局组织编制并出版了《中国核与辐射安全监管三十年（1984—2014）》[8]，该文集不仅对过去 30 年我国核安全事业的发展历程、取得的成果进行了总结和概括，最重要的是，对现在如何将手头工作做得更好，以及未来取得新的进展和发展，具有重要的参考和指导作用。

7. 出版《日本福岛核事故》

日本福岛核事故与美国三哩岛核事故、苏联切尔诺贝利核事故并列，都是人类历史上最具影响的核事故，详实了解福岛核事故的相关情况和从中获得的经验教训，是专业人员和公众的迫切需求。国家核安全局于 2014 年 10 月正式出版了《日本福岛核事故》[1]。该书旨在从核安全视角全面反映福岛核事故及相关研究，收集梳理了福岛核事故发生、发展和后续处理的相关信息，以及各国对福岛核事故研究和反馈的成果，相关信息截止到 2013 年 7 月。

8. 核电厂设计理念的新发展

福岛核事故发生后，为适应我国核电发展形势的需要，我国提出需要在核电厂设计中关注纵深防御各层次独立性以及三个方面平衡，即“内部事件与外部事件平衡”、“严重事故预防与缓解平衡”、“确定论与概率论安全分析的平衡”，同时提出了加强核电厂安全设计的多样化，如“能动 + 非能动”或“非能动 + 能动”，并提倡核安全合理可达到的尽量高。在这些新的安全理念的指导下，通过核电厂设计、研究部门与核安全监管部门的共同努力和探索，形成了具有更高安全水平的核电厂堆型，如华龙一号和 CAP1400 等。

四、国外发展态势

福岛核事故引起了国际社会的广泛关注，特别是一些促进和平利用核能与推动核安全发展的国际组织，如国际原子能机构（IAEA）等，他们组织开展了一系列事故调查、经验反馈、制定新的安全要求等方面的活动，其成果为各核电国家制定改进行动提供了重要的参考。各主要核电国家根据本国核电的特点，提出并实施了一系列改进行动。

1.《核安全公约》履约

《核安全公约》[9] 是全球核安全领域最重要的国际公约。《核安全公约》规定每三年召开一次履约审议大会，必要时将召开特别大会，各履约方应就为履行本公约的每项义务已采取的措施提出报告，以供审议。我国积极参加了核安全公约的各项活动，并发挥了重要作用。履约相关活动对我国核安全学科相关研究和实践活动的影响也越来越大。

（1）《核安全公约》第五次审议大会。2011 年 4 月 4—15 日，“核安全公约”第五次审议大会在维也纳召开，会议特别增加了关于福岛核事故的会议。会议通过了关于福岛核事故的声明[10]。

（2）《核安全公约》履约方第二次特别会议。2012 年 8 月 27—31 日，《核安全公约》履约方第二次特别会议在维也纳召开。会议的主要目的是，评估和分享经验教训以及各国针对福岛核事故采取的措施，审议核安全公约有关规定的有效性和长期稳定性，最终促进核安全水平的提高。

（3）《核安全公约》第六次审议大会。2014 年 3 月 24 日至 4 月 4 日，《核安全公约》第六次审议大会在维也纳召开。审议结果表明，2011 年发生日本福岛核事故后，绝大多数国家保持并发展核能的愿望和政策并没有改变。审议大会也同时提出了国际社会需要共同关注的主题和挑战，如：核安全监管透明度、有效性及能力建设；核安全公众沟通与危机管理；国家层面的核安全责任及严重事故时对公众的保护；核安全与安保之间的整合、协调与监管；监管方和被监管方的管理体系建设和安全文化建设；核安全相关工作人员数量和质量的保持与知识管理；新技术应用、长期运行和延寿所带来的问题及挑战；严重事故的预防、缓解及事故后的长期响应行动与恢复；对极端自然灾害的国际和国家级安全研究；对实际消除大规模早期放射性物质释放的安全目标的关注等[11]。

（4）《核安全公约》修约活动。根据第二次特别会议形成的决议，IAEA 成立了由 47 个缔约方参加的《核安全公约》有效性和透明度工作组，其任务是就加强《核安全公约》的一系列行动，在必要时提出修订该公约的建议，向公约第六次审议大会提出报告。

《核安全公约》缔约方外交大会于 2015 年 2 月 9 日在维也纳召开。大会在协商一致的基础上通过了《维也纳核安全宣言》（以下简称“宣言”）。《宣言》充分肯定了各缔约方在福岛核事故后采取的一系列核安全改进措施；在自愿原则指导下，要求各缔约方的新建核电厂满足《宣言》中提出的安全目标，合理可行地对现有核电厂开展持续改进；鼓励各方充分参考国际原子能的安全标准。《宣言》要求从 2017 年公约第七次审议会议开始，各缔约方将对本国执行宣言的情况进行报告，提交大会审议。

2.《乏燃料管理安全和放射性废物管理安全联合公约》

《乏燃料管理安全和放射性废物管理安全联合公约》（以下简称“联合公约”）于 2001 年 6 月 18 日正式生效，迄今有 69 个缔约方。为实现全球高水平的乏燃料和放射性废物管理安全的目标，《联合公约》建立了一个审查制度，定期召开缔约方审议会议，间隔不超过三年；要求每一缔约方提前向其他缔约方提交一份国家报告，说明如何履行《联合公约》规定的义务。中国派出代表团参加了 2009 年 5 月、2012 年 5 月、2015 年 5 月举办的《联合公约》缔约方审议会议。

3. IAEA 核安全标准制修订

福岛事故后，2011 年 11 月 1—3 日召开的国际原子能机构安全标准委员会第 30 次会议通过了在核安全方面的行动计划［IAEA Action Plan on Nuclear Safety（GOV/2011/59-GC（55）/14）］。行动计划基于 2011 年 6 月 20 日部长级会议声明，目的在于确定全球核安全框架。在强化核安全上，根据福岛事故教训，计划包括 12 个方面：福岛事故安全分析、IAEA 同行评议、应急准备和响应、国家监管、运行组织、IAEA 安全标准、国际法律框架、成员国核电计划、资源能力、公众和环境电离辐射防护、信息交流和公众宣传、研究和开发。

其中，安全标准计划的目的是“对现有国际原子能机构的标准进行审查，并强化国际原子能机构标准，加强应用”。IAEA 秘书处确定了与福岛核事故密切相关的 77 个改进领域，这些领域涉及安全监管、应急准备与响应、选址、极端外部事件及其叠加、严重事故管理、全厂失电、丧失最终热阱、核燃料和乏燃料储存等。

截至 2015 年 3 月底，IAEA 秘书处已对通用安全要求（GSR）的 GSR Part 1《法律、行政法规、政府框架》、GSR Part 4《设施和活动的安全评价》，专用安全要求的 SSR 1《核设施厂址安全评价》、SSR 2/1《核动力厂设计安全》等提出了修订建议。特别是，2015 年 1 月 5 日，IAEA 提出了 SSR 2/1《核动力厂设计安全》新的修订版，其中考虑了福岛核事故经验教训。

4. 欧洲压力测试[12]

欧洲压力测试于 2011 年 6 月 1 日正式启动，模拟洪水、地震、飞机撞击等多种紧急状况，测试反应堆的通用安全措施和冷却功能。压力测试报告于 2012 年初提交欧盟议会讨论，于 2013 年 6 月在欧盟峰会上通过了最终版本。

压力测试结果报告显示，欧盟核电站的安全状态总体情况让人满意，但也存在一些安全隐患。

对此，报告在要求各国全面履行欧盟现有规则的基础上，提出了五个方面的建议：一是提高技术安全措施，同时改善必要的监督措施以确保技术安全措施的顺利实施；二是进一步构建核安全管理和法律框架；三是提高核电站应对灾害的准备和所在国以及跨国的应急响应能力；四是强化欧盟的核责任制度；五是提高核能方面的科学技术水平。与此同时，还应制定核风险管理计划，应对可能发生的对一个以上欧盟国家或邻国造成影响的核事故。

5. 发布新的欧洲核安全指令[12]

2009 年 6 月 25 日，欧盟理事会批准发布了 2009/71/EURATOM 号指令“建立核设施的核安全共同框架”（以下简称“核安全指令”）。该指令旨在建立欧盟内部统一的基本安全标准，保持并强化核安全及其监管的持续改进。该指令对其成员国而言具有一定的法律效力。

2014 年 7 月 8 日，欧盟理事会通过了对核安全指令的修订案，要求其成员国要在三年内，将新的核安全指令转化为本国的国家法规。

与 2009 年发布的前一版相比，新指令的主要修改包括：①对国家框架和监管机构的独立性提出明确要求；②在欧盟范围内设立高水平的核安全目标要求；③建立国家框架和监管机构的自评估与同行评估制度；④对核安全事务的透明度提出明确要求；⑤对核设施初始评审和定期安全评审提出明确要求；⑥对场内应急准备与响应提出明确要求；⑦对核安全文化提出明确要求。

针对新的欧盟核安全指令，值得关注的重要事项如下：

（1）将监管机构独立性保障条件纳入国家核安全要求中。

（2）核安全目标在欧盟范围内已达成一致认同和理解。

（3）将有效的核安全文化视为实现核安全目标的基本要素。

（4）在欧盟建立协调一致的核事故应急准备与响应体系。

（5）通过同行评估来加强欧盟对成员国的监督与管控。

6.WENRA 发布了《新建核电厂设计安全要求》

2013 年 3 月，西欧核监管协会（WENRA）正式发布《新建核电厂设计安全要求》，其中包括了从福岛核事故中获取的经验教训。

在《新建核电厂设计安全要求》中，WENRA 对新建核电厂提出了 7 个方面的安全目标：正常运行、异常事件和事故预防；堆芯未熔化的事故；堆芯熔化事故；纵深防御各安全层次间的独立性；安全和安保接口；辐射防护和废物处置；对安全的领导和管理。另外，《新建核电厂设计安全要求》中选取了 7 个关键安全要点进行研究，包括新建核电厂的纵深防御方法、纵深防御各安全层次的独立性、多重故障事件、缓解堆芯熔化和限制放射性后果的措施、实际消除大量放射性物质释放、外部灾害和大型商用飞机的恶意撞击。

7. 福岛核事故后美国的响应和改进行动[1]

福岛核事故发生以后，美国核管会（NRC）针对美国 104 座运行核电厂在极端外部事件引起电源丧失或系统设备遭到大范围破坏情况下的应对能力进行了检查。针对检查中发现的问题，NRC 及美国核工业界从多个方面采取了响应和改进行动，包括：①提升外部事件应对能力；②改进反应堆、乏燃料池和安全壳设计（提高严重事故管理和恢复能力）；③明晰相关组织机构职责分工；④改善应急准备与响应及事故后管理；⑤加强国际合作等。

美国核管会确定了借鉴福岛事故经验教训所采取建议行动的优先次序，考虑了短期和长期行动确保美国核电厂安全。

2012 年 3 月 12 日，基于福岛核事故的经验教训，NRC 发布了第一批监管要求，其中包含三个命令，《关于超设计基准外部事件缓解策略要求进行许可证修改的命令》（EA-12-049）、《关于可靠的增强安全壳排气许可证修改的命令》（EA-12-050）和《关于可靠的乏燃料池仪表进行许可证修改的命令》（EA-12-051）。

2012 年 8 月 30 日，NRC 发布了三个命令的实施指导，即《制定、实施和维护超设计基准事件缓解策略临时指导》（JLD-ISG-2012-01）、《沸水堆 Mark I 和 Mark II 可靠性增强型安全壳排气系统临时指导》（JLD-ISG-2012-02）以及《可靠乏燃料水池仪表的实施细节临时指导》JLD-ISG-2012-03），使核电厂营运单位能够制定综合计划来执行这些命令。

8. 福岛核事故后法国的响应和改进行动[1]

福岛核事故后，法国开展了一系列响应和改进行动，包括：

（1）设立首席委员会评估福岛事故经验并反馈。

（2）对民用核设施进行压力测试（补充性安全评估），在此基础上，法国核安全局发布了 32 个指导意见。

（3）对于所有的核设施，要求“强化堆芯安全”，以便能在极端情况下管理基本安全功能，防止发生严重事故，在无法控制事故时限制大规模放射性物质释放，并使执照持有者即使在极端情况下也能履行其应急管理职责。

（4）创建核快速响应部队（FARN），包括增设移动设备。

未来还将实施的改进包括：

（1）在 2018 年前，每座反应堆增加一台固定柴油发电机；

（2）在 2020 年前，每座反应堆增加一个最终热阱；

（3）在 2020 年前，每座核电厂增加一个附加的应急响应中心。

9. 日本的核电政策及核电监管体制改革[13]

从 2011 年 3 月福岛核事故发生至 2014 年底，日本经历了“减核”——“零核”——“启核”的反复考验。

为帮助日本经济复苏，解决能源匮乏问题，安倍政府对野田内阁2012年5月制定的“2030年零核电”计划进行“根本性”修改，明确提出日本的能源供应架构中应包括核电。2014年初日本推出的《能源基本计划》赋予核电“国家重要基础电力来源”的地位。2014年3月10日，在日本参院委员会上，安倍再次强调了“不能依赖核电，不能没有核电”的能源新政。

启用核电，最关键的就是安全问题。人们担心的是日本核电站安全标准的非强制性和监管问题的不透明可能会导致核电站安全事故重演。

为改革核电监管体制，日本国会参议院于2012年6月表决批准了《原子能规制委员会实施法》。依据该法设立的原子能规制委员会（NRA）于2012年9月19日成立。NRA是一个独立监管机构，对日本的核能安全实施统一管理。

NRA于2013年7月8日正式颁布实施新的核电安全基准。新基准以福岛第一核电站事故为依据，大幅增加了应对严重事故、地震海啸、飞机恐怖袭击等突发情况的措施。新安全基准将核电站的大幅强化安全对策作为一项义务加以规定，具有法律强制性。

五、未来发展趋势和建议

1.《核安全法》的立法

随着我国依法治国理念的不断加强，以及核安全国际合作与交流的深化，我国需要完善以《原子能法》《核安全法》和《放射性污染防治法》为统领的核领域法律顶层设计。

2012年，国务院两次召开常务会，审议通过了《核安全规划》，明确提出要抓紧研究制订《核安全法》。2013年，《核安全法》被列入“十二届全国人大常委会立法规划”。目前由全国人大环资委牵头起草，提请审议的时间提前至2016年，实质上已由二类立法项目升格为一类项目，立法进度取得突破性进展。

2. 通过编制并发布《新建核电厂安全要求》等技术政策文件，引领核安全相关研究和实践

为落实《核安全规划》和国务院常务会议确定的方针政策，国家核安全局已完成《“十二五”期间新建核电厂安全要求》（报批稿）的制订工作。后续将在此基础上进一步修订完善，特别是增加与实际消除大量放射性释放相关的设计安全要求内容等，适时发布《新建核电厂安全要求》。

此外，针对国内比较关心的核电厂执照更新，小型模块化反应堆（SMR）、乏燃料干式贮存、乏燃料后处理厂等核安全监管工作，国家核安全局已组织编制了《核电厂运行许可证有效期限延续的技术政策》（初稿）、《模块式小型压水堆核安全政策声明》（初稿）、《小型反应堆核安全技术政策》（初稿）、《小型反应堆核安全技术要求》（初稿）、《民用核燃料循环设施分类原则与基本安全要求》（征求意见稿）、《不同风险等级核燃料循环设施抗震设防要求技术见解》（初稿）、《乏燃料干式贮存设施安全审评原则》（初稿）、《核燃料后处理设施安全审评原则》（初稿）等文件，后续都将继续完善后择机发布。

3. 提倡核安全合理可达到的尽量高[14]

世界核电发展史上的三次严重事故，充分体现了核安全的特性，即核能行业相比其他行业特别突出的技术的复杂性、事故的突发性、处理的艰难性、后果的严重性、社会的敏感性。

核安全已经成为我国国家安全的重要组成部分，考虑到核电厂安全的极端重要性以及人类认知的局限性，建议在核电厂安全设计中倡导合理可达到的尽量高（AHARA）的核安全理念，即：核电厂在达到法规要求安全水平的基础上，应采取一切合理可达到的现实有效的措施，使核电厂达到更高的安全水平。

4. 推进风险指引的纵深防御体系[14]

为进一步提高核电厂安全水平，强化核电厂预防和缓解严重事故的能力，实现实际消除大量放射性物质释放的安全目标，建议推进风险指引的纵深防御体系研究，包括调整核电厂工况分类，扩大核电厂的设计包络范围，如图 2 所示。

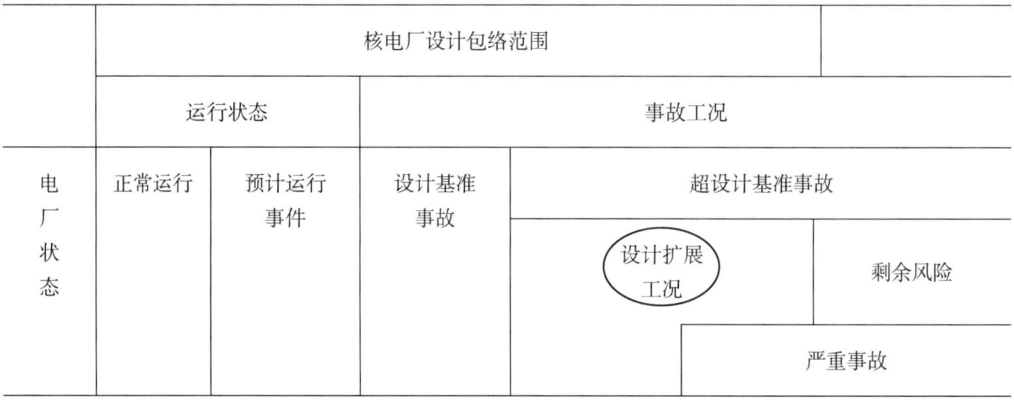

图 2　核电厂工况分类示意图

新的核电厂工况分类体现了对设计扩展工况（DEC）和剩余风险的安全考虑。

DEC 工况包括：①选定的核电厂系统设备多重故障状态，如全厂断电（SBO）、丧失最终热阱；②选定的严重事故，包括相应的严重事故现象；③选定的超过设计基准的极端外部事件。

剩余风险是在核电厂设计和运行中通过采取有效措施后发生概率很低的或基于目前人类认知水平没有发现的严重事故工况。福岛事故表明剩余风险仍然是不能忽略的重要因素。风险无所不在，任何社会或工业活动不可能做到绝对安全，但我们需要做到了解风险、控制风险。对于核电厂剩余风险，需在核安全合理可达到的尽量高原则下，采取现实有效的措施减轻其后果。

增强的纵深防御体系见表 1 所示。

表 1　增强的纵深防御体系

纵深防御层次	目标	基本措施	对应核动力厂工况
第 1 层次	对异常运行和失效的预防	保守设计与高质量建造与运行	正常运行
第 2 层次	控制异常运行并检测失效	控制、限制和保护系统及监测设施	预期运行瞬态
第 3 层次	将事故控制在设计基准以内	专设安全设施和事故规程	设计基准事故（假设单一始发事件）
第 4 层次	控制严重工况，包括严重事故预防（4a）和后果缓解（4b）	附加安全设施和事故管理	设计扩展工况，包括多重失效（4a）、严重事故（4b）
第 5 层次	极端工况下的工程抢险；放射性物质释放后果的缓解	补充安全措施、大范围损伤管理指南、厂外应急响应	剩余风险

增强的纵深防御体系采用了专设安全设施、附加安全设施和补充安全措施。专设安全设施用于应对设计基准事故；附加安全设施用于应对设计扩展工况，是附加的专设安全设施，如严重事故快速卸压阀等；补充安全措施用于极端工况下的工程抢险和减轻剩余风险的后果，如核电厂的安全壳过滤排放措施、厂外应急计划、电厂专门配置的用于核电厂大范围损伤状态后果缓解的移动电源、移动泵、贮水池等，以及核电集团和国家层面设置的用于支援核电厂工程抢险的移动设备等。

在增强的纵深防御体系框架下，第四层次要求在核电厂设计中加强应对设计扩展工况的设计措施，考虑其充分性和可靠性，在事故预防和事故缓解的设计措施之间达成更合理的平衡。相关的核电厂安全分析应表明，在严重事故工况下，安全壳能维持完整性，不会有显著的放射性释放到环境，这就意味着从设计角度可以不需要设置安全壳过滤排放系统，可以优化厂外应急措施，简化甚至可以取消厂外应急行动。而第五层次仍要求，在核安全合理可达到的尽量高原则下，通过采取补充安全措施（如设置安全壳过滤排放系统或措施）、编制大范围损伤管理指南以及开展厂外应急准备等工作，以减轻剩余风险的后果，达到实际消除大量放射性释放的安全目标。

5. 推进风险指引型核安全监管体系的建设

风险指引型核安全监管即综合考虑概率论风险和传统的确定论安全分析结论，将监管部门和许可证持有者的关注点放在与健康和安全的重要度相对应的核安全问题上的监管决策方法。

在我国，PSA 技术的发展和应用已为此构建了坚实的技术基础。国家核安全局在提倡概率论与确定论安全分析平衡并重理念的同时，也已尝试开展运行核电厂 PSA 应用试点、核电厂运行安全性能指标（SPI）体系、风险指引型检查程序、安全事项重要度确定程序（SDP）和评价响应程序等研究工作，并取得显著的成果。后续将逐步制定并发布该体系的技术指导文件、安全监管要求以及监管程序，最终形成风险指引型的核安全监管模式，进一步加强核安全监管的科学性和有效性，促进核电厂安全性与经济性的同步提高。

6. 推进核安全事务的透明度和信息公开

福岛核事故后，公众对核安全问题越来越关注，公众接受性已成为核电发展的瓶颈问题之一。为提高核电的公众接受性，不仅需要做好公众宣传工作，更重要的是做好核安全事务的透明度和信息公开。增加透明度，可以促进核电安全，也可以增加公众对核电安全的信心。可以预期，在全世界范围内，今后有关核安全事务的透明度和信息公开方面的法律法规将不断完善，有关核安全事务的透明度和信息公开程度将不断提高。

7. 重视核电信息安全问题

随着 DCS 系统（Distributed Control System，分散控制系统）以及各类管理信息系统在核电厂的推广应用，核电厂数字化、智能化、网络化的程度越来越高，核电厂信息安全面临的挑战也与日俱增。如今网络攻击的性质已经演变为了“网络恐怖主义”、“信息战”，甚至国家赞助的间谍活动，世界各主要国家都高度重视核电信息安全，将核电系统列为国家信息安全重点保障基础设施。核电信息安全是目前迫切需要努力的重点领域。今后我国需要在核电信息安全方面加强监管，加强信息安全教育，加强信息安全的纵深防御措施，形成应急响应能力，从而建立一个由管理和技术体系所构成的、信息安全文化与核安全文化相结合的保障体系，以应对网络信息安全风险挑战，推动我国核电产业持续健康发展。

六、结束语

至今为止，世界核电历史上已发生过三次严重事故，每次严重事故都对核电的发展造成了深远影响，但同时都极大地推动了核电技术的升级和核安全技术与核安全管理的进步，进而把核安全水平提高到更高阶段。

福岛核事故后，中国政府明确了在采用国际最高安全标准，确保安全的前提下，积极发展核电的方针。

核能是人类能源科技文明发展的必然，核安全是核能发展的重要保障与必要条件，随着我国今后核电规模日益扩大，核技术应用日益广泛，核安全研究将迎来难得发展机遇，核安全学科发展必将迎来新的春天。

— 大事记 —

2010 年 2 月 8 日，国家核安全局发布技术政策《概率安全分析技术在核安全领域中的应用》(试行)。

2011 年 3 月 11 日，发生日本福岛核事故。

2011 年 4 月 4 日，《核安全公约》第五次审议大会在维也纳召开。

2011 年 6 月 20 日，召开 IAEA 部长级会议。

2012 年 5 月 31 日，国务院常务会议审议并原则通过《关于全国民用核设施综合安全检查情况的报告》。

2012 年 6 月 12 日，国家核安全局发布《福岛核事故后核电厂改进行动通用技术要求》。

2012 年 8 月 27 日，《核安全公约》履约方第二次特别会议在维也纳召开。

2012 年 9 月 6 日，国务院批准了《核安全与放射性污染防治“十二五”规划及 2020 年远景目标》。

2012 年 9 月 19 日，日本原子能规制委员会（NRA）成立。

2012 年 10 月 24 日，国务院批准了《核电安全规划（2011—2020 年）》。

2013 年 3 月，西欧核监管协会（WENRA）正式发布《新建核电厂设计安全报告》。

2013 年 7 月 8 日，日本 NRA 正式颁布新的核电安全基准。

2013 年 12 月，环境保护部核与辐射安全中心建成了全范围验证模拟机。

2014 年 2 月 21 日，国核安发〔2014〕30 号“关于开展核电厂设备可靠性数据采集工作的通知”，标志核与辐射安全中心“中国核电厂 PSA 设备可靠性数据库”正式启用。

2014 年 3 月 24 日，习近平总书记提出“理性、协调、并进”的中国核安全观。

2014 年 3 月 24 日，核安全公约第六次审议大会在维也纳召开。

2014 年 4 月 15 日，中央国家安全委员会召开第一次会议，把核安全列入国家安全体系。

2014 年 5 月 5 日，我国五大集团公司共同签署了《核电集团间核电厂核事故应急相互支援框架合作协议》。

2014 年 5 月 5 日，中广核集团依托大亚湾核电基地组建了中广核集团核应急支援队。

2014 年 5 月 19 日，中核集团依托秦山核电基地组建了中核集团核应急支援队。

2014 年 7 月 8 日，欧盟理事会通过了对核安全指令的修订案。

2014 年 9 月 1 日，环办函〔2014〕1099 号“关于开展核安全文化宣贯推进专项行动的通知”。

2014 年 10 月，国家核安全局正式发布《日本福岛核事故》。

2014 年 10 月，国家核安全局发布《中国核与辐射安全监管三十年（1984—2014）》。

2014 年 11 月 4 日，国家核安全局运行核电厂经验反馈体系投入运行。

2014 年 12 月 16 日，召开中国核学会核安全分会成立大会。

2014 年 12 月 19 日，国家核安全局等发布《核安全文化政策声明》。

2015 年 2 月 9 日，《核安全公约》缔约方外交大会在奥地利维也纳国际原子能机构总部召开。

2015 年 3 月初，国家核安全局“在建核电厂建造事件管理和经验反馈信息系统”开始上线试运行。

—— 参考文献 ——

[1] 国家核安全局. 福岛核事故报告，2014.
[2] 环境保护部（国家核安全局）. 核安全与放射性污染防治“十二五”规划及 2020 年远景目标，2012.
[3] 李干杰. 聚焦核安全观，瞄准战略定位，努力开创核与辐射安全监管新局面，内部资料 .
[4] 环境保护部（国家核安全局）. 核安全文化政策声明，2014.
[5] 李干杰. 第三届核安全技术和科学支持机构大会开幕式致辞，2014-10-27.
[6] 环境保护部（国家核安全局）. 关于全国民用核设施综合安全检查情况的报告，2012.
[7] 环境保护部（国家核安全局）. 福岛核事故后核电厂改进行动通用技术要求，2012.
[8] 环境保护部（国家核安全局）. 中国核与辐射安全监管三十年（1984—2014），2014.
[9] 付杰，等.《核安全公约》履约工作动态及中国第六次履约准备. 环境保护部核与辐射安全中心国际信息专报，2013（6）.
[10]《核安全公约》福岛核事故特别会议中华人民共和国国家报告，2012，4.
[11]《核安全公约》中华人民共和国第六次国家报告，2013，6.
[12] 程建秀. 欧盟核设施安全指令修订案及相关动态研究. 环境保护部核与辐射安全中心国际信息专报，2014（6）.
[13] 孙学智，等. 日本核电重启背后的故事. 环境保护部核与辐射安全中心国际信息专报，2014（3）.
[14] 柴国旱. 后福岛时代对我国核电安全理念及要求的重新审视与思考. 环境保护，2015（7）.

撰稿人：柴国旱　李　春　吴岳雷　李　斌　依　岩　董毅漫　曹　健
审稿人：刘　华　童节娟　简　斌

粒子加速器

粒子加速器作为一种利用电磁场将带电粒子束流加速到高能量的装置，是开展“基本”粒子、原子核和原子与分子等物质微观结构层次研究的利器，广泛应用于科学研究、国家安全和国民经济各个领域。粒子加速器本身又是一门应用物理和相关技术的综合性学科，是核科学技术的一个分支。粒子加速器在 20 世纪 20 年代应核物理研究之运而生，90 年里不断向更高的能量和更高的性能攀登。我国的粒子加速器在新中国成立后起步，取得了长足的进展，近年来在国际加速器领域崭露头角，在世界上稳固地占据了一席之地。

一、对撞机

（一）国际发展现状

国际高能加速器有两个发展前沿，即高能量前沿和高亮度前沿。

在高能量前沿，美国 2×1.0TeV 的质子－反质子对撞机 TEVATRON 在运行 28 年后，于 2011 年 7 月终止运行。欧洲核子中心 CERN 的大型强子对撞机 LHC 经过 10 年的建设，在 2008 年 9 月首次运行，在解决运行初期发生的超导接头失超引起的磁铁损坏等问题后，于 2010 年 3 月重新投入运行，能量为 2×3.5TeV，并于 2012 年发现了希格斯玻色子。经过两年的停机改进，LHC 于 2015 年初开始在 2×6.5TeV 能量运行。能量为 2×250GeV 的国际直线对撞机 ILC 在 2006 年发布概念设计报告，2013 年完成技术设计，目前主要的问题是经费和选址[1]。CERN 提出的紧凑型直线对撞机 CLIC 继续进行试验装置研究。科学家还提出了 2×2TeV μ－子对撞机的方案，正在进行关键技术研发。在重离子对撞机方面，美国相对论性重离子对撞机 RHIC 继续运行，并提出了建造重离子－电子对撞 e-RHIC 的计划。

在高亮度前沿，日本的 KEKB 和美国的 PEP-II 两个质心系能量为 11.2GeV 的 B 介子工厂于 1997 年相继建成后投入运行，亮度达到 $1\times10^{34}cm^{-2}s^{-1}$ 以上，发现了在 B 介子衰变中的 CP 破坏。PEP-II 和 KEKB 先后于 2008 年和 2010 年终止运行，随即开始超级 KEKB 的计划，设计亮度为 $8\times10^{35}cm^{-2}s^{-1}$ [2]。质心系能量 2×510MeV 的意大利 F 介子工厂 DEFNE 1997 年建成后，发展横腰对撞技术，亮度达到 $5\times10^{32}cm^{-2}s^{-1}$。北京正负电子对撞机（BEPC 和 BEPCII）是 τ- 粲能区高亮度前沿的对撞机。

（二）国内发展现状

在高能量前沿，我国高能加速器界积极参加 LHC 和 ILC 等对撞机的国际合作，包括加速器方案设计与优化和超导加速结构等关键技术的研究等，做出了重要贡献。

在高亮度前沿，BEPC 于 1988 年建成并投入运行，在 1.89GeV 时亮度达 $1\times10^{31}cm^{-2}s^{-1}$，在粲 -τ 能区性能居国际领先。2001 年，中国科学家提出了 BEPC 重大改造的新方案，即双环 BEPCII。BEPCII 采用超导射频腔、超导插入磁铁、对撞区特种磁铁、逐束团反馈和微包絡交叉对撞等先进技术。工程从 2004 年初开始建设，经过五年的努力，于 2009 年 7 月通过了国家验收。BEPCII 在较短的周长和窄小的隧道里实施了双环方案，成功实现了大流强和高亮度对撞。与此同时，采用“内外桥”联接两个正负电子外半环形成同步辐射环和大交叉角正负电子双环的“三环方案”，兼顾了高能物理与同步辐射应用，在双环对撞机中实现了“一机两用”[3]。

BEPCII 建成后即投入实验运行，逐步提高亮度，达到 $8.53\times10^{32}cm^{-2}s^{-1}$，取得了包括四夸克粒子的发现在内的若干重大成果，使我国继续保持在 τ- 粲物理研究中的国际领先地位。在稳定运行和不断改进的同时，我国科学家又开始规划后 BEPCII 高能物理实验基地的方案。

（三）未来发展趋势与建议

国际高能加速器的发展趋势，仍然是高能量前沿和高亮度前沿。在高能量前沿，LHC 发现希格斯粒子后，国际上提出了多个希格斯工厂的方案，其中欧洲核子中心提出的未来环形对撞机（FCC）的方案最有吸引力。FCC 的正负电子对撞的能量为 2×（40 ~ 175）GeV，将来还能发展为质子对撞机，能量为 2×（50 ~ 70）TeV。与此同时，超级 KEKB 正在建设，ILC 项目仍在继续推进。

我国科学家就后 BEPCII 的方案进行了深入的讨论，提出了大型环形正负电子对撞机与未来质子对撞机（CEPC 与 SPPC）、Z 粒子工厂、超级 τ- 粲工厂 HIEPAF 和电子 - 重离子对撞机四个方案。经过多次研讨，确定将电子 - 离子对撞作为先进重离子研究装置的二期项目，而 Z 粒子工厂有望与 CEPC 结合在一起。CEPC 的设计能量为 2×（40 ~ 120）GeV，SPPC 能量为 2×（50 ~ 70）TeV，如能建成，将在粒子物理的高能量前沿居于国际领先地位[4]；HIEPAF 的设计亮度为 $1\times10^{35}cm^{-2}s^{-1}$，将在 τ- 粲物理领域占据国际领先。

对撞机的方案关系到我国今后几十年高能物理的发展，而科学前沿的装置，尤其是高能量前沿的实验装置，造价十分高昂，必须在深入研究的基础上慎重决策，使我国在继续保持在 τ- 粲物理研究中国际领先地位的同时，进入高能量研究的前沿。建议：①根据粒子物理前沿研究的需求继续深入研讨，在科学界达成共识，进而确定我国物理发展的战略和对撞机方案；②开展设计研究和关键技术研究；③加强国际合作。

二、重离子加速器

重离子加速器是指加速比 α 粒子更重的离子的装置，也可用来加速质子。重离子加速器可以将重离子加速到接近光速的速度，用于开展科学研究及相关应用。重离子加速器可以分成直线、回旋和环形三种加速器类型。

（一）国际发展现状

近年来，随着原子物理、原子核物理、材料科学、生命科学、新能源研究和天体物理等学科发展需求的不断增长，重离子加速器也得到迅速发展。国际上的重离子加速器以德国重离子研究中心（GSI）、美国密歇根州立大学（MSU）、日本理化所（RIKEN）和日本放射医学研究所（NIRS）等的加速器装置为典型代表。其中，GSI 重离子研究装置是目前国际上最大最先进的重离子大科学装置，主要分为直线加速器和环形同步加速器两部分。GSI 的直线加速器 UNLINAC 可以加速从 C 到 U 的重离子束，最大质荷比可达 65；环形加速器有 SIS18 和 ESR 以及在建的 SIS100 和 SIS300 以及其他多功能环形加速器装置。

（二）国内发展现状

适应我国经济发展以及相关科学研究的需要，国内重离子加速器装置也得到了蓬勃发展。典型的重离子加速器装置有兰州近代物理研究所的 HIRFL 和原子能科学研究院的 HI-13。

HIRFL 主要由离子源、回旋加速器（SFC+SSC）、冷却储存环（CSR）、放射性束流线和实验终端所组成，是目前我国能量最高、规模最大的重离子研究装置[5]。CSR 采用高品质同步环和大接受度实验环双环运行模式，能够实现从氢到铀的全离子加速，通过配合空心电子束冷却，大幅度提高了束流累积效率、束流强度和束流品质，使得一些极端条件下的高精度测量成为可能。CSR 的投入运行提高了我国先进离子加速器技术和核物理及相关学科的国际地位，尤其是国际领先的超导离子源技术和高精度核素质量测量研究，使兰州重离子加速器国家实验室成为国际上重要的重离子研究中心。

北京 HI-13 串列加速器是我国低能核物理研究的主体设备，自 1986 年建成后，20 多年来已为国内外 50 多个研究机构的数百个课题提供了从氢到金 40 多种离子束流，累计提供实验束流超过 8 万小时，取得了一批具有在国际和国内有重要影响的科研成果[6]。实施中的串列加速器升级工程包括新建一台 100MeV 强流质子回旋加速器和一台能量增益为 2MeV/q 的重离子超导直线增能器，与现有串列加速器构成一个加速器组合装置。升级工程完成后，将在已有串列加速器实验室的基础上，逐步形成一器多用、多器合用、多领域和多学科的科学研究平台。

（三）未来发展趋势与建议

随着中低能区的重离子加速器实验的开展，在许多相关学科领域取得了长足进步，并朝着高能、强流方向发展。

建议开展高能强流重离子加速器关键技术的研发，包括强流高电荷态离子源、强流高功率超导直线加速器技术、强流重离子横向累积与纵向堆积、强流重离子动态真空技术、强流重离子束流阻抗与不稳定性、先进的束流诊断和冷却技术、超导磁铁和高精度电源等。此外，新型核探测器与核电子学作为重离子束实验的必要设备，也需要大力发展。

中科院近代物理所承建的先进重离子研究装置（HIAF）[7]，是为了探索原子核存在极限和奇特结构、宇宙中从铁到铀元素的来源和高能量密度物质性质等重大前沿科学问题，解决我国空间探索和核能开发领域中与粒子辐射相关的关键技术难题而建造的大型高能强流重离子加速器装置。HIAF 的建设，包括二期工程电子－离子对撞机，将使我国重离子科学研究从“紧跟”走向“并行”、并逐步实现“引领”，形成在国际上具有重大影响的重离子科学研究中心。

三、强流质子加速器

强流质子加速器在不稳定放射性核素合成、天体物理研究、加速器驱动次临界装置（ADS）、散裂中子源（SNS）、聚变材料辐照实验、医用同位素研发与生产、恶性肿瘤和心脑血管疾病诊断、硼中子俘获治疗、太空辐射环境地面模拟实验、白光中子源、质子照相和海关放射物检查等诸多领域有着十分重要的应用价值。

（一）国际发展现状

上世纪 90 年代以来，国际上建成了多台强流质子加速器。瑞士 PSI 研究所连续波散裂中子源（SINQ）的 590MeV 质子回旋加速器引出束流功率达到 1.42MW；美国散裂中子源（SNS）由 1GeV 超导直线加速器加一个累积环构成，束流功率达到 1MW 以上[8]；日本质子加速器研究设施 J-PARC，由一台 400MeV 直线加速器、一个 3GeV 快循环同步加速器和一台 50GeV 同步加速器构成，束流功率达到 300kW[9]；欧洲散裂中子源（ESS）于 2014 年 9 月在瑞典破土动工，将建设束流功率为 5MW 的强流质子直线加速器；韩国原子能所于 2013 年建成一台 100MeV 强流质子直线加速器。

（二）国内发展现状

我国于 2011 年开始建设国家“十二五”计划重大科技基础设施——中国散裂中子源

（CSNS），这是中国目前在建的大科学装置之一。CSNS 由中国科学院和广东省共同建设，选址于广东省东莞市，计划在 2018 年建成，将为物质、生命、材料、环境和能源等领域的基础研究和高技术研究提供先进的平台。CSNS 的加速器由 80MeV 直线加速器和 1.6GeV 快循环同步加速器组成，为散裂靶提供 100kW 的束流功率，并可在未来升级到 500kW。除了散裂中子外，在这台装置上还将利用散裂靶的反冲中子，建设白光中子源实验室，并计划利用 1.6GeV 质子束开展质子照相实验研究[10]。

2014 年 7 月 4 日，中国原子能科学研究院承建的 100MeV 强流质子回旋加速器首次出束，这标志着国家重点科技工程——串列加速器升级工程的关键设施建成。该加速器是国际上最大的紧凑型强流质子回旋加速器，也是我国自行研制的能量最高质子回旋加速器。工程建成后，有望在国防核科学研究、新核素合成、天体物理研究和医用同位素研发等前沿领域中取得突破性成果[11]。

与此同时，中国原子能科学研究院正在开展 230MeV 小型化质子回旋加速器关键技术研究。质子加速器能量 250MeV 的太空辐射环境地面模拟实验装置，已纳入国家发改委"十三五"大科学工程项目，将在哈尔滨建设。此外，原子能院还与 PSI、MIT 和 INFN 等单位合作，开展可用于中微子研究和质子照相的 MW 量级 800MeV 高功率质子回旋加速器的设计。原子能院、华中科技大学和中国工程物理研究院自 2009 年以来，相继建成多台 10MeV、11MeV 和 14MeV 医用回旋加速器。在广州将建设我国首台基于强流质子加速器的硼中子俘获治疗（BNCT）装置。

在两期"973"计划的支持下，ADS 项目开展了强流质子离子源和 RFQ 加速器的研制以及强流质子束晕形成机制的实验研究。在中科院战略先导项目"未来先进核裂变能—加速器驱动嬗变系统（Accelerator Driven Sub-critical Systems，简称 ADS）"中，开展了强流质子加速器关键技术的研究，前端的离子源、RFQ 加速器和超导加速腔出束，中能段的超导加速腔正在研制。我国将在"十三五"期间建设 CIADS 装置，其中包括一台能量为 250MeV 的连续波强流质子超导直线加速器［详见本书"加速器驱动次临界系统（ADS）"一章］。

（三）未来发展趋势与建议

更高的束流功率是国际上质子直线和回旋加速器发展的共同方向，由于不同能量质子加速器在基础研究、航空航天和医疗健康等国民经济多个领域都有广泛而独特的应用前景，中低能质子加速器的机型正朝着高性能、专用性发展。可以预见，我国强流质子加速器的研究与建设将进入一个最好的发展机遇期，为满足我国的多学科创新研究、国家重大战略需求和公众健康，做出重要贡献。建议在国家有关部门在"十三五"规划的制定中，深入考虑能量从数 MeV 到 GeV、平均流强从 nA 到 mA 量级的质子加速器的不同应用，促进直线、回旋和同步加速器等不同加速器类型的协同发展。

四、基于加速器的光源

基于加速器的光源可以覆盖从太赫兹、红外到 X 射线直至伽马射线的范围，频谱比传统光源和常规激光更广阔。经历近 70 年的持续不断努力，人们已经见证了从第一代兼用光源、第二代专用光源、第三代储存环同步辐射光源到以自由电子激光（FEL）为代表的第四代光源的快速发展。此外，基于衍射极限储存环、能量回收直线加速器、激光康普顿散射和基于激光等离子体加速等的新型光源也在蓬勃发展[12]。本节将依次叙述储存环光源、自由电子激光和能量回收直线加速器光源。

（一）储存环光源

目前全球共有 50 多台同步辐射光源在运行，其中有 20 多台为第三代同步辐射光源，高平均亮度、高重复频率和高稳定度的同步辐射光源已经成为科学研究强有力的工具，并展现出旺盛的持续发展态势。

国际上最新的进展包括：美国新建的一台同步辐射光源 NSLS-II 完成了加速器调试，2014 年储存环储存了 50mA 的束流，即将向用户开放。瑞典的 MAX IV 和巴西的 Sirius 光源，分别处于工艺设施安装和基础设施建设阶段。衍射极限环同步辐射光源是当前的一个明确发展方向，其储存环电子自然发射度比第三代光源要低 1 ~ 2 个量级，能提供亮度高约 2 个量级、横向相干的同步辐射光，已成为包括 APS、ESRF 和 Spring-8 等现有第三代光源升级改造的发展热点。

在国内，上海光源主要集中精力进行运行开放和后续线站建设。国家蛋白质科学研究上海设施的五线六站工程于 2014 年完成了工艺验收。该工程包括 3 条插入件线和 2 条弯铁线。2014 年基于上海光源的超高分辨宽能段光电子实验系统（简称梦之线）完成了工艺验收。合肥光源重大维修改造项目于 2014 年通过中科院的工艺验收，直线注入器的能量从 200MeV 提高到 800MeV，新建的储存环采用 DBA 磁聚焦结构，发射度由 160nm 降为 38nm，并增建了 5 条光束线及实验站。北京高能光源完成了预研项目的项目建议书评审和审批，优化了概念设计，电子能量 6GeV，储存环周长约 1.3km，自然发射度约 60pm。

为建造性能更高的同步辐射光源，若干关键技术正在不断的研发中，如新型插入件——低温永磁波荡器和超导波荡器、MBA 磁聚焦结构、小间隙分布式吸气镀膜真空室、高梯度聚焦磁铁、高精度安装准直技术和在轴注入关键设备等。

（二）自由电子激光

自由电子激光作为第四代光源，以其高峰值亮度、飞秒级超短脉冲和全相干等优越特性，在生命科学、环境科学、材料科学、物理学和化学等一批基础与前沿交叉学科高技术领域的创新发展中，起到了不可替代的推动作用，目前正处于快速发展期。

美国的LCLS和日本的SACLA建成后高效运行，取得多项重大成果；意大利Fermi@ELETTRA装置的FEL-2达到了设计指标，并在2015年6月进行了第一次用户实验（@12.4nm），目前正在准备开展机器升级的计划。德国FLASH的第二条线FLASH-II也已于2014年8月成功出光。最大的欧洲X射线自由电子激光装置EXFEL建设也取得了很大的进展，SASE1/3波荡器线以及XHEXP1实验大厅已完成了部分设备的安装，微波电子枪已获得束流。瑞士SwissFEL和韩国PAL-XFEL均于2014年完成了基础设施建设，预计将于2016—2017年出光。美国的基于4GeV连续波超导直线加速器的高重复频率FEL装置LCLS-II已通过了CD-I评审，超导关键技术取得显著进展。

我国的软X射线自由电子激光试验装置（SXFEL）是世界第三台软X波段的FEL装置，于2014年底在中国科学院上海应用物理所张江园区破土动工。大连相干光源（DCLS）是世界上第二台VUV波段的FEL用户装置，于2014年10月在大连化学物理所长兴岛园区破土动工。SXFEL与DCLS的光源部分主要由上海应用物理所负责建设，计划于2016年开始装置调试。由厦门大学和合肥国家同步辐射实验室共同承担的红外自由电子激光项目处于工程设计阶段，在2015年开始建设。

依托上海深紫外自由电子激光装置（SDUV-FEL），成功开展了包括世界首个EEHG－FEL出光的一系列FEL新原理新技术方面的研究，2014年在相位汇聚型（PEHG）FEL新原理的提出与后续研究、外种子FEL噪声研究、全光学X射线光源研究和世界上首次利用金属沟槽结构改善FEL辐射光谱等方面的研究又取得了新进展。

为满足我国在自由电子激光研究领域持续发展的需求，建议在FEL新原理和激光关键技术研究、建设水窗波段的X射线FEL用户装置、XFEL实验方法学发展以及硬X射线自由电子激光用户装置的规划立项等方向继续努力，力争取得更大的突破。

（三）能量回收直线加速器光源

能量回收直线加速器（ERL）光源结合储存环光源与自由电子激光的优点，具有能量转换效率高和脉冲重复频率高的特点，是实现高亮度、高效率光源的有效途径之一。

美国、日本、俄罗斯和英国等发达国家已经掌握ERL整机集成和实验调试的技术。其中，美国托马斯杰斐逊国家加速器装置（JLAB）的ERL-FEL实现了平均功率14kW的红外光、CEBAF实现了1GeV电子束的能量回收；俄罗斯的Novo-FEL实现了20mA束流的能量回收、多圈ERL运行和输出平均功率0.5kW的太赫兹波；日本原子能研究所（JAERI）实现了3%的FEL转换效率、日本高能物理研究所（KEK）的cERL实现能量回收；英国的ALICE实现了平均功率32mW的红外光输出。目前，美国的康奈尔大学、JLAB、布鲁克海文国家实验室，日本KEK和德国亥姆霍兹柏林材料与能源研究中心（HZB）等实验室在积极推进基于ERL的X射线光源工作。

我国的ERL研究起步较晚，相关单位开展了部分关键技术的研究。其中，北京大学的直流－超导（DC-SRF）注入器已经成功出束，并在1.3GHz、9-cell超导加速腔方面积累了经验；中科院高能物理所正在积极开展光阴极直流高压电子枪和 1.3GHz、9-cell 超导加速单元的研制及测试；中科院上海应用物理所正在研制甚高频（VHF）光阴极微波电子枪和大孔径 500MHz、5-cell 超导高频腔，并对后者成功进行了液氦垂直测试。

建议在未来 5 年内，在开展束流物理和关键技术研究的基础上，集成建造我国第一台 ERL 实验装置，开展相关实验研究，为未来 ERL 光源的建设奠定基础。

五、小型加速器实验装置

小型加速器实验装置是相对于大型加速器科学装置而言的，通常具有设计新颖、应用针对性强、结构紧凑和规模与经费投入适中等特点。它们又与用于医疗、无损检测以及辐照加工等领域的加速器产品不同，通常围绕科学前沿以及学术热点问题而建设，每台小型加速器实验装置都具有各自鲜明的特点。这里重点介绍具有代表性的两种小型加速器实验装置：基于汤姆逊散射的新型光源以及基于光阴极微波电子枪的兆电子伏超快电子衍射。

（一）基于汤姆逊散射的新型光源

汤姆逊散射光源是基于高品质相对论电子束（从几个 MeV 到几十 MeV）与超强激光脉冲以一定角度相互作用，并在电子束前进方向上产生准单能硬 X 射线的装置。汤姆逊散射 X 射线光源具有光子能量连续可调、能谱单色性好、峰值亮度高、时间结构短以及与激光脉冲严格同步等特点，特别是能以相对较小的规模就可以产生几十 keV 至数百 keV 以上的准单能硬 X 射线。汤姆逊散射 X 射线源（或逆康普顿散射伽马射线源）已经成为国际上先进光源的研究热点之一，如美国的劳伦斯伯克利国家实验室（LBNL）、BNL、麻省理工学院和 J-lab 等，日本的东京大学、产业技术综合研究所（AIST）和 KEK 等，法国直线加速器实验室（LAL）和意大利国家核物理研究院（INFN）等实验室，以及韩国和俄罗斯的相关研究单位也相继开展了汤姆逊散射光源的相关实验研究；美国 Lyncean 公司的 CLS、杜克大学的 HIGS、劳伦斯·利弗莫尔国家实验室（LLNL）的 MEGa-ray、法国 LAL 实验室的 ThomX 和罗马尼亚等汤姆逊散射装置在建设或已经运行。

在国内，清华大学、中科院高能物理所和应用物理所等都开展过相关实验研究。现在国内正在运行的研究平台主要是清华大学的汤姆逊散射 X 射线源（TTX）装置。TTX 于 2011 年首次出光，2014 年性能进一步提升，得到了重复频率 10Hz、能量 50keV 和每脉冲产额 10^7 的硬 X 射线，并开展了相称成像等应用研究。汤姆逊散射 X 射线源作为高能 X 射线探针或激发源，在核物理、聚变科学、医学以及国家安全等领域的应用前景正在逐步展现，相关的研究，如核共振荧光分析，在核废物处理和国家安全方面的应用将越来越受到重视，相应的用户装置建设也会提上日程。

（二）基于光阴极微波电子枪的兆电子伏超快电子衍射

兆电子伏超快电子衍射（MeV UED）是为了满足科学发展中对各种超快过程（飞秒乃至亚飞秒）研究的需要而发展起来的、以电子束为探针的研究手段。相比于千电子伏超快电子衍射（keV UED），MeV UED 装置中电子束团内的空间电荷效应得到更好的抑制，因此 MeV UED 单个电子束团中的电荷量可以在 pC 量级，能够实现单发束团的衍射成像。此外，因其电子能量高、穿透力强，可用于比较厚的实验样品。国际上自 2006 年首次 MeV UED 实验以来，美国的斯坦福直线加速器中心（SLAC）、布朗大学、加利福尼亚大学洛杉矶分校、BNL 和日本的大阪大学以及德国的电子同步加速器（DESY）实验室等相继开展了 MeV UED 的研究。在国内，清华大学于 2008 年开始 MeV UED 的研究，并于 2009 年实验得到高质量的多晶铝样品的衍射样斑，后来又提出并实验实现了基于射频偏转腔的连续时间分辨（CTR）MeV UED 模式。2014 年，清华大学建成了 MeV UED 专用实验平台，并成功完成了单晶金样品的“泵浦－探针”实验。上海交通大学在其 keV UED 研究的基础上，建立了 MeV UED 实验研究平台，开展了 2H–$TaSe_2$ 的“泵浦－探针”实验，并且在基金委重大仪器项目的支持下建设更高重复频率和更好分辨率的 MeV UED 用户装置。MeV UED 作为科学探针，其最主要的特点是超快，建议加强与用户的交流与合作，吸引超快科学研究的用户在其上开展实验，共同完善装置，大力推动 MeV UED 及其应用的发展。

在国内加速器相关单位，如北京大学、中国科大、高能物理所、应物物理所、近代物理所和原子能研究院等，都建设有各具特色的小型加速器实验平台，并取得了很好的创新性成果，详细情况可参阅本章的其他各节中的相关叙述。

六、小型加速器应用装置

目前，世界上共有超过 3 万台加速器，其中仅约 200 台是科研机构的大型加速装置，其余大多为小型加速器应用装置。这些小型加速器在国民经济中发挥了巨大的作用。据统计，加速器应用范围内的工业产值达到 5000 亿美元；小型应用型加速器的年销售额超过 35 亿美元，并在过去 10 年中以平均每年 10% 的速度增长[13]。

（一）放射治疗加速器

当前中国的癌症发病率不断上升，已成为我国威胁生命健康的头号杀手。放射治疗是癌症治疗的重要手段之一，对癌症治愈的贡献约为 18%，仅次于外科手术，但目前国内放疗设备从数量到质量严重落后于需求，很多放疗中心超负荷运行，催生对先进放疗设备的大量需求。

自 X 射线发现起，放射治疗至今约有 120 年的历史，从早期的钴 –60，发展到目前的基于直线加速器的图像引导立体治疗等先进设施。放疗装置一般采用 S 波段驻波 6MeV 加速器，部分装置有多个能量档（6 ~ 20MeV）以适应不同深度的病灶区。目前也有 C 波段和 X 波段加速结构的放疗装置，由于功率源等技术限制，其方案尚未成熟。国际上 X 射线放疗设备的主要生产商是瓦里安和医科达；国内主要是山东新华、沈阳东软和江苏海明等。国内企业由于技术研发投入所限，整机制造与国际先进水平的尚有较大差距。在国内放疗装备中，国产设备目前仅在中低档设备上占据少量份额。

质子和重离子放疗由于其布拉格峰的优势，是目前的研究热点。相关企业（如 IBA，瓦里安等）和各大研究机构（如欧洲的 CERN 和 PSI 等）正在投入大量资源进行研发，由于造价和运行费用高，当前世界范围内仅有约 50 台质子重离子治疗设备。在国内，中科院近代物理所开展了重离子临床治疗，现正在为医院建造两台重离子治疗加速器。上海应用物理所开展了质子治疗设备的研发。中国工程物理研究院流体物理所自主研制的一台用于医用同位素生产的小型医用质子回旋加速器，2013 年 6 月达到 1MeV/50mA 的设计指标，现正在将样机扩展为一套具备 PET 药物生产功能的示范装置。

由于结构紧凑和束流连续稳定，回旋加速器在 PET 癌症早期诊断和质子治疗领域有广泛应用。华中科技大学在基金委重点项目支持下，开发了面向回旋加速器创新设计的虚拟样机平台，并开展面向质子治疗的 250MeV 超导回旋加速器设计。

（二）辐照加速器

辐照加速器产生的电离辐射能量通常远大于化学反应自由能，因而可以实现一般化学反应无法产生的效应。例如，可以使高分子材料产生交联，增加其强度、寿命和性能；通过杀灭食品或医疗器械的细菌病毒，实现消毒和保鲜；辐射还能快速氧化和降解废气污水中的有毒物质，实现清洁排放。在工业界中，电离辐射通常由辐照加速器加速电子束（或者转换的 X 射线）产生。

辐照加速器主要依赖于剂量率以及能量转换率，其应用范围正在不断扩大。近年来，辐照加速器在食品工业中的应用快速增长；辐照处理污水和废气的技术已经逐渐成熟，将成为未来环保事业的得力助手。

国内有多家科研机构及企业研发和生产辐照加速器，如：中科院高能物理所研制的 L 波段 30kW 加速器，清华大学和同方威视技术股份有限公司联合研制的 S 波段返波型 20kW 行波加速器，以及原子能科学研究院、山东蓝孚、中广核南通海维的 20kW 行波电子直线加速器等，有效地满足了国内的需求并开始开拓国际市场。华中科技大学开展了绝缘芯变压器型低能辐照加速器的研制，其能量转换效率超过 85%，已完成样机的研制和组装。

（三）无损检测

高能 X 射线（>300keV）具有很强的穿透力，可以检测较大物体的内部结构（集装箱、大型铸造件、火箭发动机等），应用于工业、国防以及安全领域，一般利用 1 ~ 20MeV 的直线电子加速器产生 X 射线。目前世界各科研单位和企业均在无损检测的研发上持续投入，包括多能量档加速器、先进探测器、算法降噪处理以及系统控制等方面的研究。

在无损检测领域中，中国的设备生产与技术研发走在世界的前列。清华大学和同方威视公司成立了联合研究所，共同研发了多种产品，其中集装箱检测系统远销100多个国家和地区，市场份额占据世界第一。此外，北京机械工业自动化研究所也开发了高分辨率的无损检测设备，四川中物仪器公司和北京固鸿科技公司开发了系列工业CT产品。

小型加速装置在离子注入、电子束加工和放射性同位素生产等领域应用广泛，限于篇幅在这里不做介绍。

（四）展望与建议

我国经济的快速发展，给加速器产业带来一个“黄金时期”。然而我国在基础研究上与发达国家尚存在较大差距，相关市场不断被国外企业蚕食，国内企业的市场份额不升反降。同时加速器产业涉及相关技术非常多，研发周期较长，市场反馈很慢。因此，国内加速器产业如果想追赶发达国家，需要国内科研机构和企业同心协力，着眼未来，实现技术上的跨越式赶超。

从技术的角度分析，未来的小型应用型加速器的发展重点在于：高梯度、强流、稳定性好和易控制。与此同时，加速器产业的发展也离不开其他领域的进步，其中最关键的领域是：高功率微波源技术、材料与加工技术以及电子与信息技术。

从应用的趋势上看，未来的小型应用加速器装置将会越来越注重专用化和可定制化。国内的科研机构和企业在应用加速器领域的合作会日益紧密，随着产业结构升级、各领域的人才和技术积累，加速器应用产业将实现跨越式发展。

七、新技术和新原理

粒子加速器的历史，也是不断提出新原理和发展新技术的历史，两者相辅相成，推动粒子加速器向更高的能量和更高的性能发展。我国在粒子加速器的长足的进步，也与加速器原理与技术的发展密不可分，其具体进展也已在本章其他各节中多有涉及，本节将重点介绍在射频超导加速技术和激光等离子体加速方面的研究进展。在脉冲功率技术方面，近年来取得了多项重要进展，详情参见本报告的“脉冲功率技术”一章。

（一）射频超导加速技术

射频超导加速腔工作在超导状态下，具有极低的表面电阻。因此，射频超导加速器可运行在连续波模式，产生高平均流强粒子束流。射频超导加速技术自上世纪60年代提出以来，经过多年发展，突破了二次电子倍增效应和场致发射等因素对超导腔加速梯度的限制，在90年代得到了实际应用。进入21世纪以来，射频超导加速技术逐渐成为粒子加速技术的发展趋势之一，国际上已建成或在建多台基于超导加速器的大科学装置，如欧洲X

射线自由电子激光和美国 MSU 的稀有同位素束流装置等。

在国内，北京大学于上世纪 80 年代末率先发展射频超导技术，先后研制了 1.3GHz TESLA 型单个单元、3.5 单元和 9 单元的纯铌超导腔以及用于加速质子或重离子的 Spoke 腔和 QWR 腔，其中 9 单元腔的加速梯度达到 34.6MV/m，高于国际直线对撞机的设计要求。中科院高能物理所和上海应用物理所于 21 世纪初先后引进了超导加速腔用于电子储存环中的电子加速，并以此为契机发展射频超导技术，研制了备用腔和加速单元。在中国 ADS 先导项目的驱动下，中科院近代物理所和高能物理所等发展了用于加速质子或重离子的超导加速技术，研制成功高水平的 HWR 超导腔、Spoke 超导腔以及测试单元并成功进行了束流实验，最高加速梯度分别达到了 8.7MV/m 和 14MV/m，HWR 束流实验中获得 11mA 的连续束流，Spoke 测试单元也获得 mA 量级束流。北京大学实现了电子超导直线加速器在 2K 低温下的稳定运行，束流强度超过 1mA，并为工程物理研究院研制一台 2×4 单元强流电子超导加速器。原子能研究院也研制了薄膜超导腔，并将应用于串列静电加速器升级工程。

经过多年发展，我国超导加速腔研制已进入国际先进行列，部分超导腔测试结果超过了国际上同类腔的最好水平，各相关单位建立了超导腔研制和测试设备。射频超导加速器相关技术快速发展，近期将出现一批能够稳定运行的小型超导直线加速器。在不远的将来，我国将有能力建造基于大型超导加速器的大科学装置，同时也将在超导腔新材料研发、高性能超导腔研制以及超导加速器稳定运行等方面实现新的突破。

（二）激光等离子体加速

传统粒子加速器受到材料电离击穿阈值的限制，其加速梯度低于 100MV/m。激光等离子体加速器于 1979 年由 Tajima 和 Dawson 提出，实验证实它可在厘米量级的距离内将粒子加速至 GeV，加速梯度达到 100GV/m，超过传统加速器三个量级以上。

2004 年，法国巴黎理工大学应用光学实验室（LOA）、英国卢瑟福—阿普尔顿实验室（RAL）和美国劳伦斯伯克利实验室，三个实验室同时得到了能量约 100MeV 准单能电子束，2013 年美国德克萨斯大学奥斯汀分校大学在 PW 级的激光器系统上，通过自注入机制得到了能量超过 2GeV 的准单能电子束（能散约 10%），2014 年 LBNL 实验室利用 300TW 激光脉冲获得了 4.2GeV 能散约 6% 准单能电子束。与电子相比，由于质子要重得多，加速更加困难，通常采用固体薄膜或者超过临界密度的高密度气体作为靶材。2012 年 Haberberger 等在 CO_2 激光器上得到了 20MeV 和 1% 能散的质子束。2014 年，韩国光州科学研究院（GIST）大学在其 PW 装置上通过光压加速方法得到能量连续分布和最高能量达 80MeV 的质子束。

在过去 10 多年里国内开展了大量理论和实验研究工作，在物理机制、新加速方案、粒子束的能谱控制和加速稳定性等方面取得了许多重要进展。中科院物理所、上海光机所、北京大学、清华大学、上海交通大学和中国工程物理研究院八所等单位通过国内外合作也获得了能量约 1GeV 准单能电子和约 10MeV 质子束。北京大学和美国 LANL、MPQ 等单位合作获得了能量大于 30MeV 的质子束及 500MeV 的碳离子束。目前上海光机所正在承担一项国家重大仪器研制专项，计划在未来 2 年内建成基于激光等离子体的紧凑型软 X 自由电子激光系统，北京大学在承担一项国家重大仪器开发专项，计划在未来 3 年内建成一台 15MeV 以上（后期升级到 60MeV）的激光质子加速器，并建成束线和辐照终端，开展相关应用研究。

目前激光加速器还处于发展的初级阶段，需要进一步改善束流品质和提高粒子能量，高功率激光技术与靶的制造技术是未来激光加速器技术走向应用的关键。建议：①依托已有理论和实验基础，建设激光加速器研究研究平台，利用新技术和新方法进一步改善束流品质，推动激光等离子体加速器走向应用；②建造一台激光等离子体加速器，预算在 1 亿元左右，造价低于现有同类型常规加速器，该加速器可用以开展质子癌症治疗、高亮度伽玛光源、高产额正电子源、高亮度飞秒中子源和重离子加速器注入器等研究。

—— 大事记 ——

2009 年 7 月 17 日，国家重大科学工程北京正负电子对撞机重大改造通过国家竣工验收。

2010 年 1 月 19 日，国家重大科学工程上海光源通过国家竣工验收。

2011 年 1 月，中科院先导项目“加速器驱动的核废料嬗变次临界系统”启动。

2011 年 1 月，清华大学“大型装备缺陷辐射检测技术”获 2010 年度国家发明奖一等奖。

2011 年 4 月，上海深紫外自由电子激光装置实现回声型谐波产生受激放大。

2011 年 4 月 28 日，国家重大科技工程串列加速器升级工程在中国原子能研究院奠基。

2011 年 10 月 20 日，国家“十二五”计划重大科技基础设施中国散裂中子源在广东东莞大朗奠基。

2012 年 2 月 20 日，北京大学 RFQ 加速器中子成像装置建成并通过验收。

2012 年 3 月 12 日，国家自然科学基金重大仪器专项“基于可调极紫外相干光源的综合实验研究装置”启动。

2012 年 4 月，华中科技大学承担的紧凑型太赫兹 FEL 项目立项。

2013 年 1 月 22 日，兰州重离子加速器冷却储存环工程获 2012 年度国家科技进步奖二等奖。

2013 年 3 月 26 日，BEPCII 上工作的 BESIII 国际合作组宣布，发现四夸克新粒子 Zc(3990)。

2013 年 3 月 1 日，国家重大科学仪器设备开发专项“超小型激光离子加速器及关键技术研究”启动。

2013 年 3 月 27 日，国家“十三五”重大科学工程“空间环境地面模拟设施”正式立项。

2014 年 1 月，国家自然科学基金重大科研仪器专项“原子尺度超高时空分辨兆伏特电子衍射与成像系统”在上海交通大学开始建设。

2014 年 1 月 11 日，上海光源国家重大科学工程荣获国家科学技术进步奖一等奖。

2014 年，清华大学汤姆逊散射 X 射线源（TTX）装置产生硬 X 射线，开展应用研究。

2014 年 7 月 4 日，100MeV 紧凑型强流质子回旋加速器在中国原子能科学研究院成功出束。

2014 年 7 月，北京大学 1.3GHz 超导注入器投入运行。

2014 年，清华大学建成兆电子伏超快电子衍射专用实验平台。

2014 年 12 月 30 日，软 X 射线自由电子激光装置在中科院上海应用物理所张江园区奠基。

2015 年 1 月，国家自然科学基金委重大仪器专项“低能量强流高电荷态重离子研究装置”在中科院近代物理所开始建设。

2015 年 1 月 21 日，合肥光源重大维修改造项目通过中科院组织的专家验收。

2015 年 1 月 22 日，国家重点工程项目“兆赫兹重复率猝发多脉冲直线感应加速器神龙二号”通过专家鉴定。

2015 年 2 月，国家发改委批准北京高能光源验证装置项目建议书。

2015 年 3 月，国家发改委批准上海光源线站工程项目建议书。

—— 参考文献 ——

［1］ ILC Team. ILC Technical Design Report［R］. 2013.

［2］ M. Masuzawa.Next Generation B-factories［J］. Proc. IPAC10，2010.

［3］ 陈和生，张闯，李卫国. 北京正负电子对撞机重大改造工程和 BESIII 物理成果［J］. 中国科学：物理学・力学・天文学，2014，44（10）：1-21.

［4］ CEPC Design Team. CEPC/SPPC Pre-Conceptual Design Report［R］. 2015.

［5］ Walter F. Henning.The future GSI facility［J］. Nucl. Instr. and Meth. A，2004（214）：211-215.

［6］ J. W. Xia，W. L. Zhan，B. W. Wei，et al. The heavy ion cooler-storage-ring project（HIRFL-CSR）at Lanzhou［J］. Nucl. Instr. and Meth. A，2002（488）：11-25.

［7］ 杨丙凡，秦久昌，张灿哲，等. HI-13 串列加速器十年运行、维修与改进［J］. 原子能科学技术，1999，33（3）：281-288.

［8］ J.C. Yang，J.W. Xia，G.Q. Xiao，et al. High Intensity heavy ion Accelerator Facility（HIAF）in China［J］. Nucl. Instr. and Meth. A，2013（317）：263-265.

［9］ N.Holtkamp. The SNS Linac and Storage Ring：Challenges and progress towards meeting them［C］//Proceedings of 2002 European Accelerator Conference，2002.

［10］ T. Koseki，et al. Present status of J-PARC［C］//Proc. IPAC2014，2014.

[11] S. Fu, et al. Status of CSNS project [C]//Proc. IPAC2013, 2013.

[12] A. L. Robinson, B. Plummer. Science and technology of future light sources: A White Paper [R]. SLAC-R-917, ANL-08/39, BNL-81895-2008, LBNL-1090E-2009, 2008.

[13] R. W. Hamm. Current & Future industrial applications of accelerators [EB/OL]. http: //accelconf.web.cern.ch/accelconf/pac2013/talks/frzap1_talk.pdf.

撰稿负责人：张　闯

撰稿人：张　闯　夏佳文　张天爵　傅世年　赵振堂
唐传祥　陈怀璧　刘克新　颜学庆　鲁　巍

脉冲功率技术

一、引言[1-2]

脉冲功率技术是在电气科学基础上发展起来的一门新兴学科，是研究高功率电脉冲的产生和应用的科学，其特点是将电能在时间和空间高度压缩，获得高电压、大电流、高功率的短脉冲。借助这种技术，可以创造出瞬间的高温、高压、高能量密度、强电磁场、强辐射等极端应用环境，为开展武器物理、武器效应和其他极端条件下的科学研究创造条件，因此被广泛应用于国防、聚变能源、材料科学、环境保护、医疗和生物等领域。现在，脉冲功率技术已发展成为涉及粒子加速器、等离子体物理、可控热核聚变、高电压工程、电介质物理、工程力学、材料科学等多个学科的新型交叉学科，成为当代高科技的主要基础学科之一，有着非常广泛的发展和应用前景。在五个核大国中，脉冲功率技术处于重要的战略地位。

脉冲功率技术的早期研究，始于 20 世纪 30 年代。60 年代初期，英国原子武器研究中心（AWE）J.C. Martin 小组创新应用脉冲功率单元技术，建成世界第一台强流脉冲电子加速器 SMOG（3MV，50kA，30ns），用于核武器闪光 X 光照相研究。这一开创性工作触发了脉冲功率技术迅速发展，并为其学科的形成奠定了基础。纵观脉冲功率技术的发展，需求牵引和技术创新始终是两大驱动力。例如，采用新的 Marx 发生器技术和 Blumlein 脉冲形成线技术，单台脉冲功率装置功率突破 10TW；激光触发开关和磁绝缘传输线的应用，使多台脉冲功率装置并联运行成为可能，功率突破 100TW；感应腔的发明与直线加速器技术相结合，建成了多台强流直线感应电子加速器；采用感应电压叠加（IVA）技术和磁绝缘传输线技术，使单台脉冲功率装置性能极大提升。目前，脉冲功率学科的发展又面临新的重大机遇。电磁轨道炮、高功率微波等武器正从技术发展向战场运用转化，聚变装置研发等重大需求，正大力推动技术创新。

近10多年来，中国脉冲功率技术的高水平快速发展引起世界关注。具有标志性的是，中国倡议创办的欧亚脉冲功率会议（EAPPC），从2006年成都第一届会议起，已连续举办五届，与美国主办的国际脉冲功率会议（IPPC）隔年举行。

二、国际脉冲功率技术发展现状[2]

（一）先进的闪光X光照相设施

先进的X光照相设施，对全面禁核试后继续保持核武器的研究和发展能力至关重要。美国建造了双轴X光照相流体动力学试验设施（DARHT），于2010年首次进行了双轴多幅X光照相流体动力学试验，对核武器研究极有价值。该设施包括两台轴线互成90°的直线感应电子加速器DARHT-I和DARHT-II。前者是一台20MeV、2kA、60ns的单脉冲加速器。后者是一台16.5MeV、1.7kA、1.6μs的长脉冲加速器，在输出段用踢束器切割成4个脉宽为20～60ns的脉冲，它是世界上第一台大型同轴多幅X光照相设施。

（二）Z箍缩技术

在轴向大电流产生的强磁力箍缩下，等离子体壳或金属柱壳径向高速内爆的物理过程称为Z箍缩。目前世界上最大的Z箍缩装置是美国的ZR装置，电流达26MA，可获得峰值功率超过300TW的X射线辐射，超过400GPa的准等熵压力和大于40km/s的飞片速度。

Z箍缩用于聚变能源是一个重要发展方向。俄罗斯已经开始建造称为Baikal的超高功率装置，用于热核聚变研究，设计指标为电流50MA，上升前沿150ns，储能100MJ，计划2019年完成。

Z箍缩要用于聚变能源，需实现重复率工作，这是巨大的技术挑战。

（三）电磁轨道炮

电磁轨道炮利用两根通电平行金属轨道产生的电磁力，驱动轨道间的导电电枢或与电枢一体的弹丸（或战斗部），将其加速到极高出口速度，具有射程远、动能大的特点。作为武器使用可以依靠弹丸的巨大动能直接摧毁目标，或战斗部携带的弹药大面积杀伤目标。

2014年，美国海军委托英国航空航天公司（BAE）和美国通用原子公司（GA）分别研制的32MJ炮口动能的电磁轨道炮工程化原型机已经完成。能以7倍声速（约2.5km/s）发射重10kg的弹丸，射程超过100英里（约160km）。这两套原型机预计将在2016年进行首次海上测试。美国海军的目标是2020—2025年初步部署电磁轨道炮。

法德联合研究所（ISL）可将1kg的弹丸发射到2.0km/s以上的速度；能以75Hz的频率进行重频发射实验研究。

（四）高功率微波

高功率微波（HPM）属军民两用技术。高功率微波武器分为一次性使用的高功率微波弹（又称电磁脉冲弹）和可重复使用的高功率微波定向发射系统（也称微波炮）。微波弹采用爆炸磁通压缩装置（EFCD）产生高功率电脉冲，经功率调制后输入虚阴极振荡器或特种行波管（英国）产生高功率微波，最后经天线定向射向目标。微波弹可装在导弹或巡航导弹上使用，已经过测试，技术成熟。微波炮一般在地面使用。2012 年末，美国波音公司公布了一种微波炮与巡航导弹集成的新概念电磁脉冲导弹，被称为 CHAMP（反电子设备高功率微波先进导弹项目）。CHAMP 首次成功解决了脉冲功率装置小型化等关键技术，具有重要的应用前景。

（五）高功率准分子激光

高功率电子束泵浦的准分子激光，具有波长短、增益高、均匀性好和可重频运行等特点，成为聚变能源研究的重要器件。美国海军实验室的 KrF 激光装置实现了 250J/5Hz 和 700J/1Hz 重频运行，电插头效率达 7.4%。美国启动了准分子激光能源驱动器研究规划，计划 2022 年建立聚变实验装置（FTF，5Hz/0.5MJ），2031 年建立聚变电厂原型装置。

用高功率电脉冲放电泵浦的小型准分子激光器，已广泛用于半导体光刻光源、大气探测、医疗等领域。

（六）大气压放电等离子体

利用高压、纳秒级、重频脉冲功率源可在大气压气体中产生大面积、长射流、高密度的大气压放电等离子体。它在等离子体隐身、高超声速流动控制、纳米材料制备、材料表面改性（包括生物兼容材料）、医学消毒灭菌、有害废物处理等方面有着重要应用。比如，第一批基于等离子体的医学设备已研发成功。

（七）紧凑、重频、高效的脉冲功率源

直线变压器驱动源（LTD）技术，具有模块化、紧凑、重频运行等特点，自 2004 年俄罗斯研制出输出电流 1MA，上升时间 100ns 的 LTDZ 模块后，已被大量应用和发展。美国海军实验室研制了全固态紧凑系统（250kV，7kA，250ns），能以 10Hz 重频连续运行 1.1×10^7 次。

三、我国脉冲功率技术的发展[1]

1962 年，中国工程物理研究院研制了我国第一台 X 光机（1.6MV，5kA，400ns），为核武器研制做出了贡献。1976 年，中国科学院高能物理研究所与西北核技术研究所合

作建成我国第一台强流脉冲电子束加速器“晨光号”（1MV，20kA，25ns），用于脉冲强辐射测试等。1979 年，中国工程物理研究院应用电子学研究所建成当时我国最大的强流脉冲电子加速器闪光 -I（8MV，100kA，80ns），用于 γ 射线模拟源。80 年代，中国原子能科学研究院、中国科学院电子学研究所和国防科技大学的兆伏电压、百千安电流水介质形成线装置相继建成。1990 年，西北核技术研究所建成当时我国最大的低阻抗强流脉冲加速器闪光 -II（0.9MV，0.9MA，70ns），用于核爆软 X 射线效应研究。1991 年和 1993 年，中国工程物理研究院流体物理研究所先后建成 3.3MeV 直线感应加速器（3.3MV，2kA，70ns）和 10MeV 直线感应加速器（10MV，2kA，70ns），分别用于自由电子激光和闪光 X 光照相研究。2000 年，西北核技术研究所建成世界上第一台多功能组合式高功率脉冲电子加速器“强光一号”（6MV，2MA，20 ~ 200ns），用于 X 射线效应研究和 Z 箍缩研究；2007 年，又建成国内第一台紧凑型小焦斑脉冲 X 射线源“剑光一号”（2.4MV，50kA，60ns），用于 X 光照相研究。2006 年，中国工程物理研究院应用电子学研究所建成 Tesla 型重频紧凑型强流电子束加速器（1MV，20kA，40ns，100Hz），用于高功率微波研究。中国工程物理研究院流体物理研究所于 2004 年和 2015 年先后建成具有世界先进水平的“神龙一号”和“神龙二号”直线感应加速器，于 2013 年建成“聚龙一号”超高功率脉冲装置，分别用于先进的闪光 X 光照相和 Z 箍缩研究。

我国的脉冲功率技术多年来在民用方面也获得飞速发展。

2008 年 6 月，中国核学会脉冲功率技术及应用分会成立，为今后的持续发展奠定了坚实的基础。

近年来，我国脉冲功率技术取得丰硕成果，主要关键技术已接近或达到国际先进水平，主要进展简述如下。

（一）“神龙二号”三脉冲直线感应加速器[3]

中国工程物理研究院流体物理研究所研制的“神龙二号”加速器，是世界上第一台 MHz 重复率猝发多脉冲直线感应加速器。目前，能进行核武器初级全尺寸装置多幅精密 X 光照相的直线感应加速器，世界上仅有美国的 DARHT-II 和我国的“神龙二号”。DARHT-II 的多脉冲由加速段产生的长脉冲束流经踢束而成，其束流利用率低，约 10%，且加速腔及脉冲功率系统十分庞大，造价昂贵。“神龙二号”则采用直接产生多脉冲的创新技术路线，成功解决了 MHz 重复率猝发三脉冲功率源和猝发三脉冲强流电子束的产生、加速、束输运及聚焦打靶等重大技术难题，具有束流利用效率高和脉冲间隔独立可调的优点。

表 1 给出了“神龙二号”和 DARHT-II 多幅 X 光照相能力的详细比较。从表 1 的比较可以看出，两者同为当今世界最先进的同轴多幅 X 光照相设施。

表 1 “神龙二号”和 DARHT-II[4] 多幅 X 光照相能力的比较

指标＼装置	神龙二号	DARHT-II	比较说明
能量 / 束流	~ 19MeV/2.1kA	17MeV/1.8kA	“神龙二号”占优
X 光脉冲数	3	4	DARHT-II 占优，均满足照相物理要求
脉冲产生方式	猝发多脉冲	1.6 μs 长脉冲踢束	完全不同的技术路线
单腔重量，kg	约 900	7300	“神龙二号”占优
脉冲宽度，ns	60，80 可选	20 ~ 65 可调	DARHT-II 占优
X 光焦斑 /mm（FWHM）	鉴定测试指标:（1.3，1.4，1.6）	EOP（End of Project）指标:（1.54，1.74，1.77，1.6）	相当
靶正前方 1m 处照射量，R	＞ 380	≤ 260（100，190，250，260）	“神龙二号”占优
脉冲间隔，ns	≥ 400ns 可调	调节余地不大	“神龙二号”占优

“神龙二号”加速器是一个庞大而复杂的系统，如图 1 所示。图中左侧的加速器主体由注入器（12 个腔感应叠加供能）、加速段（80 个加速腔）、聚焦段和靶室组成，总长近 80m。图中右侧的脉冲功率源平台包括 159 根脉冲形成线、92 个汇流箱（含 558 个高压硅堆）、23 套复位电路及精密的激光触发系统等。

图 1 “神龙二号”加速器

2015 年 1 月 22 日，“神龙二号”通过了国家级鉴定。“神龙二号”研制成功是直线感应加速器和我国核武器 X 光照相技术发展中的一个重要里程碑。与“神龙一号”结合，已经成功用于核武器初级装置双轴多幅 X 光照相动态实验研究。

（二）“聚龙一号”大型脉冲功率装置[5]

2013 年，中国工程物理 研究院流体物理研究所建成的“聚龙一号”装置，是我国首台多路并联超高功率脉冲装置。在驱动箔套筒负载下，输出电流 9.8MA，上升前沿 75ns；在驱动钨丝阵负载下，输出电流 8.8MA，上升前沿 74ns，X 射线辐射产额达 590kJ，峰值辐射功率达 47TW。图 2 示出了国际各大型脉冲功率装置的 X 射线能量（MJ/cm）与负载电流（MA）的定标曲线，可见，“聚龙一号”的指标仅次于美国 ZR 装置，达到国际同类装置的先进水平。

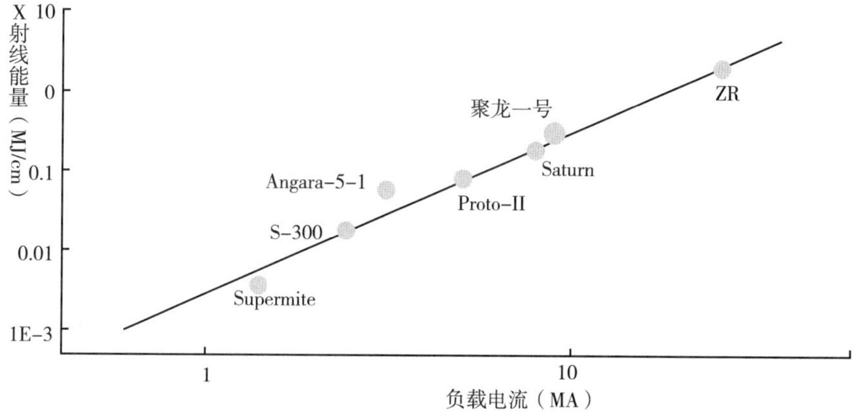

图 2　Z 箍缩 X 射线能量与负载电流关系曲线

“聚龙一号”装置由 24 路高功率脉冲装置并联而成，直径约 33m，高度近 7m，如图 3 所示。它由储能系统、脉冲形成与传输系统、电流汇聚系统、物理负载系统和辅助系统组成，包含了 1440 台脉冲电容器、720 个场畸变开关、24 台激光触发气体开关及 12 台高性能触发激光器。

图 3　“聚龙一号”大型脉冲功率装置示意图

2013 年 10 月 10 日，“聚龙一号”装置通过国家级鉴定，成为高水平的高能量密度物理实验研究平台。“聚龙一号”突破了多路太瓦量级电脉冲的纳秒精确时间控制、超高功率脉冲的产生和传输与汇聚等关键技术。它的研制成功，使我国成为世界上极少数独立掌握超高功率脉冲装置研制和建造技术的国家之一，是我国脉冲功率技术发展的里程碑。

（三）水平极化威胁级辐射波模拟器

2011 年，西北核技术研究所研制了国内首台可开展大型系统威胁级核电磁脉冲试验的装置。其主要指标达到国际同类装置的先进水平，产生的电磁脉冲（脉宽 23ns，前沿 1.5ns）场强大于 20kV/m 的效应试验区范围达到 60m×40m，距天线轴线 20m 处自由空间电场强度大于 50kV/m。

（四）高功率微波

脉冲功率源是开展微波器件研究和实现高功率微波武器化的关键技术。近年来，脉冲功率源在紧凑、高功率、重频、高效等方面取得重要进展。比如，对于重频长脉冲源：中国工程物理研究院应用电子学研究所研制的输出功率 8.5GW，脉宽 180ns，重频 50Hz，抖动小于 2ns；国防科学技术大学研制的输出功率 10GW，脉宽 160ns，重频 30Hz，运行 10s，可控精度优于 10ns。又如，对于小型化脉冲功率源：国防科学技术大学研制的输出功率 1GW，脉宽 30ns，重频 10Hz，重量小于 150kg；中国工程物理研究院应用电子学研究所研制的输出功率 10GW，重频 30Hz，主体体积 1.25m^3 以及输出功率 30GW，电压 600kV，系统体积 0.3m^3。对于宽谱 / 超宽谱源：中国工程物理研究院应用电子学研究所研制的瞬时超宽谱四脉冲实验系统，输出脉冲功率 2.8GW，脉宽 3.5ns，间隔小于 10ns；西北核技术研究所的高重频超宽谱驱动源，输出电压约 11kV，电流 220A，脉宽约 2ns，重频 20kHz。此外，国防科学技术大学研制的全固态化源，输出功率 2GW，脉冲宽度 150ns，重复频率 20Hz，运行时间 1s。上述脉冲功率源与国外同类装置相比，丝毫不逊色。

（五）电磁发射技术

我国在电磁轨道炮三维电磁热力耦合模拟分析、大功率脉冲电源小型化、特种轨道及电枢材料、轨道寿命等关键技术攻关方面取得了重大突破，在抗烧蚀、抗刨削、大电流、超高速滑动电接触等基础理论研究方面也有显著进展。固体电枢电磁轨道炮研究平台可发射的弹丸质量达到几百克，速度可到 2.5km/s，轨道寿命达到 100 次重复稳定发射的水平，刨削临界速度也提高到 2.5km/s。已研制 16MJ 紧凑型脉冲电源系统，用于电磁轨道发射研究[6]。电容型脉冲电源储能密度已达 1.3MJ/m^3，完成了 GW 级脉冲交流发电机样机研制。

值得注意的是，我国的电磁线圈炮技术在大质量弹射应用方面已取得重大进展。

（六）高功率准分子激光

中国原子能科学研究院的“天光一号”KrF 准分子激光装置，输出激光 150J，脉宽 25ns，光束均匀性优于 2%，用于激光与物质相互作用研究，驱动飞片速度达 60km/s。

2014 年，西北核技术研究所对原有长脉冲 XeCl 准分子激光系统（250J，200ns）进行了平滑化窄脉冲改造[7]，建成高功率准分子激光等离子体诊断实验平台。在国内首次获得 308nm/138J/10ns/18 路激光输出，到靶能量大于 100J，功率密度达 $10^{13}W/cm^2$。

（七）紧凑、重频、高效的脉冲功率源

2014 年，华中科技大学研制出储能密度 $2.7MJ/m^3$、寿命 850 次的脉冲电容器样机，指标接近国际领先水平（GA 公司：$3.0MJ/m^3$，寿命 1000 次）。中国原子能科学研究院研制的紧凑可移动型 X-pinch 强流脉冲装置（124kA，60ns，前沿≤ 30ns），达到国际同类装置先进水平。复旦大学研制了多套 250kV 固态 Marx 发生器，用于国防科研。浙江大学研发了 50 ~ 50000J 脉冲等离子体声纳（震源）系列产品，为国家海洋重大工程建设和国家安全提供技术服务。西北核技术研究所研制的各系列重频脉冲功率装置性能优异，如 TPG2000（负载 40Ω，40GW，60ns，20Hz）是目前国际上指标最高的 Tesla 型电子加速器；SPG700（700kV，5kA，500Hz）平均输出功率 70kW，是国际同类装置中平均功率最大的一台。

（八）直线变压器驱动源（LTD）技术

我国的 LTD 技术发展迅速。例如，西北核技术研究所研制的 0.1Hz 重频 MA 级 LTD 模块（800kA，100ns，外形 Φ2580mm × 220mm），中国工程物理研究院流体物理研究所研制的 1MV/100kA 和 100kV/1.2MA LTD 模块，均达到了国际先进水平。

（九）大气压放电等离子体

大气压放电等离子体技术，国内发展迅速。比如，华中科技大学采用纳秒级脉冲电源技术，研制成功当时世界上射流最长的稳定非平衡常温等离子体射流喷枪，射流长达 11cm。2014 年，浙江大学研发了平均功率达 200kW 的工业用双极性脉冲等离子体源，用于烟气处理工程示范研究；还开发了医用脉冲等离子体装置，有望通过认证投放市场。

四、未来发展趋势和发展策略

（一）未来发展趋势

（1）提高脉冲功率源的峰值功率和输出电流。根据目前的定标关系，实现脉冲功率驱动的惯性约束聚变点火，需要输出电流 50 ~ 60MA、前沿 100 ~ 200ns、峰值功率达到 PW 的超高功率装置。发展以直线变压器驱动源（LTD）技术为代表的驱动器技术，克服

现有技术路线中绝缘堆和器件寿命等的限制，进一步提高装置的输出电流，对探索惯性约束聚变点火的可行性具有重要意义。

（2）提高脉冲功率源的重复频率和实现高平均功率运行。

（3）发展紧凑型、模块化、固态化的脉冲功率源技术。

（4）应用领域，从以国防安全为主向国民经济、基础科学多领域发展。

（二）发展策略

（1）以 Z 箍缩聚变等重大需求为牵引，继续推动脉冲功率技术创新和能力提升[8-9]。以实现 Z 箍缩聚变点火为目标，设计建造输出电流 50 ~ 60MA 的超高功率脉冲驱动器，为我国的脉冲功率驱动惯性约束聚变研究提供能力保障。同时，瞄准 Z 箍缩聚变能源化，发展快脉冲 LTD 等具有重频潜力的驱动器技术。

（2）加强基础研究，提高核心竞争力。

（3）推动军民融合技术的成果转化，服务国民经济。

（4）加强国内外交流合作，构建协同创新的学科环境。

—— 大事记 ——

2013 年 10 月，“聚龙一号”装置通过国家级鉴定。它是我国首台多路并联的超高功率脉冲装置，指标达到国际同类装置先进水平，成为我国脉冲功率技术发展的新的里程碑。我国从此成为少数几个独立掌握超高功率脉冲驱动器研制技术的国家之一。

2015 年 1 月，“神龙二号”通过国家级鉴定。它是世界首台 MHz 重复率猝发多脉冲直线感应加速器，是直线感应加速器和我国核武器 X 光照相技术发展的一个里程碑。获评中国核学会“2013—2015 年度中国十大核科技进展”。

—— 参考文献 ——

［1］刘锡三. 高功率脉冲技术［M］. 北京：国防工业出版社，2005.

［2］Thomas A. Mehlhorn. National Security Research in Plasma Physics and Pulsed Power：Past，Present，and Future［J］. IEEE Trans.Plasma Sci.，2014，42（5）：1088-1117.

［3］DENG Jianjun，SHI Jinshui，XIE Weiping，et al. Overview of Pulsed Power Researches at CAEP［J］. IEEE Trans.Plasma Sci.，2015，43（8）：2760-2765.

［4］Subrata Nath. LINEAR INDUCTION ACCELERATORS AT THE LOS ALAMOS NATIONAL LABORATORY DARHT FACILITY［C］//LINAC2010.2010：750-754.

［5］邓建军，等. 聚龙一号高能量密度物理装置研制与实验［C］// 第五届全国高能量密度物理会议. 2014.

［6］戴玲，张钦，钟和清，等. 电磁发射用 16MJ 紧凑型脉冲功率电源［C］// 第三届全国脉冲功率会议论文集. 2013：A354–A362.
［7］赵学庆，刘晶儒，易爱平，等. 平滑化窄脉冲高功率准分子激光放大技术［J］. 光学精密工程，2012，19（2）：397–406.
［8］邱爱慈，华欣生. 我国快 Z 箍缩研究进展［C］// 粒子加速器学会第七届全国会员代表大会暨学术报告会. 2004：1–5.
［9］邓建军，王勐，谢卫平，等. 面向 Z 箍缩驱动聚变能源需求的超高功率重复频率驱动器技术［J］. 强激光与粒子束，2014，26（10）.

撰稿人：刘承俊　邹文康
审稿人：刘金亮　孟凡宝

压水反应堆技术

一、核电及压水堆发展现状

核电是稳定、洁净、高能量密度的能源，使人类从利用化学分子能跨越到利用物理原子能的新天地。核电是能源革命的核心环节之一，核电的规模化发展，能够发挥改善能源结构、维护能源安全、满足能源需求、应对气候变化、建设生态文明的重要作用，成为解决我国能源供给问题的重要支柱之一。

发展历史：第一座商用压水堆核电站建于 20 世纪 50 年代，在世界范围内的大规模建设浪潮发生在 20 世纪七八十年代，1979 年发生了三哩岛事故，1986 年又发生了切尔诺贝利事故，同时，1986 年石油价格暴跌，这一系列因素导致核电高速增长的态势暂缓。21 世纪后世界经济增长引发了石油、天然气等能源价格上涨，加上温室气体排放和环保压力增大，核电发展开始复苏。2010 年以前世界核电建造情况见图 1。

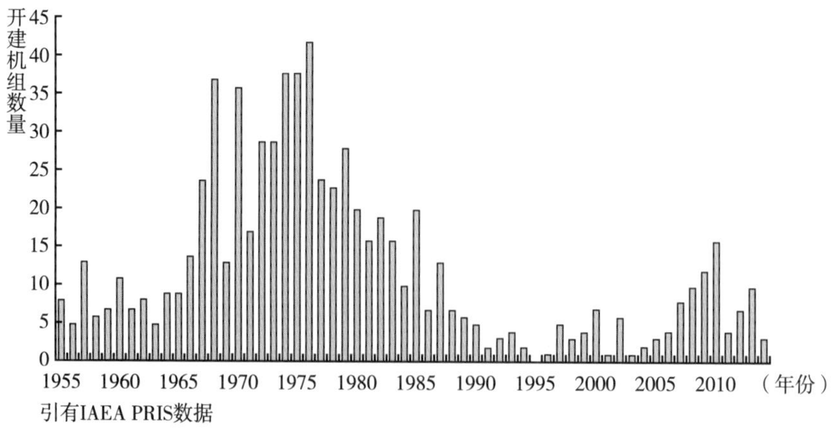

图 1　世界核电建造状态

福岛核事故：2011 年的福岛核事故给全球核电行业发展带来了深远的影响，超强地震和随即引起的大海啸系列极端外部自然灾害事故叠加，造成全部厂用电源丧失是导致福岛第一核电厂核事故的直接原因；并且由于采用的是 20 世纪 70 年代早期沸水堆机型，设置的安全壳容积较小，严重事故缓解措施不健全；东京电力及政府有关部门未能及时作出果断正确的决策和采取科学合理的行动，进而导致核燃料元件破损、部分堆芯熔化和氢气爆炸，发生放射性物质向环境的大量泄露。由于我国核电采用压水堆技术路线，无论从堆型、自然灾害发生条件和安全保障方面来看，类似与福岛事故的事件在我国不可能发生。

福岛核事故虽然没有造成直接辐射人身伤害，但是导致公众对核电支持度下降；同时，由于近期经济危机，导致能源需求下降，财政危机导致资本集中型的核电项目建设开工和联网机组数量下降，某些国家甚至因此改变了核电发展政策。然而，从中长期来看，根据国际原子能机构预测[1]：对于 2030 年的全球核能装机容量，低预期值是 401GW、高预期值是 699GW。在保障能源需求、调整能源结构、应对气候变化和保护环境的现实需求和压力下，世界核电发展的总趋势没有根本变化，核电仍然是理性、现实的选择。

截至 2014 年年底，全球有 438 台核电机组在运行，运行装机容量 396GW，其中 63% 是压水堆；70 台机组在建，近 89% 是压水堆，其中近半数是三代压水堆，具备更好的安全性和燃料经济性。国际核电市场在未来相当长时间内将保持增长，发达国家主要面临核电站更新换代和延寿、退役的规模化需求，发展中国家将成为核电发展的主力，大型和超大型压水堆是核电新建及更新换代的主要机型选择，中小型模块式反应堆在综合利用核能方面存在很大市场空间。

核电技术改造：经过技术改造和设备性能的提高，现有核电站的能力因子已经从建造时的 70% 左右提高到 90%；部分核电站通过技术改造提高核电站输出功率 5% ~ 10%；此外，美国 20 世纪 90 年代开始实施运行机组的延寿改造，经寿命评估、安全分析、系统技术改造，设备性能提升，成效显著，寿命由 40 年延长到 60 年，经核管会批准延寿的核电站占美国全部运行核电站的 70% 左右。

经过多年发展，我国已成为世界上少数几个拥有完整核工业体系的国家，核电建设与运行管理达到国际先进水平。截至 2014 年底，我国大陆运行机组 22 台（20 台压水堆），合计装机容量 2010 万千瓦，在建机组 26 台，包括 AP1000、EPR、VVER 和二代改进型共 25 台压水堆机组，装机容量 2845 万千瓦。2014 年我国大陆核能发电量 126.2TW · h，约占总发电量的 2.28%。

投运机组安全运行，经济效益逐步提高：自秦山一期机组投运 20 年来，未发生国际核事件分级 2 级及以上的运行事件（事故），没有对环境和公众造成不良影响。安全运行技术水平不断提高，主要运行指标高于世界平均值，部分指标达到国际领先水平。秦山、大亚湾和田湾核电基地运行机组上网电价已低于当地脱硫燃煤机组标杆上网电价，核电经济性日益显现。

核电建设规划调整，在建规模世界第一：我国引进美国 AP1000 先进核电技术已在三门、海阳开工建设了依托项目四台核电机组，同时在台山建造了两台引进法国先进核电技术 EPR 的核电机组，在田湾建造两台俄罗斯 VVER 核电机组，加上自主设计建造的具有自主知识产权的“华龙一号”，我国已经引领国际三代核电建设；加上一批二代改进型压水堆核电项目，在建核电机组占世界的 40% 以上，到 2020 年，我国将超越法国成为世界运行核电规模第二大国家。运行及在建压水堆核电站主要技术参数见表 1，目前已经批准开展前期工作的沿海核电厂址还有 34 台、内陆厂址 6 台，有 20 台机组容量可以进行扩建，加上进行重点论证的厂址，已经能够基本满足 2020 年甚至到 2025 年前的核电建设的要求。

表 1　CNP1000/CPR1000、VVER、AP1000、EPR 主要参数比较表

	CNP1000/ CPR1000	VVER	AP1000	EPR
环路数	3	4	2	4
反应堆热功率，MWt	2895	3000	3415	4590
额定电功率，MWe	1080	1060	1250	1750
设计寿期，年	40	40	60	60
换料周期，月	12（18）	12（18）	18	18
电厂可用率	≥ 90%	≥ 90%	≥ 93%	≥ 91%
燃料组件数目	157	163	157	241
安全停堆地震，g	0.2	0.25	0.3	0.25
安全壳形式	单层安全壳	双层安全壳	钢制安全壳 + 屏蔽厂房	双层安全壳
堆芯熔化概率，次 / 堆年	10^{-5}	4.77×10^{-6}	5.08×10^{-7}	10^{-6}
大量放射性释放概率，次 / 堆年	10^{-6}	5×10^{-7}	5.94×10^{-8}	10^{-7}

自主化水平稳步提升，结合“一带一路”实现核电“走出去”：随着核电发展，我国已经拥有两种自主研发设计核电型号，一是在充分利用国内技术和工业基础上，自主开发的具有自主知识产权的先进核电机型“华龙一号”，已经在福清开工建设；二是在引进 AP1000 的基础上自主开发先进核电机型 CAP1400。特别是“华龙一号”通过了国际原子能机构（IAEA）反应堆通用设计审查（GRSR），认为在设计安全方面是成熟可靠的，满足 IAEA 关于先进核电技术最新设计安全要求，其在成熟技术和详细的试验验证基础上进行的创新设计是成熟可靠的，为走出去参与国际竞争取得国际认证。我国与巴基斯坦签订了卡拉奇 K2/K3 核电项目出口合同，与阿根廷政府签订了合作建设压水堆核电站的协议，在英国、罗马尼亚等的核电项目正在谈判；上海电气制造的蒸汽发生器将安装于南非 Koeberg 核电站，这是在核岛主设备制造领域迈向国际市场的第一步。

制造能力增长较快，硬件规模世界第一：我国核电装备制造企业依托核电项目建设，加大技术改造力度，以市场需求为导向，借助引进消化吸收，在核电关键设备制造方面取得突破，形成了每年 8 ~ 10 套核电主设备制造硬件能力，在建二代改进型机组平均设备国产化率达到 80% 左右。

核燃料保障程度提高，乏燃料后处理稳步推进：铀资源供应体系已经建立国内生产、海外开发和国际贸易三条供应渠道；已开展锆材研发和试生产工作，国内运行核电厂所需燃料元件已实现自主化，可以保障核电规模化发展需要。自主开发的反应堆乏燃料后处理中试工程通过热试，商用大型后处理厂正在按照"以我为主、中外合作"的原则开展前期技术开发和工程准备工作。已经建成两个中低放射性废物近地表处置场；正在开展高放射性废物深地质处置设施的选址工作。

二、压水堆技术发展现状概述

1. 世界核电技术发展趋势

压水堆具有结构紧凑和经济性好的优势，从历史发展以及目前现状来看，虽然其他堆型也具备各自特点，但是都未像对压水堆这样投入如此多的资源进行研发和改进，也没有压水堆这样丰富的制造和运行经验，以及与之相适应的完整工业体系。长远来看，以快堆、熔盐堆、超临界水冷堆和超高温气冷堆等为代表的第四代核电技术具有可持续发展、经济性、安全性和可靠性、防止核扩散等方面的优点，预期在 2030 年左右逐步实现商业应用。可以预计的是，在出现革命性的新堆型之前，压水堆仍是主力堆型，是绝大多数国家核电开发的首要选择。

2. 近期压水堆技术发展趋势

在三哩岛和切尔诺贝利两次严重事故之后，美国和欧洲分别发布了《先进轻水堆用户要求文件》（URD）和《欧洲用户要求文件》（EUR）。国际上通常把符合 URD 或 EUR 要求的核电厂称为第三代核电厂。放眼未来 5 ~ 15 年的压水堆技术发展趋势，三代用户要求文件仍是先进压水堆设计需要全面参考的依据，福岛事故暴露了某些局部薄弱环节，IAEA、西欧和中国提高了对未来新建核电厂的安全要求：IAEA 发布的 SSR-2/1《核动力厂安全：设计》，西欧核安全监管协会（WENRA）发布的《新建核电厂设计安全规定》，以及中国颁布的《"十二五"期间新建核电厂安全要求》《核安全与放射性污染防治"十二五"规划及 2020 年远景目标》和《核电安全规划（2011—2020 年）》。提高了未来新建核电厂的安全要求，主要体现在提高纵深防御独立性、增强包括多重失效在内的超设计基准事故应对能力、实际消除大量放射性释放从而减缓场外应急要求、增强内部和外部事件防护能力等方面。

我国核与辐射安全法规标准依据 IAEA 的安全标准制订，与世界接轨，并持续改进、不断提高，福岛事故后，我国安全改进行动要求与国际保持一致，并得以全面实施。福岛核事故反映出现有核电厂在某些安全薄弱环节上仍需加强，IAEA 和主要核电国家的核安全监管机构对日本福岛核事故进行了反思和总结，提出现有核电厂在外部事件防护、安全功能的可靠性、应急响应等方面还需要进一步改进和加强。为进一步提高我国核电厂的安全水平，在深刻总结福岛核事故经验教训的基础上，国家核安全局发布了《福岛核事故后核电厂改进行动通用技术要求（试行）》，对“核电厂防洪能力、应急补水及相关设备、移动电源及设置、乏燃料池监测、氢气监测与控制系统、应急控制中心可居留性及其功能、辐射环境监测及应急、外部灾害应对”共八个方面提出改进要求。这些要求与 IAEA、美国、美国能源部和经合组织核能署（OECD/NEA）、法国等国际组织与国家针对福岛事故提出的安全要求是一致的，目前我国所有运行与在建核电厂均已按计划全面实施了相关改进项要求。

3. 国际先进压水堆主要机型及特点

在 20 世纪 90 年代以后，世界各大核电供应商通过改进和研发形成了多种三代核电堆型，压水堆包括美国 AP1000、法国 EPR、韩国 APR1400、俄罗斯 VVER-1000（AES-91/92）和 VVER-1200（AES-2006）、法日合作 Atmea-1 等（表 2）。这些先进压水堆通过采用非能动系统、增加安全系列、设置完善的严重事故预防和缓解措施、增强对外部事件的防御能力提高了安全性，也通过增大容量、简化设计、延长设计寿期和换料周期等手段提高了经济性。

表 2　国际市场主要三代压水堆堆型

型号名称	供应商	数量	净功率（MW）	项　　目
AP1000	美国西屋公司	在建 8 台	1200	中国三门 1、2 号机组，海阳 1、2 号机组，美国萨默尔 2、3 号机组，沃格特勒 3、4 号机组
EPR	法国阿海珐集团	在建 4 台	1750	芬兰奥尔基洛托 3 号机组，法国弗拉芒维尔 3 号机组，中国台山 1、2 号机组
AES92\AES2006	俄罗斯国家原子能公司	运行 1 台，在建 10 台	1000 ~ 1200	运行：中国田湾 1、2 号机组； 在建：中国田湾 3、4 号机组，印度古丹库兰 1、2 号机组，俄罗斯新沃罗涅日斯基二期 1、2 号机组，列宁格勒二期 1、2 号机组、波罗的海 1 号机组，白俄罗斯 1 号机组
APR1400	韩国电力公司	在建 6 台	—	韩国新古里 3、4 号机组，新蔚珍 1、2 号机组，阿联酋布拉卡 1、2 号机组…
APWR	日本三菱重工 - 美国西屋电气	—	1700	—
Atmea-1	法国阿海珐 - 日本三菱重工	—	1100	—

三、中国自主先进压水堆主要机型及特点

1.“华龙一号”技术方案简介

中核集团和中广核集团在 ACP1000 和 ACPR1000+ 基础上进行充分研究论证和融合优化，共同开发出自主创新的三代百万千瓦级压水堆核电技术——“华龙一号”（表 3）。“华龙一号”充分借鉴融合了三代核电技术的先进设计理念和我国现有压水堆核电站设计、建造、调试、运行的经验，以及近年来核电发展及研究领域的成果；满足我国最新核安全法规要求和国际、国内最先进的标准要求，同时参考国际先进轻水堆核电厂用户要求（URD 和 EUR），满足三代核电技术的指标要求。采用经过验证的技术，并充分利用我国目前成熟的装备制造业体系，具有技术成熟性和完整的自主知识产权，满足全面参与国内和国际核电市场的竞争要求。

表 3 “华龙一号”核电站主要技术参数

技术指标	华龙一号	技术指标	华龙一号
电站类型	三环路压水堆	大量放射性物质释放至环境的频率，/ 堆年	$< 1 \times 10^{-7}$
电厂寿命，年	60	反应堆堆芯额定功率，MWt	3050
布置方案	单堆布置	NSSS 额定热功率，MWt	3060
安全壳型式	双层安全壳	热工设计流量，m^3/h	68000
换料周期，月	18 ~ 24	运行压力，MPa（abs）	15.5
电厂可利用率，%	≥ 90	设计压力，MPa（abs）	17.2
堆芯损坏频率，/ 堆年	$< 1 \times 10^{-6}$	设计温度，℃	343

其主要设计思想：充分汲取三哩岛、切尔诺贝利和福岛核事故经验教训，考虑完善的严重事故预防和缓解措施，强化“纵深防御”，提高系统与设备多样性、多重性和独立性；具有 177 堆芯、单堆布置、双层安全壳三大技术特色，采用能动 + 非能动系统设计理念，提高抗震与抵御外部事件能力、提高抗商用飞机撞击能力、提高电厂的事故应急能力。

采用能动和非能动相结合的设计理念：全面平衡地贯彻了核安全纵深防御设计原则和设计可靠性原则，创新性地采用“能动与非能动相结合的安全设计理念”；能动安全系统是高效的、经过工程验证的，非能动安全系统可有效应对动力源丧失，以非能动安全系统作为能动安全系统的补充，可在保证技术成熟性的同时，大幅提高安全性。

堆芯采用我国自主研制的先进燃料组件（CF3），CF3 具备优良的性能，可用于长周期换料，可为我国核燃料技术自主创新及“走出去”提供更有力的保障。将堆芯燃料组件数量改为 177，在提高堆芯额定功率的同时降低平均线功率密度，既增加了核电厂的发电能力

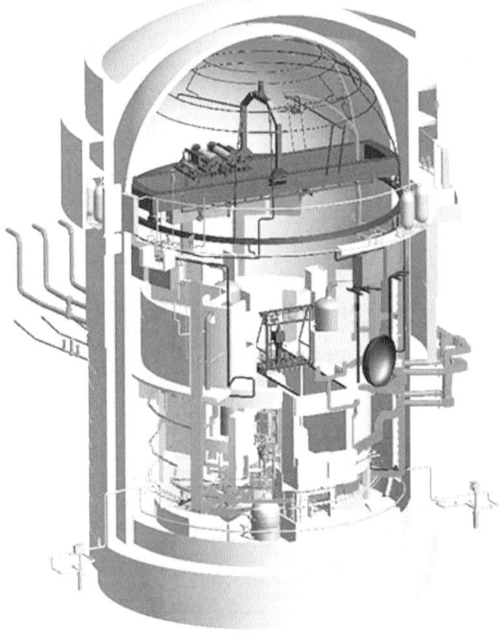

图 2 “华龙一号”双层安全壳效果图

又提高了核电运行的安全裕量（堆芯热工裕量大于 15%）。采用先进堆芯测量系统，从堆顶插入堆芯并固定在堆芯的自给能中子探测器实时测量并计算堆芯中子通量分布；堆芯在线监测系统能够更精确地计算堆内的功率分布、线功率密度和偏离泡核沸腾比（DNBR）。

反应堆冷却剂系统设计：增大蒸汽发生器换热面积、增大稳压器容积、增设稳压器快速卸压系统、稳压器安全阀提供低温超压保护措施、事故后停运反应堆冷却剂泵、增设压力容器高位排气系统、主泵采用静态密封。

采用单堆布置，优化核岛厂房布置方案，更好地实现了实体隔离，有效降低火灾、水淹等灾害带来的安全系统共模失效问题；便于电厂建造、运行和维护，提高了核电厂址方案选择的灵活性。

采用双层安全壳提高第三道屏障完整性（图 2），安全壳直径和高度增加，使安全壳自由容积大于 70000m^3，提高设计基准事故和严重事故下安全壳作为第三道屏障的安全性；采用双层安全壳并设置环形空间通风系统，有利于提高密封性，降低了事故情况下放射性物质向环境释放的风险，提高电厂安全性，具有更好的厂址适应性；内壳与外壳功能相对独立，外壳可抵御大型商用飞机撞击。对核电厂重要安全相关物项采用抗商用飞机撞击设计。

抗震设计能力提高：核岛厂房采用较高的地震输入标准，地面加速度提高到 0.3g，设计谱采用 RG1.60 谱；增强“华龙一号”的厂房抗震能力以及其对具有不同的地震地质特征的厂址的适应性。

提高极端外部事件应对能力——福岛事故经验反馈：“华龙一号”设计充分考虑福岛事故的经验反馈，采用多样化手段提高了水压试验泵电源可靠性、增大蓄电池容量、设置移动临时供电措施、增设应急供水设施、改进乏燃料池的冷却和监测手段、改进氢气监测与控制系统、延长操纵员不干预时间及改进严重事故工况下应急指挥中心和运行支持中心的可居留性和可用性等，增强了极端外部灾害防护能力和事故应急能力。全面满足《福岛核事故后核电厂改进行动通用技术要求（试行）》。

2015 年 5 月 7 日，中核集团福清核电厂 5 号机组主体工程正式浇筑第一罐混凝土（FCD），中国自主三代核电技术“华龙一号”的全球首堆工程正式开工。它标志着中国核电建设新时代的到来，也必将增强国际市场的信心，推进核电“走出去”战略的实施。巴基斯坦 K2/K3 项目进展顺利，于 2015 年 8 月实现首堆 FCD 任务。

2. CAP1400 技术方案简介

CAP1400 是在 AP1000 三代非能动技术的基础上，通过自主创新，进一步提升电厂容量、优化总体参数、平衡电厂设计、重新设计关键设备、积极响应福岛事件后的国内外技术政策、符合最严环境排放标准，在满足安全性好于 AP1000 的前提下，提高其经济性，并具有自主知识产权的大型先进压水堆核电技术（表 4）。

表 4　CAP1400 核电站主要技术参数

技术指标	CAP1400	技术指标	CAP1400
电站类型	两环路压水堆	大量放射性物质释放至环境的频率，/ 堆年	$< 1 \times 10^{-7}$
电厂寿命，年	60	反应堆堆芯额定功率，MWt	4040
布置方案	单堆布置	NSSS 额定热功率，MWt	4058
安全壳型式	钢安全壳 + 屏蔽厂房	热工设计流量，m^3/h	82412
换料周期，月	18	运行压力，MPa（abs）	15.5
电厂可利用率，%	93	设计压力，MPa（abs）	17.2
堆芯损坏频率，/ 堆年	$< 1 \times 10^{-6}$	设计温度，℃	343

CAP1400 沿用了 AP1000 的非能动安全设计理念，采用非能动安全系统完成设计基准事故内的安全功能。非能动安全系统使用的自然驱动力包括：压缩气体、重力、自然循环和自然对流，而不使用泵、风机或柴油发电机等能动部件；同时不依赖安全级交流电源、设备冷却水、厂用水以及供暖、通风与空调（HVAC）等支持系统。CAP1400 贯彻纵深防御原则，具有完整的、系统性的事故预防和缓解对策，在不依赖外部电源的情况下，能确保极端事故条件下反应堆安全和余热导出及堆芯衰变热安全排出，事故发生 72 小时内无需人工干预，72 小时后具备补给能力，大量放射性释放到环境的概率小于 10^{-7}/ 堆年，安全性比二代核电提高两个量级。同时，CAP1400 在进一步提升核电厂安全设计裕量和增强超设计基准事故下应对能力等方面，采取了各种设计优化措施。

在进一步提升安全设计裕量方面，相关设计特征和优化措施包括：

（1）反应堆堆芯采用 RFA 改进型燃料组件，降低平均线功率密度，提升反应堆固有安全性，确保堆芯热工裕量和峰值线功率密度裕量≥ 15%。

（2）优化专设安全系统配置，提升安全设计裕量。同时，对非能动安全系统开展了相应的试验验证，包括非能动堆芯冷却系统（PCS）性能验证试验和非能动安全壳冷却系统（PXS）性能验证试验等。

（3）优化反应堆冷却剂管道和主蒸汽管道设计，进一步降低了主管道流速，缓解机组长期运行过程中管道内流动加速腐蚀（FAC）问题，提高运行安全性。

（4）重新设计钢制安全壳容器，设计安全壳容积以更好地满足设计基准事故下安全壳内质能释放要求；通过优化安全壳壁厚，进一步提升承压能力和安全裕量。

（5）为进一步提高堆内熔融物滞留（IVR）安全裕度，提升 CAP1400 严重事故缓解能力，对反应堆堆内构件进行了设计改进。

在增强超设计基准事故应对能力方面，相关设计特征和优化措施包括：

（1）电厂安全停堆地震（SSE）峰值加速度为 0.3g，并且抗震裕度评价表明所有安全级 SSC 的高置信度低概率失效值（HCLPF）不小于 0.5g，增强机组抗震能力。

（2）CAP1400 采用“干厂址”设计理念，确保机组防外部水淹能力。

（3）屏蔽厂房采用更为先进的钢板混凝土（SC）结构，进一步提升电厂抗大型商用飞机恶意撞击能力。

（4）为进一步确保 72 小时后的堆芯和乏燃料的衰变热移除路径，维持 72 小时后电厂的安全功能，提高电厂安全裕度，CAP1400 为非能动安全壳冷却系统辅助水箱（PCCAWST）增设抗震水源接口并增设移动式柴油机泵，对应急水源和应急电源进行强化设计，并对应急电源专门设计子项用于存储。

（5）为提升电厂严重事故下氢气控制能力，增设了 6 台非能动氢复合器并延长了氢气点火器电源的供电时间；同时对氢浓度监测仪表和氢点火器进行抗震增强，确保其在安全停堆地震（SSE）后可用。

（6）为进一步提升电厂的纵深防御能力，对非安全级电厂正常余热导出设施（冷链）等纵深防御系统的抗震能力进行强化。

3. ACPR1000 技术方案简介

日本福岛核事故后，中国广核集团认真落实国务院关于核电发展做出的系列重要指示与要求，在系统性开展安全检查与评估、吸取福岛核事故国内外经验反馈、实施在运在建机组安全改进等多项工作的同时，对核电后续可持续安全发展进行了深入思考与部署安排。2011 年 8 月，中国广核集团提出 ACPR1000 技术的开发要求：对已实现批量化建设与运营的 CPR1000+ 技术持续改进提升，满足堆芯损坏频率（CDF）$< 1 \times 10^{-5}$/ 堆年、大量放射性释放频率（LRF）$< 1 \times 10^{-6}$/ 堆年的安全指标要求，具备应对类似福岛的超设计基准事故能力，具备三代主要安全技术特征。

为此，中国广核集团的改进工作分两步开展，第一步，抓核心、补短板。经过充分研究及论证，在成熟的 M310 改进型（CPR1000+）技术基础上，通过实施 31 项重大技术改进，形成了安全性与可靠性更高的 ACPR1000 技术。ACPR1000 总体参数见表 5。ACPR1000 技术方案从极端外部事件防护的设计基准、安全功能（冷源和电源）、严重事故预防和缓解、应急体系等方面按照纵深防御的安全设计理念进行全面改进和提升，层层设防，确保核电厂安全。ACPR1000 技术的主要特点体现在以下六个方面：提高对地震、水淹等极端外部事件的应对能力、加强反应堆冷源的保障能力、加强应急电源的保障能力、加强严重事故的预防和缓解能力、加强了严重事故后环境监测和应急能力、加强乏燃料水池应急冷却能力。

从宁德 1、2 号机开始的 ACPR1000 机组，全部采用首炉含钆燃料 18 个月换料，满足了三代核电 18 个月换料的要求，并从首炉开始就取消了分离式的硼玻璃可燃毒物，减少了高放废物。首炉含钆燃料 18 个月换料已经在宁德核电站及阳江核电站成功实施。

国家环境保护部核与辐射安全中心对 ACPR1000 技术给予充分肯定与认可，认为 ACPR1000 技术满足我国最新法规要求与最高标准，具备三代核电主要安全特征，具有工程可实施性，可作为近期新建核电机组选择的技术方案。采用 ACPR1000 技术的阳江 5、6 号机组已分别于 2013 年 9 月 18 日和 2013 年 12 月 23 日实现 FCD。

在有序推进为阳江 5、6 号工程建设的同时，中国广核集团启动了改进工作的第二步，采用新技术、实现系统提升，主要体现在非能动技术措施的加强上。在阳江 5、6 号机组已采用主泵惰转、一回路自然循环、主泵停车密封、ASG 汽动泵、ASG 及 GCT-a 气动调节阀、安注箱、非能动氢气探测和消除系统、安全壳过滤排放系统等 8 项非能动技术基础上，红沿河 5、6 号进一步增加了非能动措施，包括二次侧非能动余热排出系统、非能动堆腔注水系统、非能动应急高位冷却水源系统等技术措施，使堆芯损坏频率（CDF）和放射性物质大量释放频率（LRF）进一步降低了 17% 和 14%。ACPR1000 技术的安全性得到进一步提升（表 5）。采用改进后 ACPR1000 技术的红沿河 5 号机组已于 2015 年 3 月 29 日开工建设。

表 5　ACPR1000 总体参数

条目	参数	条目	参数
电厂类型	3 环路压水堆	系统运行压力，MPa	15.5
电厂布置	双堆	负荷跟踪模式	Mode-G
电站可利用率，%	≥ 90	仪表控制技术	全数字化
电站寿命，年	40 年	燃料组件形式	“全 M5” AFA-3G
抗震设计基准，g	0.2	燃料组件数目，个	157
堆芯损坏频率（CDF），/ 堆年	6.16×10^{-6}	燃料组件长度，英尺	12
放射性物质大量释放频率（LRF），/ 堆年	7.96×10^{-7}	燃料循环周期，月	18
NSSS 额定热功率，MWt	2905	平均卸料燃耗，GWd/tU	45000
堆芯额定功率，MWt	2895	控制棒组件总数，个	61
机组额定电功率，MWe	~ 1086	安全壳类型	单层预应力钢筋混凝土
热工设计流量，m^3/h	6.9×10^4	安全壳自由容积，m^3	~ 49400
冷却剂平均温度，℃	310		

四、压水堆技术发展趋势

未来提高核电安全的总体思路和方向包括：保证四道屏障的完整性（特别是安全壳的完整性）、保证五层纵深防御的有效性、采用耐事故燃料元件、先进堆芯设计、提高安全措施的可靠性、放射性废物最小化、采用先进的智能化仪控系统、延长操作员不干预时间和厂外支持时间，加强严重事故堆芯熔融机理研究，实际消除大规模放射性释放，增强固有安全性，最终目标是在技术上实现减缓或者不需要场外应急。

在提高固有安全性的理念指引下，在燃料和堆芯安全的前沿领域，考虑与国内外研究单位的合作，适时开展前瞻性和基础性的科学研究，通过较为长期的持续投入和技术积累，采用先进的燃料和堆芯设计，加上非能动安全系统，能够显著提高压水堆的固有安全水平，有可能推动压水堆技术的革命性发展。

提高压水堆核电站经济性的主要技术方向：①燃耗可作为衡量核能转换为热能的效率，在国际核电发展的过去 30 年中，平均燃耗从 33000MWd/tU 提高到 50000MWd/tU，随核燃料技术的发展，燃耗将进一步提高；②机组热效率作为核电机组效率评价指标之一；虽然核电蒸汽参数受限，但仍可采用这项指标评价，探索通过汽轮机改造等措施提高热效率；③提高核电机组运行参数，包括能力因子和负荷因子，提高负荷因子（按最大出力发电，提高利用小时数）的措施有：承担电网的基荷、延长换料周期、缩短换料大修工期、降低厂用电率；非计划能力损失因子，可以依靠运行管理水平和设备可靠性提高来改善；④统一堆型、标准化、批量生产，通过强化管理、模块化设计来建造缩短建造周期；⑤不断提高设备制造国产化；⑥延长电站运行寿命。

1. 核电技术发展方向

压水堆技术发展路线图见表 6。

表 6　压水堆技术发展路线图

方向及时间节点		重点内容
近期（2015—2020）	提高在役核电站安全运行水平、延长使用寿命	落实新核安全法规及应对福岛核事故的各项措施；开发高性能和长寿命燃料，强化运行事故管理，开展老化及延寿工作，在运行和维修领域持续研发实践提高机组运行安全性、经济性和可靠性
	实现“设计上实际大规模消除”目标	采取确定论和概率论方法，针对三类严重事故序列进行论证，证明工况在物理上不可能发生，或高置信度下极不可能发生
中长期（2015—2030）	开展严重事故机理及预防缓解措施研究	需要研究堆芯熔融物迁移的主要进程和现象，依照国际方向、国内技术路线，重点研究高中优先级的熔融机理问题，制定并开展事故预防与缓解的工程技术措施研究
	开发先进的耐事故燃料元件，提升固有安全性	提升现有及未来核燃料固有安全性，包括提高现有锆合金包壳的高温抗氧化能力及强度；研发具有高强度和抗氧化能力的包壳材料；发展比 UO_2 具有更好性能和裂变产物保持能力的新型燃料等
	通过首批建设完善内陆核电技术措施	开展首批工程建设，验证工程技术措施的可行性。包括厂址选择安全，实施放射性流出物实施近零排放的具体方案及可行性，严重事故情况下核电厂的环境风险可控的技术措施
	力争小堆示范建设探索核能多用途	重点探索压水堆的创新趋势，在机型设计和燃料方面取得突破，在安全系统设计方面应专注于能动和非能动安全系统的融合，通过技术经济设计优化提升经济性，开展示范工程保持领先地位

2. 加强运行和维修安全技术和管理研究，提高在役核电站安全运行水平、延长使用寿命

认真落实新核安全法规的要求，以及国家核安全局关于应对福岛核事故的各项措施。

在运行和维修领域：应用 RM（风险监测）和 MSPI（运行指数缓解系统）工具的风险导向方法，进行运行的风险管理和维修策略制定，有效提升负荷因子，提高核电站的年发电量。

运行事故管理：在应用 EOP（事件导向的事故处理规程）基础上，研究开发 SOP（状态导向的事故处理规程）编制和应用，制定 SAMG（严重事故管理导则）应对设计扩展工况（包含熔堆事故），研究 EDMG（极端破坏管理导则）的适应性及制定原则，研究制定应对福岛事故类似的极端自然灾害的管理措施。

开发、使用高性能和长寿命燃料，加深燃耗，延长换料周期到 18 个月换料，提高核电站的可利用率；并通过改进燃料包壳材料，减少正常运行工况下放射性释放，提高安全性。

老化及延寿：确定核电站老化管理、延寿策略和顶层设计，采用 PDM（工艺参数监测）技术平台，开展设备可靠性研究和关键设备、材料老化状态评价和寿命预测、开发老化监测和缓解技术，建立老化管理信息平台和数据库。

开发先进的核电站监测技术和数字化 I&C 系统升级，优化人机界面，提高运行可靠性和安全性。

3. 实现“设计上实际消除大规模放射性释放的可能性”目标，开展压水堆规模建设

中国政府在 2012 年发布的《核安全与放射性污染防治“十二五”规划及 2020 年远景目标》中明确要求：“十三五”期间及以后国内新建核电机组力争实现从设计上实际消除大量放射性物质释放的可能性。类似地，欧盟理事会于 2014 年 7 月通过了《核安全指令》的修订案，要求核电厂避免以下两类放射性释放：①需要场外应急措施但没足够时间实施的早期放射性释放；②需要采取防护措施且无法将防护措施限制在某一区域或时间内的大规模放射性释放。此外，2015 年年初以来，国际原子能机构也正在审议瑞士等国提出的《核安全公约》的修正案，该修正案也提出了类似的安全目标要求。

“实际消除”概念最早由欧洲专家学者提出，其目的是要实现厂外应急计划最小化。IAEA 在 2004 年出版的安全导则文件 NS-G-1.10 中第一次提出“实际消除”的概念，“实际消除”的定义为：“如果某些工况物理上不可能发生，或以高置信度认为某些工况极不可能出现，则可以认为这些工况发生的可能性已被实际消除”。从定义可以看出，论证实际消除有两种方式，一种是确定论方式，即论证物理上不可能发生；另外一种为概率论判断，更进一步的，这些工况在很高的置信度水平上出现的概率极低（极端不可能）。置信度可以使用置信区间或其他不确定性的统计方法予以量化。

确定论分析表明，按照高可靠性设计、制造和建造的预防和缓解措施能够有效发挥功能，“华龙一号”“实际消除”可能造成大量释放的严重事故现象或工况；概率论分析表明，“华龙一号”满足 IAEA 和 EUR 的相关要求，已经实现了“实际消除大量放射性物质释放”。

CAP 系列核电设计中充分考虑了纵深防御前 4 个层次要求，具有很好的独立性，充分考虑严重事故的预防和缓解，针对风险重要的事故情景，设置了对应的有效的预防和缓解措施，严重事故发生并导致大量放射性释放的概率极低。综合 CAP 系列安全设计特点、确定论分析和 PSA 评价结果，基于对实际消除的上述解读，分析认为 CAP 系列核电设计满足“实际消除”的要求。

4. 开展严重事故机理及预防缓解措施研究

为了满足“从设计上实际消除大量放射性释放”的较高安全标准，对核电厂严重事故下堆芯冷却和熔融物安全滞留提出了明确的要求；堆芯熔融事故涉及堆内堆外的一系列复杂现象和过程，包括燃料熔化行为、熔融池行为和传热、熔融物与水的相互作用、下封头失效、熔融物与牺牲材料和结构材料的相互作用、堆芯熔融物与混凝土的相互作用（MCCI）和熔融物冷却滞留等。

堆芯熔融事故的堆内迁移：①堆芯降级。超设计基准事故下，堆芯长期裸露将引起燃料包壳温度迅速升高，最终将引起不可逆的堆芯降级；②下封头熔融物行为。熔融物迁移至下封头后可能与残存的冷却剂发生相互作用，形成碎片床，碎片床的发热会使得冷却剂持续蒸发，若得不到足够冷却，碎片床将再次熔化，形成熔池；③压力容器下封头失效。下封头内的熔融池将与压力容器下封头发生直接作用，可能熔穿下封头造成压力容器失效，或由于蒸汽爆炸造成容器破损。

堆芯熔融事故的堆外迁移：①安全壳直接加热。熔融池熔穿下封头造成压力容器失效后，若堆内压力高于安全壳压力，熔融物将以喷射形式，伴随蒸汽（或部分液态水）快速进入堆坑，这种喷射形式容易促成高温熔融物与安全壳内气体的快速传热，此外熔融物中含有的高温金属也会发生剧烈的氧化反应以及锆水反应，这个快速的加热过程可能引起安全壳超温超压的风险；②熔融物堆外滞留。在部分三代电站设计中采用了堆芯熔融物捕集器的技术方案，熔融物熔穿下封头后，被捕集系统安全滞留，并可得到充分持久的冷却；③熔融物与混凝土的相互作用（MCCI）。堆芯熔融物进入堆坑后，会与安全壳底板的混凝土发生相互作用。

依照国内的技术路线特点，国际研究热点和国家科研投入状况，建议重点研究方向为堆内熔融物滞留（IVR）技术、堆芯熔融物捕集器（Core-Catcher）和消氢技术等；由于严重事故现象的复杂性和现象过程模拟存在较大的不确定性，建议对于严重事故安全分析和评价方法，开展进一步深入研究，并开发相关的软件工具等。

开展严重事故后设备可用性研究：HAF102《核动力厂设计安全规定》5.5.2 节规定：“在可能的范围内，应该以合理的可信度表明在严重事故中必须运行的设备（如某些仪表）能够达到设计要求。”核安全导则 HAD102/17 第 3.15.5 节规定：“在可能的条件下，预计在严重事故中运行的设备应该通过试验、实验或工程分析，以合理的可信度表明能够在严重事故工况下实现设计功能。”

5. 开发先进的耐事故燃料元件，提升固有安全性

燃料的先进性是反应堆的先进性的重要基础。福岛事故中，严重事故下燃料熔化引起的放射性物质释放以及锆水反应引发的氢爆引起了全世界对于核能安全的强烈关注，充分暴露了现今基于锆合金包壳的轻水堆核燃料在抵抗严重事故性能方面存在的安全风险。在各国进一步强化核安全的背景下，在 OECD/NEA 的联合推动下，目前耐事故燃料研究已成为后福岛时代国际核燃料界一个新的研究方向，美国发布的技术规划见图 3。

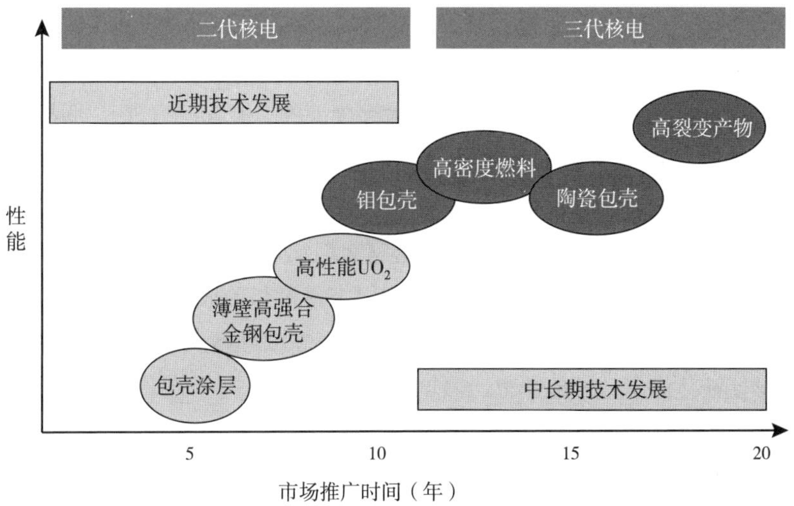

图 3　美国 DOE 发展耐事故燃料的技术规划

耐事故燃料元件设计的目标是：在设计基准事故（DBA）和超设计基准事故（BDBA）工况下能够抵御高温、一定时间内可防止裂变产物释放、可燃气体产生量在容许范围内、保持堆芯可冷却能力；同时，与现有 UO_2-Zr 燃料系统相比，其在正常工况下的性能能够得到保持或有所提高。耐事故燃料以新型先进包壳和芯块材料应用为显著特征，将在很大程度上有别于现有的反应堆燃料组件，耐事故燃料的研究和应用，需解决在关键性能指标、评价标准、新型包壳及芯块制备及性能表征等方面的一系列关键技术。

从目前来看，耐事故燃料的研发可以考虑以下三个方向：提高现有锆合金包壳的高温抗氧化能力及强度，如增加包壳涂层；研发具有高强度和抗氧化能力的包壳材料，如非锆合金、SiC 材料包壳，以及与新材料相关加工技术；发展比 UO_2 具有更好性能和裂变产物保持能力的新型燃料，如 UO_2 芯块添加物、U_3Si_2、UN、弥散燃料等，研发能耐高温的燃料芯块，可以在现役核电站和未来核电站应用。

6. 落实内陆核电工程措施，实现科学合理布局

内陆核电是我国核电规模化发展的重要组成部分，其建设关系到核电产业的合理布局、持续发展。随着经济实力的显著提高和能源消耗的快速增长，部分内陆省份与沿海地区同样出现了电力紧张，面临着地方环境保护和能源结构调整的压力，发展内陆核电有较大的市场空间和需求，同时，也是带动我国内陆省份科技和经济发展水平、高端装备制造能力和工程建设能力提升，产业结构调整的重要手段。

我国内陆核电厂址选择的安全要求与沿海核电厂址是一致的。有关地震、防洪、最终热阱、人口分布、大气弥散条件等方面的论证表明，我国内陆核电的厂址安全是有保证的，射性液态流出物的排放不会影响下游饮用水的水质，所产生的辐射环境影响处在环境本底辐射水平的涨落范围。

我国内陆核电厂有完善的严重事故预防和缓解措施。三代压水堆核电厂贯彻纵深防御理念，设置多道实体屏障，实现放射性物质的包容，内陆核电厂将制定确保水资源安全的应急预案，即使在极端情况下，亦能实现放射性废液的“贮存、处理、封堵、隔离”，确保不会对环境和公众造成影响。

7. 力争先进小堆建设，探索核能多用途利用

自 2004 年 6 月国际原子能机构（IAEA）宣布启动以一体化技术、模块化技术为主要特征的革新型模块式小型堆（SMR）开发计划以来，参与的成员国总数已达到 30 个，涌现了 45 种以上的革新型中小型反应堆概念。这些革新型堆型大多数允许或明确促进非电力应用，如核能淡化海水或核能热电冷联产。

截至目前，仅有中国高温气冷堆、俄罗斯的 KLT40 S 浮动电站、阿根廷的 CAREM 处于工程实施阶段。韩国 SMART 在完成标准设计及 PSAR 后因多种因素暂停工程化实施。美国巴威 M-power 及 Nuscale 完成了约 40% 设计及试验研发工作。西屋公司的 SMR，GE 公司的 EM2，Holtec 完成了概念设计，处于初步设计中。AREVA 正进行小堆方案论证。中核集团 ACP100 完成初步设计，积极推动示范工程建设，ACP100+ 完成方案设计；中广核 ACPR100 完成方案设计；国核技工程有限公司的 CAP150 处于概念设计中。日本小堆研发因受福岛事故影响基本无新进展。基于电力需求微增长、小型热电机组替代、高安全性及反恐要求，美国能源部确信模块式小型堆在美国有良好的市场前景，视为“美国接下来的核选择”，是“能源史上的又一个里程碑”，为世界快速变化和多样性的市场提供另一种安全、廉价和可靠的清洁能源。

压水堆路线为主：从国内外已公开的模块式小型堆技术方案来看，有压水堆、高温气冷热堆、高温气冷快堆、铅铋冷却快堆、熔盐堆等多种堆型，但开发立足于短期可部署的模块式小型堆，无一例外选择了一体化压水堆路线，其设计研发的进度远远超过其他堆型，这主要得益于拥有几十年良好的压水堆技术基础及工业基础。

多用途：小堆具有供电、供热、供汽、海水淡化等多种用途，在安全性、成本效益、灵活性等方面具有优势。作为清洁能源，小型堆对大气治理、节能减排、环境保护、能源安全起到积极作用，是核能发展的方向之一。美国发展小堆主要面向区域电网发电及发展中国家。中东国家沙特、约旦明确要求小堆进行核能海水淡化。兰州市多次提出要小堆城市采暖供热。福建漳州提出需求要小堆为石化工业园区供工艺蒸汽。加拿大砂岩铀矿提出小堆作为自备电厂。

国际上主要小堆机型研发特点：定位于近期推广的一体化压水堆机型，采取设计措施能够排除大 LOCA 事故或者弹棒事故，并且采取设计优化提高经济性；船用的模块化或者回路型压水堆机型，采取固有的安全特性和非能动安全系统，充分借鉴了核破冰船和潜水艇的经验，采取标准化设计、批量化生产和装料以增强市场竞争力。综合来看，小堆技术发展集中体现了压水堆的创新趋势，应首先在机型设计和燃料技术方面取得突破，在安全系统设计方面应专注于能动和非能动安全系统的融合，非能动设计选择以及技术经济设计优化，采取安全设计方法来增强纵深防御，目标减少或者取消场外应急要求。

五、建议持续开展重大政策及监管技术研究，提升核电顶层规划能力

为高效发展核电应进行科学规划，平稳有序推进，促使我国核电建设规模、速度、质量、效益协调发展。国家已公布 2011—2020 年的核电发展规划，鉴于核电建设周期较长，与之配套的装备业在提高技术、提升产能上需要相当的资金投入和技术准备，这一切均需要一个远景的规划，而支撑规划的重要战略和规划问题研究尤其重要。建议加强研究投入，制订到 2030 年，乃至 2050 年的发展规划，制订核电科技体系发展规划，科学推进压水堆创新研究及基础研究，促进装备业等工业产业的健康发展。

有力的核安全监管和产业管理体制是核电规模化发展的基础，应重点加强核安全监管、核事故应急以及核电站最终安全责任制，并理顺核电相关的产业结构和管理体制。我国核电产业管理体制上的协调配套程度也显不足。另外，当前核电发展中出现的不良价格竞争等问题，应该给予充分重视。

加强核电安全监管体系和能力建设：随着我国核电规模增加，堆型增多，核电安全监管难度进一步增大。建议采取有效措施切实增强核安全监管的权威性、独立性、有效性，同时，应把握好重大科技专项、“十二五”国家科技计划等机会，落实能力建设有关的工作，完善监管手段，提高监管能力。

增强核事故的应急管理体系和能力建设：认真汲取福岛核事故应急响应的经验教训，包括在人力资源、物质资源、法规导则的制定等方面的缺失与不足。加强和完善应急相关的管理体制，重点加强中央、地方政府、企业集团和核电厂之间的统一协调和决策。各电厂应抓紧制定严重事故管理导则，加强事故处置早期厂内的应急，以防止事故的升级与扩大。同时，还应统筹和增强极端外部事件条件下应急能力的建设。

— 大事记 —

2008 年新开工 8 台压水堆机组，我国核电产业进入快速发展的新阶段。

2008 年汶川特大地震发生后，经有关部门认真核查，我国核设施均处于安全可控状态。

2009 年 4 月浙江三门核电站一期主体工程开工，它将成为全球第一个使用 AP1000 核电机组的核电站。

2010 年 12 月 18 日，我国首台完全自主化的红沿河核电站 1 号机组核反应堆压力容器研制成功，标志着我国百万千瓦级核岛主设备制造已基本实现国产化，达到国际先进水平，具备提供成套装备的能力。

2011 年 1 月 22 日，我国自主设计、自主制造的第一套国产化率 100% 的百万千瓦级压水堆堆内构件在上海第一机床厂有限公司通过验收。

2011 年 5 月 12 日，巴基斯坦恰希玛核电站 2 号机组投入商业运营。

2011 年 8 月 7 日，岭澳二期 2 号机组投入商业运行，作为我国首个“自主设计、自主制造、自主建设、自主运营”，拥有自主品牌的百万千瓦级压水堆核电站，岭澳二期核电厂全面建成投入商业运行。

2012 年 11 月 17 日，福清核电站 4 号机组、广东阳江核电站 4 号机组浇筑第一罐混凝土，这是福岛核事故后，我国首批两台机组正式开工建设；12 月 27 日，田湾核电站二期 3 号机组建设第一罐混凝土，上述项目的开工标志着我国稳妥恢复核电建设。

2013 年 10 月 17 日，中广核与法国电力公司就合作投资建设英国核电项目签署战略合作协议；11 月 25 日，中广核又与罗马尼亚国家核电公司签署建设罗马尼亚切尔纳沃德核电站 3、4 号机组合作意向书。2013 年 11 月 26 日，巴基斯坦 K2 项目举行启动仪式，核电“走出去”取得重要突破。

2014 年初，CAP1400 机型的初步设计通过能源主管部门组织的审查，意味着这个由我国在引进美国 AP1000 核电技术基础上自主研发的“升级版”机型在技术上已定型并得到国家认可。

2014 年 8 月 22 日核电主管部门在“华龙一号”总体技术方案审查会议上作出了同意中核集团和中国广核集团联手打造的“华龙一号”核电技术融合方案的决定。11 月、12 月，国家能源局分别复函福建省、中国核工业集团公司和广西壮族自治区、中国广核集团公司，同意福建福清 5、6 号机组和广西防城港 3、4 号机组采用融合后的“华龙一号”技术方案，建设国内示范工程。

截至 2014 年 12 月 31 日，我国运行核电机组 22 台，装机容量首次突破 2000 万千瓦，达 2010 万千瓦；在建核电机组 26 台，装机容量 2845 万千瓦，在世界在建机组数量上排第一位。

参考文献

[1] 中国工程科技发展战略研究院. 中国战略新兴产业发展报告 [M]. 北京：科学出版社，2014.

[2] IAEA Power Reactor Information System，2015.

[3] 核电安全规划（2011—2020 年），2011.

[4] 核电中长期发展规划（2011—2020 年），2011.

[5] Frank Goldner. Overview of Accident Tolerant Fuel Development，U.S. Department of Energy，2013.

[6] IAEA-TECDOC-1451. Innovative Small and Medium Sized Reactors：Design Features，Safety Approaches and R&D rends [R]，2005.

[7] IAEA. Status of Small Reactor Designs without on-Site Refueling [R]. IAEA-TECDOC-1536，2007.

[8] Status of Innovative Small and Medium Sized Reactor Designs 2005 [R]. IAEA-TECDOC-1485，2006.

撰稿人：叶奇蓁　苏　罡　沈文权　肖　岷　马卫民　焦拥军

大型先进压水堆核电站重大专项

2006年2月，《国家中长期科学和技术发展规划纲要（2006—2020年）》将“大型先进压水堆及高温气冷堆核电站”列为国家16个重大科技专项之一。

2008年2月，国务院常务会议通过“大型先进压水堆堆核电站重大专项总体实施方案”，由国家核电技术公司作为牵头实施单位和示范工程实施主体。

大型先进压水堆核电站重大专项（简称压水堆专项）的总体目标是：在AP1000技术[1-2]引进和自主化依托项目建设的基础上，通过国产化AP1000自主设计，实现AP1000技术的消化、吸收，全面掌握以非能动技术为标志的第三代核电技术。并在此基础上，进一步研究开发具有我国自主知识产权的大型先进压水堆核电技术，建成CAP1400示范工程，拥有一批高水平的知识产权成果，使我国核电设计、制造、建造和运行技术实现跨越式发展，2020年进入核电技术先进国家行列。

压水堆专项2010年至2015年已立项课题为92项，参研单位共110家。其中，中央企业集团16家（包含二级单位52家），部委研究机构7家、国内高校13家、省属地方企业17家、民营企业21家。参加课题研究总人数13300余人。

压水堆专项实施7年来围绕着总体目标，开展了卓有成效的科研攻关工作，取得一系列重要成果和重大突破：完成了AP1000引进技术的消化吸收，形成国产化AP1000标准设计，实现了关键设备的国产化；完成了CAP1400型号研发和关键设备研制，示范工程开工建设具备条件；掌握了模块化施工技术，为AP1000后续项目和CAP1400示范工程建设创造了有利条件；建成了三代核电装备供应链体系；建成一系列设计验证台架，并取得了CAP1400试验验证数据；关键设备与共性材料研究方面取得突破，超大锻件、690U型管、焊材等材料实现国产化。

一、AP1000 技术消化吸收基本完成并取得重大成果

1. 全面掌握了 AP1000 设计技术

通过 AP1000 核岛设计、设备设计技术消化吸收，从设计理念、规范标准、分析方法、模型参数、工具手段等方面，全面、完整地掌握了 AP1000 核岛设计技术[3]和核岛关键设备设计分析方法，并形成涵盖安全分析、严重事故、模块化设计、堆芯设计等关键领域的分析软件体系。

形成了国产化 AP1000 标准设计。在消化、吸收 AP1000 设计技术和开展 AP1000 关键设备自主化研制的基础上，结合依托项目经验反馈和福岛事故后的安全要求[4]，国产化 AP1000 标准设计进一步强化安全裕量，优化技术方案，提高了设备国产化水平，最终全面完成了 CAP1000 标准设计的初步设计、安全分析报告及施工设计，使我国具备了三代核电批量化建设的基础和条件。

2. AP1000 设备国产化工作取得重大突破

围绕 AP1000 设备，国内企业开展关键设备国产化和自主化攻关，掌握了 AP1000 反应堆压力容器、钢制安全壳、蒸汽发生器、大锻件、主管道、堆内构件、控制棒驱动机构、爆破阀、安注箱、堆芯补水箱、余热排出热交换器、常规岛 TG 设备等关键设备和材料设计、制造和验证技术。围绕 AP1000 屏蔽电机主泵，开展了机械、材料、水力、热工、电气等方面共 144 项关键技术攻关，现已完成 134 项，建成了 AP1000 屏蔽电机主泵全流量试验台。

目前，AP1000 依托项目 4 台机组综合国产化率达到 55%，第 4 台机组达到 72%。核岛关键设备可以在 AP1000 后续项目上基本实现国产化。

通过组织相关企业联合攻关，在突破 AP1000 核电装备技术难关的同时，也提升了制造企业的技术能力和管理能力，为后续三代核电项目批量化建设奠定了基础。

3. 掌握了 AP1000 核燃料制造技术

完成核级锆材生产线的建设工作，建成包括生产体系、质保体系和检测体系等核级锆材产业平台，掌握 AP1000 核级锆材国产化关键制造技术。

实现了 AP1000 核电站核燃料组件 IFBA 芯块涂覆、格架激光、格架钎焊、骨架检测系统等四台关键设备的国产化，建成 AP1000 燃料组件生产线。

4. 掌握了 AP1000 模块化建造技术

掌握了 AP1000 压水堆核电站核岛建造过程中所特有的多项关键技术，如：大体积特种混凝土施工技术、钢制安全壳现场组装与安装技术、大型结构模块整体吊装与运输工艺、核岛主设备安装和主管道自动焊接技术、叠合式穹顶施工工艺等。

二、CAP1400 技术研发取得重大进展

1. CAP1400 初步设计工作已完成，安全性和经济性优于 AP1000

CAP1400 概念设计于 2010 年 6 月完成，2010 年 12 月通过了国家能源局组织的专家审查。CAP1400 初步设计于 2011 年 12 月底完成，2014 年 1 月，CAP1400 初步设计通过国家能源局组织的专家审查。目前，核岛施工设计完成 78%，常规岛及其 BOP 施工设计完成 79%。2014 年 9 月，国家核安全局在北京召开 CAP1400 示范工程初步安全分析报告审评收口，这标志着长达 17 个月的核安全审评工作基本结束，CAP1400 安全分析报告得到国家核安全局的审评认可。

CAP1400 是在我国多年核电研发设计和建设运营基础上，结合 AP1000 三代核电技术引进消化吸收，创新开发的第三代非能动压水堆核电技术。CAP1400 采用非能动安全理念，设计先进、系统简化、设备可靠性高、环境友好，安全性、经济性和环境相容性达到三代核电的世界先进水平。日本福岛核事故后，按照“国四条”要求，强化了 CAP1400 安全设计研究，将超设计基准事故纳入了核电站的设计考虑范畴，增强了 CAP1400 纵深防御措施。采取了降低线功率密度，提高钢制安全壳安全裕量，降低流动加速腐蚀的影响，设计屏蔽厂房达到抗大型商用飞机撞击能力等措施。

已完成的 CAP1400 初步设计的主要技术指标优于总体实施方案的预期指标，详见表 1：

表 1　CAP1400 初步设计指标与预期指标

项　目	初步设计达到的指标	实施方案预期的指标
堆芯热功率，MWt	4040	3730
预期电功率，MWe	~ 1500	~ 1400
平均卸料燃耗，GWd/tU	~ 52578	~ 51500
热工设计流量，m^3/h	21642	17538.4
安全壳设计压力，MPa（g）	0.443	0.41
关键设备	实施方案提出与 AP1000 相比尽量保持不变，但在当前设计中： ■ 采用 50Hz 主泵，取消变频器，湿绕组泵为后备方案； ■ 自主开发基于 FPGA 技术的反应堆保护系统和核电站控制系统； ■ 自主设计 SNP140 型蒸汽发生器，采用自主的 P3 型汽水分离器和 P3X 波形板干燥器； ■ 自主开发国产大型半速汽轮发电机组； ■ 堆内构件优化了下腔室结构； ■ 压力容器取消了中子屏蔽板	
总体性能	安全性不低于 AP1000 经济性优于 AP1000	安全性优于 AP1000 经济性优于 AP1000

CAP1400 的重大技术改进有：

（1）重新设计反应堆，堆芯采用 193 盒高性能燃料组件，降低线功率密度，并具备 MOX（铀钚混合）燃料装载能力。

（2）自主设计蒸汽发生器，采用自主知识产权的干燥器，提高蒸汽品质。

（3）采用 50Hz 的反应堆冷却剂泵，避免变频器长期运行，提高主泵运行可靠性，减少能耗。

（4）重新设计主系统和辅助系统，优化总体参数，提高可靠性。

（5）重新设计钢安全壳，提高安全裕量，改善系统布置，优化可达性。

（6）自主设计钢板混凝土（SC）结构屏蔽厂房，具备抗大型商用飞机恶意撞击能力。

（7）采用基于 FPGA（现场可编程门阵列）技术的反应堆保护系统，增加机组运行可靠性。

（8）使用自主开发的国产 1500MWe 级大型半速汽轮发电机。

（9）根据废物最小化策略，优化放射性废物处理系统设计，改善工艺。

（10）根据福岛后技术政策和经验反馈，提升电厂设计裕量和抵御极端自然灾害的设防能力。

（11）进一步完善事故管理规程，增强事故后监测，提高电厂应急能力。

（12）充分借鉴 AP1000 依托项目和标准设计的设计、建造过程中的经验反馈。

CAP1400 安全性能指标较 AP1000 进一步提升，满足《核电安全规划》和《核电中长期发展规划》中关于“十二五”期间新建核电厂的安全要求；响应福岛事故后技术政策，满足当前国际上先进核电有效法规与标准要求[5, 6]。在提高安全性的同时，CAP1400 经济性能指标较 AP1000 也有进一步提升。

2. CAP1400 验证试验完成

先进试验验证技术是确保核电技术研发的关键，压水堆专项从我国核电自主化发展战略出发，安排了 CAP1400 安全审评和设计验证相关的六大试验课题，组织国内有关单位联合开展试验攻关。

目前全部完成了非能动堆芯冷却系统性能试验（ACME）、非能动安全壳冷却试验（PCS）、熔融物堆内滞留试验（IVR）、蒸汽发生器关键性能试验、反应堆结构水力模拟试验、堆内构件流致振动模拟试验等课题 17 项关键试验任务；取得了一大批高水平试验成果，有力地支持了 CAP1400 工程设计和安全审评。

通过上述试验台架建设和试验任务的完成，掌握了先进核电试验验证技术，培养了一支高水平的人才队伍，形成了我国先进核电技术可持续创新发展的能力。同时，也为我国其他三代核电型号的研发和验证提供了支持。

3. CAP1400 关键设备研制进展顺利

CAP1400 FCD 前需要采购的长周期设备已经签订合同，并在重大专项的支持下，开展了主泵、爆破阀、主管道、反应堆压力容器、蒸汽发生器、仪控系统、堆内构件、驱动机构和常规岛汽轮发电机组等关键设备研制和验证，进展顺利。

为确保 CAP1400 主泵研制成功，CAP1400 示范工程采用屏蔽电机主泵和湿绕组电机主泵[7]两条技术路线方案。目前 CAP1400 湿绕组主泵样机制造已完成，CAP1400 屏蔽电机主泵样机已开工制造。CAP1400 爆破阀分别由大连大高和中核苏阀并行研制。目前，两家单位均已完成了 CAP1400 爆破阀工程样机的设计与制造。在确保具有完整自主知识产权的基础上，国核自仪与美国洛克希德·马丁公司合作研制核电站保护系统，同时自主研发核电站控制系统。已经完成 CAP1400 仪控系统标准化工程样机的初步设计、详细设计、硬件加工、硬件测试、系统装配和集成测试等工作，仪控系统标准化工程样机集成测试工作全部完成，测试结果表明样机性能满足设计要求。

三、重大共性技术及关键设备与材料研究工作取得重要进展

1. 突破了三代核电关键设备大型锻件制造技术

经过各方努力，攻克了锻件冶炼、仿形锻造、成型、热处理工艺等关键技术，完成 AP1000 核电超大型锻件制造技术的研制，并为 AP1000 核电站后续项目供货。

2. 掌握了 AP1000 常规岛 TG 包关键设备技术

组织东方电气、哈电集团、上海电气三大集团开展了 AP1000 常规岛系统和主设备研制工作。目前，TG 包关键设备已经为依托项目供货。

3. 掌握了 AP1000 蒸汽发生器 690 合金 U 形管关键技术

研制出的蒸汽发生器 690 合金 U 形管将为阳江核电项目蒸汽发生器供货，目前 AP1000 蒸汽发生器 690 合金 U 形管样管制造已完成。

4. 掌握了自主化核燃料包壳材料技术

研制出 SZA-4 和 SZA-6 两种新锆合金，在此基础上成功制备出两种具有自主知识产权的新锆合金包壳管材。从堆外性能数据上看，材料的长期腐蚀性能优于 M5、ZIRLO 合金，其他性能与 M5 相当。已完成实验堆辐照所用的 4*3 小组件用包壳管、带及棒等关键材料制造。

5. 核电关键软件自主化开发基本完成第一阶段任务

组建了国家核电软件技术中心，联合上海交通大学、西安交通大学、华北电力大学三所高校共建核电软件工作站，建立了一支专业化的核电软件开发队伍。组织中核集团、中广核所属的科研院所共同参与反应堆物理热工设计分析软件包 COSINE 的研发。

软件自主化工作取得了重大进展：2015 年 2 月发布 COSINE 软件包工程验证版；基本建立起核电软件开发和测试的标准、规范及评估体系；收集并整理国际相关组织提供的试验数据，初步建立了模型评价数据库。

6. 中国先进核电标准规范体系建设初见成效

通过国内核电研发、设计、制造、建安、运维以及安全审评等方面相关单位和部门联

合攻关，建立了适用于我国标准规范、监管体制和工业基础实际的中国进核电标准体系整体框架的设置原则及其体系构成的清单。目前已有103条标准草案完成向行标转化或达到立项状态。结合第二阶段开展的核电运行与退役子体系研究，将构建适应我国工业体系、能够满足我国自主化核电建设和技术发展需求的三代非能动压水堆核电厂的标准体系。

四、建成一系列试验平台

建成了非能动堆芯冷却系统、非能动安全壳冷却系统、堆芯熔融物堆内滞留、反应堆结构水力模拟、堆内构件流致振动等一批国际领先的大型试验装置；建成非能动安全型核电站数字化仪控系统验证平台、大型先进压水堆核电站设计仿真与分析评价平台、先进三维工程协同设计系统、核安全相关设备鉴定及材料评估试验平台、核电厂老化管理和寿命评估技术研发平台、汽机及厂房综合试验设施等一系列试验平台，为安全分析、设备设计提供了可靠的技术支撑，提升了我国核电试验验证水平，加快推动我国核电试验验证体系的建立。

五、CAP1400示范工程前期准备工作有序推进

国家核电技术公司和华能集团共同投资组建了国核示范电站有限责任公司，全面负责CAP1400示范工程的建设和运营。国家发改委于2013年3月正式批复同意CAP1400示范工程开展前期工作。2014年10月，示范工程可研报告通过审查。10月，CAP1400示范工程项目核准申请上报。CAP1400示范工程现场各项工作准备就绪，CAP1400示范工程在设计、项目评审、项目取证、主设备采购、施工准备等方面均已具备开工条件。

六、专项“十三五”实施目标

在全面掌握AP1000技术基础上，结合依托项目建设运行经验反馈，完成国产化AP1000技术改进研究工作，进一步提高安全性、经济性与设备国产化率；完成具有自主知识产权的CAP1400技术的研发，全面突破设计、燃料、设备、材料、安全评价、软件、试验等方面的关键技术，实施并完成CAP1400核电站示范工程建设，形成并拥有一批高质量的知识产权成果。开展1700MWe级核电技术研发；促进和形成完整配套的具有国际先进水平的核电技术研发与设计体系、试验验证体系、关键设备制造技术体系以及核电标准体系，培养出一支高素质的核电技术人才队伍，使我国核电领域具备完整的自主创新能力，满足核电长期可持续发展。

大事记

2006 年 2 月,《国家中长期科学和技术发展规划纲要（2006—2020 年）》将“大型先进压水堆及高温气冷堆核电站”列为国家 16 个重大科技专项之一。

2008 年 2 月 15 日，国务院第 209 次常务会议，审查并原则通过了“大型先进压水堆堆核电站重大专项总体实施方案”。

2009 年 12 月 17 日，国家核电技术公司和华能集团共同投资组建了国核示范电站有限责任公司，全面负责 CAP1400 示范工程的建设和运营。

CAP1400 概念设计于 2010 年 6 月 30 日完成，2010 年 12 月 31 日通过了国家能源局组织的专家审查。

CAP1400 初步设计于 2011 年 12 月底完成，2014 年 1 月 9 日通过了国家能源局组织的专家审查。

国家发展改革委于 2013 年 3 月 4 日正式批复同意 CAP1400 示范工程开展前期工作。

2014 年 9 月 2—3 日，国家核安全局在北京组织召开大型先进压水堆重大专项 CAP1400 示范工程初步安全分析报告审评收口会。这标志着长达 17 个月的核安全审评工作基本结束，CAP1400 安全分析报告得到国家核安全局的审评认可。

2014 年 10 月 14 日，CAP1400 示范工程可研报告通过审查。

参考文献

［1］林诚格，郁祖盛. 非能动安全先进压水堆核电技术［M］. 北京：原子能出版社，2010.
［2］孙汉虹. 第三代核电技术 AP1000［M］. 北京：中国电力出版社，2010.
［3］郑明光，杜圣华. 压水堆核电站工程设计［M］. 上海：上海科学技术出版社，2013.
［4］环保部. 福岛核事故后核电厂改进行动通用技术要求（试行）［Z］. 2012.
［5］EPRI ANT. Advanced Light Water Reactor Utility Requirements Document［Z］. 2013.
［6］EPRI ANT. EPRI Utility Requirements Document（URD）Fukushima Lessons-Learned Treatment［Z］. 2013.
［7］李天斌，汤磊波，等. 三代核电 CAP1400/AP1000 湿绕组型反应堆冷却剂泵的技术特点［J］. 通用机械，2014（4）：72-76.

撰稿人：范霁红　于洪伟　王熙嘉
审稿人：沈文权　郝东秦

高温气冷堆

一、引言

高温气冷堆采用陶瓷型包覆颗粒燃料元件，全陶瓷型堆芯结构，以化学惰性的氦气作冷却剂，耐高温的石墨作慢化剂（见图1）。模块式高温气冷堆[1]具有固有安全性，从设计上实际消除了堆芯熔化导致大规模放射性释放的可能性，技术上不需要场外应急；反应堆出口温度高，既可用于安全高效发电，也可用于大规模工艺热应用，被国际核能界认为是可能率先实现商业化的核能高温热电联供技术；单一模块反应堆功率规模较小，可通过多个模块的灵活组合适应能源市场的不同需求。

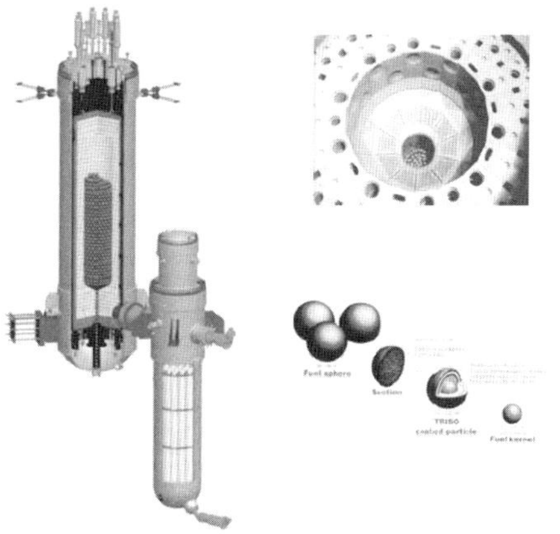

图1　高温气冷堆示意图

我国发展高温气冷堆技术非常必要。它不但可以作为压水堆的有益补充，符合我国积极发展核电的战略需求，而且可通过高温工艺热应用，在更广泛的能源市场替代化石燃料，促进能源结构调整，加大节能减排效果，保护环境。我国依托国家“863”计划10MW高温气冷堆实验堆（简称HTR-10）[2-3]和重大专项高温气冷堆核电站示范工程（简称HTR-PM）[4-6]，历经跟踪、跨越和自主创新，目前已在商业规模模块式高温气冷堆技术上处于国际领先地位。高温气冷堆技术的研发可以进一步提升我国核能技术的自主创新能力，继续保持我国在模块式高温气冷堆研发领域的国际领先优势，并有望实现我国在国际先进核能技术领域的突破，成为我国核电“走出去”战略的重要突破点。

我国高温气冷堆的技术基础研究起始于上世纪 70 年代。1986 年以来国家“863”计划支持发展了高温气冷堆。我国的工作从跟踪起步，在上世纪 90 年代国外核电由于种种原因发展受阻之际，我国按照自己的部署建设了 10MW 高温气冷实验堆 HTR-10，掌握了自主发展高温气冷堆的技术基础，并通过安全特性实验验证了这一创新性核能技术的固有安全特性。

自 2000 年以来，国际上兴起了第四代核能系统的研究工作[7]，高温气冷堆被列入 6 种第四代核能系统的候选堆型，而且有望率先实现商业化。我国在实验堆的基础之上开始了商业规模模块式高温气冷堆核电站示范工程的科研与工程建设，简称 HTR-PM 项目。该项目在 2006 年列入国家科技重大专项。2008 年国务院通过总体实施方案后开始主设备采购。2012 年 12 月经国务院批准现场浇灌第一罐混凝土，标志着世界上首座具有第四代核电安全特征的商用示范电站正式开工建设。截至 2014 年，示范工程的燃料元件、关键系统与设备的科研和工程验证工作取得了一系列重大突破性成果，示范工程核岛土建工作按计划节点施工到地上 20m，2015 年 6 月反应堆厂房土建到顶，标志着 HTR-PM 项目顺利推动，取得重要进展。通过 HTR-PM 项目的实施，我国掌握了商业规模模块式高温气冷堆的总体设计技术，在一批先进核能核心装备技术上取得了重大突破，实现了关键设备的国产化制造。我国高温气冷堆发展路线图见图 2。

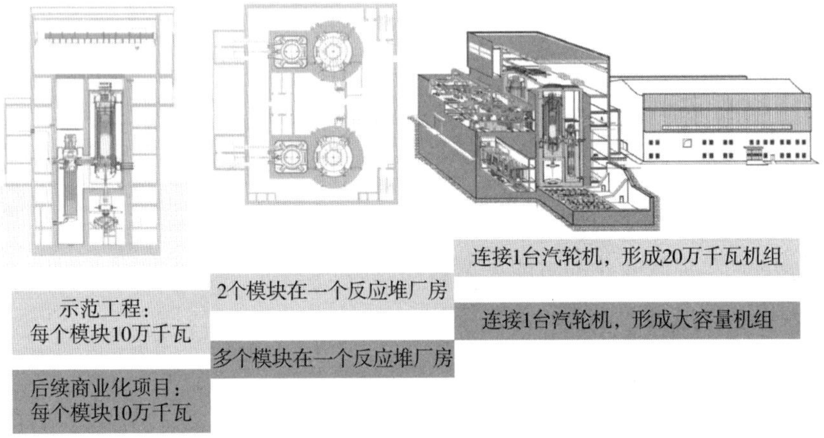

图 2　示范工程和后续商业化项目技术发展路线图

在 HTR-PM 项目基础上，我国正在启动部署后续 60 万千瓦级模块式高温气冷堆热电联产机组的研发和配套关键技术的攻关工作[8]，以进一步推动高温气冷堆技术的产业化，保持我国在该领域的国际领先优势。与此同时，研究提高高温气冷堆反应堆堆芯出口温度，以电磁轴承和氦气透平直接循环实现更高效发电；产生高温工艺热用于化工、石油化工等，并能大规模核能制氢，有望在未来成为交通和金属冶炼等领域的主力清洁能源。

二、国内主要发展

1. 重大专项关键技术研发

2006年，国务院将“大型先进压水堆及高温气冷堆核电站”列为国家科技重大专项[9]。“高温气冷堆核电站”HTR-PM是该重大专项中的一个分项。高温气冷堆核电站重大专项的总目标为：以我国已经建成运行的10MW高温气冷实验堆为基础，攻克高温气冷堆工业放大与工程实验验证技术、高性能燃料元件批量制备技术，建成具有自主知识产权的20万千瓦级模块式高温气冷堆商业化示范电站，以及开展氦气透平直接循环发电及高温堆制氢等技术研究，为发展第四代核电技术奠定基础。

专项实施的总体方案是：以10MW高温气冷实验堆为技术基础，以建成和运行20万千瓦级高温气冷堆示范电站为目标，开展关键技术研究开发，完成标准设计，建设燃料元件生产线；采用产学研相结合的形式，在国家投入支持研发和配套设施建设、并对首座示范电站建设的技术和经济风险进行必要补贴的基础上，吸引企业投入，建设示范电站；以我为主，开展国际合作，吸引国际重要科研机构和国外专家参与，充分吸取国内外的经验教训，实现技术上的跨越式发展；重视技术标准的制定和知识产权保护体系的建立。

我国通过高温气冷堆重大专项的研发，自主创新实现了先进核能系统设计与核心装备技术上的一系列重大突破。

（1）我国拥有完整自主知识产权的高温气冷堆球形燃料元件在荷兰PETTEN完成辐照考验，各项性能指标达到国际先进水平，最高燃耗达到1.1×10^{5}MWd/tU，高于反应堆实际运行时燃料元件的最高燃耗限值，裂变气体释放率维持在10^{-9}水平，远优于设计指标，表明我国完整自主知识产权的燃料元件从技术到工艺都是成功的（见图3）。

图3 示范工程燃料元件辐照样品

（2）年产10万个高温气冷堆球形燃料元件的中试生产线研发并试生产成功，测试结果表明其主要指标达到世界最高水平。

（3）年产30万个球形燃料元件生产厂完成工程施工，进入调试阶段，即将为HTR-PM示范工程提供燃料元件。

（4）世界上规模最大的高温氦气回路试验平台——大型氦气试验回路全面建成（见图4）。试验的热功率达到10MW，电加热功率6.5MW，最高试验温度可达780℃，氦气压力为7MPa。大型氦气试验回路作为高温气冷堆核电站示范工程关键部件和系统工程试验验证的关键平台，为高温气冷堆示范工程的设备验证和未来科研工作提供了重要保障。

（5）由上海电气承制的高温气冷堆反应堆压力容器（见图5），成功突破大锻件等关键制造技术，即将交付。

图 4　大型氦气试验回路

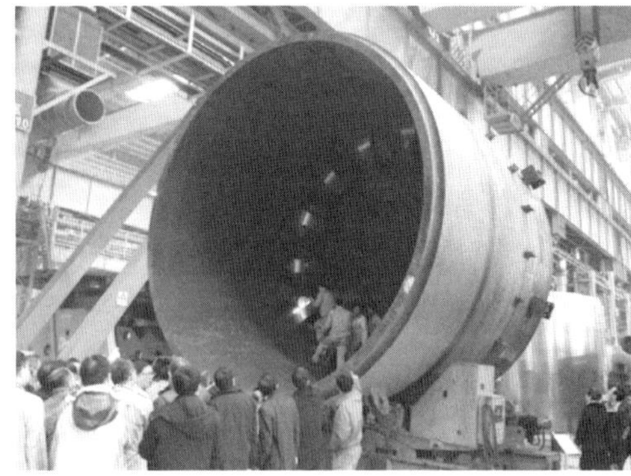

图 5　示范工程反应堆压力容器制造

图 6　主氦风机工程样机

图 7　蒸汽发生器换热组件套装

（6）高温气冷堆核电站示范工程的心脏装备——世界首台套 4500kW 立式大功率电磁轴承主氦风机工程样机研制成功（见图 6）。这台高温气冷堆主氦风机转速 4000r/min，压升 200kPa，氦气质量流量 96kg/s，无论是功率还是技术水平都属于世界领先。主氦风机样机的研制解决了多个重大技术问题，如整机总体设计，大型氦气置入式立式高速电机的研制，电磁悬浮轴承支撑的转子动力学分析，高性能叶轮的研制，大电流、高压差、高电压一回路电气贯穿件的研制，高可靠性风机挡板的研制等。

（7）高温气冷堆核电站示范工程的核心设备——蒸汽发生器完成首套螺旋盘管组件的安装，标志着我国高温气冷堆蒸汽发生器主要制造工艺瓶颈获得突破（见图 7）。高温气冷堆示范工程的蒸汽发生器单台功率 253MW，将 205℃的过冷水加热到 566℃、13.5MPa 的过热蒸汽，由 19 个换热组件构成，每个换热组件由多层螺旋盘管组成。设备参数高，结构复杂，采用了多项创新性设计及制造工艺。

（8）高温气冷堆核电站示范工程的控制棒驱动机构样机完成了冷态性能验证试验、热态工程验证试验和抗震鉴定试验，试验运行寿命完全满足 40 年的设计指标，设计定型，开始产品制造。

（9）高温气冷堆核电站示范工程数字化保护系统工程样机完成质量鉴定。

2. 高温气冷堆核电站示范工程

高温气冷堆核电站示范工程是我国核电重大专项的重要成果之一，预期在 2017 年建成具有自主知识产权的 20 万千瓦级模块式高温气冷堆商业化示范电站，为发展第四代核电技术奠定基础。通过示范工程的设计与建造，我国已掌握了商业规模模块式高温气冷堆核电站的总体设计技术和建造技术。示范工程的总体技术目标是：固有安全性；潜在的经济性；基于 HTR-10，减少技术风险；为实现模块化设计和建造提供基础。示范工程的总体技术方案是：采用球床模块式高温气冷堆，单区球床堆芯，两个反应堆模块通过两台蒸汽发生器配一台汽轮发电机组，功率规模为 20 万千瓦级。示范工程初步设计已完成，初步安全分析报告已经通过安全审查，目前施工图设计阶段已经进入尾声。示范工程于 2012 年底在山东荣成正式开工建造，目前反应堆厂房土建已经到屋顶，进展顺利，即将启动安装工作；反应堆压力容器等部分大型关键设备将在 2015 年到厂，预计核岛厂房 2015 年封顶。

3. 我国再次成功主办高温气冷堆技术国际会议

2014 年 10 月 27—31 日，由清华大学核能与新能源技术研究院主办的第七届国际高温气冷堆技术会议（HTR2014）在山东威海举行。

高温气冷堆技术国际会议每两年一届，是世界上唯一一个聚焦于高温气冷堆发展以及热应用技术的国际会议。自 2002 年以来，迄今已成功举办了 7 届。据会议统计，本次国际高温气冷堆技术会议参会人数、论文投稿量均为历史最高。

4. 高温气冷堆未来技术发展

为进一步推动高温气冷堆的市场应用和技术进步，着力建设一个国际一流具有自主知识产权的高温气冷堆产业体系，拓展高温气冷堆先进核能技术在更广泛的能源领域替代传统化石能源，早日实现我国核能“走出去”战略，在国内外市场的产业化应用上取得突破，我国正在制定高温气冷堆技术的未来发展规划，主要包括：示范工程后续 60 万千瓦模块式高温气冷堆热电联产机组、超高温气冷堆氦气透平直接循环发电技术和高温制氢技术等。

（1）60 万千瓦模块式高温气冷堆热电联产机组[8]：在 HTR-PM 示范工程的基础上，已经启动部署产业化规模的 60 万千瓦模块式高温气冷堆热电联产机组总体方案研究，概念设计工作正在开展。研究目的是发展产业化规模的多模块高温气冷堆，用于安全、高效、经济的热电联产，既可安全高效发电，又可提供高温蒸汽用于区域供热、稠油开采、石油化工、煤液化等多种工艺热应用领域。这是当前国际高温气冷堆研发与应用领域的主流方向。机组总体技术目标是：安全上达到国际第四代核电标准；热电联产，面向国内国际市场；具备经济竞争力；采用经示范工程验证的技术。机组总体技术方案预计采用与 HTR-PM 相同的球床模块式高温气冷堆，6 个反应堆模块通过 6 台蒸汽发生器配 1 台汽轮发电机组，功率规模为 60 万千瓦级；汽轮机设置抽汽接口，可抽取不同温度和压力的蒸汽用于工艺热应用。目前，60 万千瓦模块式高温气冷堆热电联产机组总体技术方案已通过专家评审，标志着模块式高温气冷堆产业化准备工作全面开启，有望使我国在国际先进核能领域实现“超车发展”。

（2）超高温气冷堆技术：在当前模块式高温气冷堆技术的基础上，已制定超高温气冷堆技术的进一步研发计划并启动预研工作。超高温气冷堆技术未来进一步提高反应堆堆芯出口温度至 900 ~ 1000℃，可用氦气透平循环实现更高效的安全发电，同时可用于煤气化、天然气重整等更大范围的工艺热应用，并可实现大规模核能制氢，用于替代交通和金属冶炼领域的化石能源。正在进行的研究有：耐更高温的燃料元件技术、氦气透平技术、高温氦 / 氦中间换热器技术、高温电磁轴承技术、高温核能制氢技术等。

三、国外发展态势

1. 第四代核能系统国际论坛中超高温气冷堆的研发

第四代核能系统国际论坛（GIF）是由美国政府于本世纪初发起的，共有美、法、日、欧盟、韩、加、南非、俄、瑞士和中国等十多个国家和国际组织参加。在其技术路线图选定的六个堆型中，高温气冷反应堆（或者超高温气冷堆）（V/HTR）被公认为是有望率先实现商业推广应用的堆型之一。因此，V/HTR 也是参与国家和组织最多的一种堆型。

在 2014 年 1 月发布的第四代核能系统升版的技术路线图（Technology Roadmap Update for Generation IV Nuclear Energy Systems）[10] 把出口温度 700 ~ 950℃的模块式高温气冷堆也纳入 V/HTR 的范围。我国目前正在建设的 HTR-PM 示范工程出口温度 750℃即在这一范围，满足第四代核能系统的要求。

GIF 框架内各国合作开展的高温气冷堆研发工作包括燃料与燃料循环、材料、制氢、计算方法和标准例题、设备和高性能涡轮机械、设计 / 集成 / 评估等。我国目前在 GIF 的高温气冷堆研发中居于重要地位。

2. 美国 NGNP 项目

美国是高温气冷堆技术基础最强的国家之一。自上世纪 60 年代起就开始了相关技术开发，建造了早期的实验堆、原型堆。在 80 年代初，三哩岛事故后更加注重核安全，提出的先进核能系统就包括了模块式高温气冷堆。通用原子能公司（GA）完成了模块式高温气冷堆核电厂概念设计。

2005 年美国能源政策法案批准了“下一代核电厂”（Next Generation Nuclear Plant，NGNP）项目[11]，其目标是 2021 年前建成利用高温气冷堆技术的核能电 / 热（或氢）联产厂，使核能利用延伸到更宽广的工业和交通领域，降低化石燃料消耗和污染，并在现有的商业化轻水堆技术基础上提高固有安全性。

随着工作深入，NGNP 项目的方向和目标也做了调整。由原来的产氢和发电目标改为工业供热和发电。产氢作为更高的目标留待下一步实现，而当前更为紧迫和现实的目标则被设定为：利用高温气冷堆向美国的工业蒸汽用户（诸如石油化工、化肥生产、煤炭液化以及稠油热采等工业）提供高温蒸汽以替代天然气燃料。由于这一目标的调整，NGNP 项目的堆芯出口温度降低到 750 ~ 850℃。

美国能源部橡树岭国家实验室 2009 年针对中国高温气冷堆发展发表了研究报告，结论认为：“中国开发和推广他们球床堆的战略是高度创新的，并充分利用了中国独有的优势……如果中国成功建造了一个既提高了安全性又经济的模块式反应堆，这样一个核技术上的根本转变会使中国成为在向其他国家销售商用核反应堆方面的世界领先者。”

3. 日本高温气冷堆研发进展

2014 年，日本发布新的战略能源发展规划（Strategic Energy Plan，日本内阁 2014 年 4 月 11 日批准），明确阐述了推动固有安全的高温气冷堆技术发展对促进日本核能安全和制氢等工业应用的重要性。基于这一政策，日本文部科学省 10 月发布了高温气冷堆技术及其在发电和制氢等工艺热应用的中期评估报告，提出了在日本 30MW 高温气冷堆试验堆 HTTR 的基础上，未来十年日本高温气冷堆技术的发展方向。

特别值得关注的是，日本计划利用 HTTR 试验堆和氦气透平技术实现国际首个高温气冷堆氦气透平发电，计划于 2020 年建造完成；计划耦合 HTTR、氦气透平和高温制氢技术实现高温气冷堆联产电力和制氢，计划于 2023 年建造完成。

基于未来十年的高温气冷堆发展规划，日本甚至提出了发展国内第一个 300 兆瓦级高温气冷堆商业示范电站 GTHTR300/GTHTR300C 的概念，用于氦气透平高效发电和商业化制氢，远期规划于 2030 年完成设计，2040 年前投入运行。

4. 其他国家高温气冷堆研发和项目情况

欧盟：2000 年启动了 HTR-TN 计划，在欧盟框架计划（FP）的支持和统一协调下，各国合作开展高温气冷堆的研发工作，包括设计方法和工具，燃料、材料、氦系统技术，耦合技术等。2011 年，在欧盟可持续核能技术平台（SNETP）的项目框架下，启动了核能热电联产项目（NC2I）。第一个示范项目的设计、许可证申请将需要大量的前期投资。在此背景下，欧盟和美国共同启动 GEMINI 项目，其目的是在设计、许可证申请、最终示范工程的建设等方面实现欧盟和美国之间的通力合作以及平行推进。

韩国：2006 年韩国原子能研究院（KAERI）就开始了核能制氢的研究。2008 年政府批准了核能制氢的关键技术研发国家计划以及“核能制氢研发演示项目（NHDD）”长期计划。项目目标是设计并建造一套核能制氢系统，演示其安全性和可靠性。计划 2022 年完成建设、2026 年完成原型演示。

四、建议

为了在国际先进核能技术发展激烈竞争中继续保持我国在该领域的领先地位，加快实现我国能源结构调整、推动核能在更广泛能源市场需求中的替代作用，建议如下：

（1）在国家科技重大专项框架下，积极开展 HTR-PM 示范工程的后续 60 万千瓦级产业化机组研发，依托 HTR-PM 经过验证的模块化反应堆技术，实现热电联产，进一步推动高温气冷堆的市场应用和技术进步，着力建设一个国际一流具有自主知识产权的高温气冷堆产业体系，在国内外市场的产业化应用上取得突破。重点研究的领域包括：燃料元件的大规模高效生产、石墨国产化、电磁轴承技术、多模块协调控制技术、热电联产技术等。

（2）加快发展超高温气冷堆技术，为高温气冷堆技术的更高效率发电和更广泛领域的工艺热应用、特别是大规模制氢技术奠定基础。重点研究的领域包括：超高温气冷堆总体设计技术、高温氦气透平发电技术、高温电磁轴承技术、高温氦 / 氦中间换热器技术、高温核能制氢技术等。

（3）积极参与并领导国际合作，围绕高温气冷堆热电联产和超高温气冷堆等领域的关键技术开展合作研究，解决高温关键材料、高性能燃料、工艺热应用、高温制氢技术、总体设计和安全分析技术、关键设备等方面的问题，使我国的高温气冷堆技术引领国际先进核能技术发展潮流。

— 大事记 —

2008 年 2 月，国务院批准了《高温气冷堆核电站重大专项总体实施方案》，高温气冷堆核电站示范工程正式进入启动实施阶段。

2008 年 6 月，高温气冷堆核电站示范工程初步设计通过专家评审。

2012 年 12 月，高温气冷堆核电站示范工程项目正式获得国家核安全局颁发的建造许可证。

2012 年 12 月，经国务院批准，高温气冷堆核电站示范工程现场浇灌第一罐混凝土，标志着世界上首座具有第四代核电安全特征的商用示范电站正式开工建设。

2014 年 8 月，高温气冷堆核电站示范工程的心脏装备—世界首台套大功率电磁轴承主氦风机工程样机研制成功，通过业内专家评审和鉴定。这台高温气冷堆主氦风机无论是功率还是技术水平都属于世界领先，是世界高温气冷堆先进核电技术研发中的主要技术难关。试验的热功率达到 10MW，电加热功率 6.5MW，最高试验温度可达 780℃，氦气压力为 7MPa。

2014 年 9 月，高温气冷堆核电站示范工程的核心设备—蒸汽发生器完成首套螺旋盘管组件的安装，标志着我国高温气冷堆蒸汽发生器主要制造工艺瓶颈获得突破。高温气冷堆示范工程的蒸汽发生器单台功率 253MW，将 13.5MPa 的过冷水从 250℃加热到高达 566℃的过热蒸汽，由 19 个换热组件构成，每个换热组件由多层螺旋盘管组成。设备参数高，结构复杂，采用了多项创新性设计及制造工艺。

2014 年 10 月，由清华大学核能与新能源技术研究院主办的第七届高温气冷堆技术国际会议在我国高温气冷堆核电站示范工程的厂址——山东威海成功召开，本次国际高温气冷堆技术会议参会人数、论文投稿量均为历史最高。

2014 年 12 月，我国高温气冷堆球形燃料元件在荷兰 PETTEN 成功结束辐照检测，各项性能指标达到国际先进水平，最高燃耗达到 110 000MWd/tU，高于反应堆实际运行时燃料元件的最高消耗，裂变气体释放率维持在 10^{-9} 水平，远优于设计指标，表明我国完整自主知识产权的燃料元件从技术到工艺都是成功的，标志着中国高温气冷堆核电站项目取得重要进展。

2014 年 12 月，全球首条高温气冷堆核电站示范工程燃料元件生产线建成，年产能力为 30 万个燃料球，将为高温气冷堆核电站示范工程提供首炉燃料元件和后续换料燃料元件。

2014 年 12 月，高温气冷堆核电站示范工程数字化保护系统工程样机完成质量鉴定。

2015 年 1 月，60 万千瓦模块式高温气冷堆热电联产机组总体技术方案通过业内专家评审，标志着模块式高温气冷堆产业化准备工作全面开启。

— 参考文献 —

[1] International Atomic Energy Agency. Current Status and Future Development of Modular High Temperature Gas Cooled Reactor Technology[R]. IAEA-TECDOC-1198. 2001.

[2] Wu，Z.X.，Lin，D.C.，Zhong，D.X. The design features of the HTR-10[J]. Nuclear Engineering and Design，2002，218：25-32.

[3] Zhang，Z.Y.，Yu，S.Y. Future HTGR Developments in China after the Criticality of the HTR-10[J]. Nuclear Engineering and Design，2002，218：249-257.

[4] Zhang，Z.Y.，Wu，Z.X.，Sun，Y.L.，Li，Fu. Design Aspects of the Chinese Modular High-temperature Gas-cooled Reactor HTR-PM[J]. Nuclear Engineering and Design，2006，236：485-490.

[5] Zhang，Z.Y.，Sun，Y.L. Economic Potential of Modular Reactor Nuclear Power Plants Based on the Chinese HTR-PM Project[J]. Nuclear Engineering and Design，2007，237：2265-2274.

[6] Zhang，Z.Y.，Wu，Z.X.，Wang，D.Z.，et al. Current Status and Technical Description of Chinese 2 × 250MWth HTR-PM Demonstration Plant[J]. Nuclear Engineering and Design，2009，239：1212-1219.

[7] The United States Department of Energy's Nuclear Energy Research Advisory Committee（NERAC），the Generation IV International Forum（GIF）. A Technology Roadmap for Generation IV Nuclear Energy Systems[R]. 2002.

[8] Zhang，Z.Y.，Wang H.T.，Dong，Y.J.，Li，F. Future Development of Modular HTGR in China after HTR-PM [C] // Proceedings of the HTR 2014，2014.

[9] 中华人民共和国国务院. 2006. 国家中长期科学和技术发展规划纲要（2006—2020 年）[Z]. 国家科技规划，306-01-2006-774.

[10] The Generation IV International Forum（GIF）. Technology Roadmap Update for Generation IV Nuclear Energy Systems[R]. 2014.

[11] Idaho National Laboratory. Next Generation Nuclear Plant，Pre-Conceptual Design Report，INL/EXT-07-12967 [R]. 2007.

撰稿人：张作义　董玉杰　王海涛
审稿人：孙玉良　李　富

快中子堆

一、引言

我国从 20 世纪 60 年代中期即开始快堆技术研究，通过 20 多年的理论和实验研究，初步掌握了快堆中子学和液态金属钠热工水力性质、钠净化、钠与快堆结构材料的相容性机理、小型钠设备和仪表，建成了多台套实验装置和钠回路，另外还建成了一座快中子零功率装置。这一阶段的研究工作是我国快堆技术的前期基础研究阶段，为此后我国快堆技术发展提供了技术储备。

到 1987 年，快堆技术发展纳入国家“863”高技术发展计划，确定了以热功率 65MW、试验发电功率 20MW 中国实验快堆为工程目标，并为此配套开展了 9 大课题 61 个子课题进行建堆前预研，完成了设计计算、程序收集和开发、中国实验快堆概念设计、钠净化、分析和处置工艺技术研究、钠水反应及其探测、钠沸腾和燃料组件堵流安全实验及诊断实验、钠热工仪表的研制、燃料、材料研制及性能验证、燃料组件模拟件和小口径阀门的研制等工作，建成了 20 台套实验装置和钠回路，同时还建成了约 18000 m^2 的快堆研究实验室，形成了中国快堆研究中心的雏形。这一阶段是我国快堆工程技术的研究阶段，为中国实验快堆的设计和建造进行了技术准备。

我国快中子增殖反应堆的发展战略是“实验快堆、示范快堆、商用快堆”三步走。在 1995 年，中国实验快堆工程立项，在完成前期设计和实验验证的基础上，2000 年 5 月开始建造，2010 年 7 月首次临界，2011 年 7 月实现首次并网发电，2014 年 12 月实现满功率运行，达到设计指标。

二、国内发展情况

（一）我国快堆技术发展概况

经过多年的技术积累，特别是通过中国实验快堆工程的带动，完成了快中子增殖反应堆三步走发展战略的第一步，目前已形成了较为系统的快堆技术体系，具备了进入第二步发展的基础，也是保证快中子增殖反应堆发展战略跨阶段持续发展的关键时期。

1. 关键基础技术

作为核反应堆基础，必须首先掌握快堆的中子学、热工水力、力学、燃料、材料等基础技术。同时，由于主要特性与压水堆等热中子堆差异巨大，必须建立起全新的技术体系。

在中子物理方面，我国掌握了快中子装置的反应堆物理特性和相关理论，在与中子能谱相关的截面库制定、临界输运计算等方面都已深入了解和掌握。

在液态金属热工水力方面，通过研究实验，我国掌握了棒束、换热管及其他条件下的钠热工水力特性、数据及其计算分析方法。

在燃料方面，对氧化物陶瓷燃料和金属燃料两条技术路线做了比较研究，对MOX燃料进行了全面技术摸底，在MOX燃料的设计及制造技术方面开展研究，形成了一定的技术基础。

在材料方面，通过进行钠相容性实验、钠中腐蚀试验、质量迁移实验等一系列的实验研究，选出了适合钠冷快堆的国产奥氏体不锈钢，并已经在中国实验快堆上进行了实际应用。对于冷却剂材料，在探索比较了多种冷却剂之后，最终选择了国际主流的液态金属钠方案。通过多年研究，全面掌握了核级钠制备、净化、分析等技术，掌握了钠火、钠水反应事故特性及其应对技术。

2. 快堆设计

在标准规范方面，基本建立了适合于钠冷快堆的标准规范体系。该体系以我国现有核电标准体系为基础，吸收世界快堆先进国家的经验，既考虑技术、安全等要求的前瞻性，也考虑我国的工业基础的可实现性。

中国实验快堆设计中采用的标准规范、准则和技术条件达750多个，其中自主编制的专门标准和技术条件127个，为后续快堆工程技术研发、快堆电站设计和建造以及安全评审等奠定了重要的基础。

在设计软件方面，通过引进和自主开发，最终形成了配套的80多项专业软件，涵盖物理、热工、屏蔽、力学、燃料、系统、安全等各专业，并最终用该套软件完成了中国实验快堆的设计。

在安全设计方面，建立了钠冷快堆安全有关的准则和标准，开发设计了非能动事故余热排出系统、非能动虹吸破坏装置、非能动超压保护系统、非能动钠泄漏接收系统及堆芯熔化捕集器等安全系统，并建立了池式钠冷快堆的事故分析方法学和体系。

3. 关键设备

在反应堆设计完成后，反应堆功能的实现是要靠具体的功能设备来完成的。由于缺乏必要的经验和数据，中国实验快堆的主泵、蒸汽发生器、控制棒驱动机构等设备从俄罗斯购入，其余约 70% 的设备实现了国产化设计和制造加工。

由于快堆具有高温、低压的特点，故设备与中温、高压的压水堆设备有很大不同，大部分是低压薄壁容器，铸锻件较压水堆大幅度减少。但由于采用了一回路一体化集成设计，反应堆容器的尺寸相比同功率压水堆容器要大。从材料上看，大部分是 304、316 等奥氏体不锈钢。

经过中国实验快堆的工程拉动，国内建立起了相应的制造加工能力和制造工艺，基本形成了配套的快堆设备供应链。

4. 快堆工程建造

由于系统和土建结构与压水堆差异巨大，快堆的工程建造有其独特的特点。

首先，快堆反应堆本体尺寸大、重量大，不能在工厂完成全部加工制造，只能加工成部件后，运抵现场进行组装。如中国实验快堆的主容器直径为 8m、高 12m，堆内构件多达 5.5 万件，总重超过 700t；同时，由于反应堆内充入金属钠后，基本在寿期内无法再进行在役检查，需要随安装工作就要做好细致的役前检查；在堆本体安装完成后，无法进行水冲洗，必须确保堆本体的清洁度。而这一切的工作必须是和土建施工交叉进行，施工组织难度大。

其次，由于快堆的安全壳无需承内压，在结构上没有压水堆安全壳的预应力混凝土施工及顶盖整体吊装等施工项目，但由于屏蔽等专业需要，有较多的重混凝土和钢覆面施工。在堆坑、反应堆大厅顶盖施工等方面有较大难度。

第三，快堆的调试有着明显不同于压水堆的自身规律。一是所有钠系统的清洁度必须由安装工作保证，二是钠从生产到运输、充装、净化等操作必须在密闭的环境下进行，三是钠 - 钠 - 水三回路动态耦合特性相对比较复杂。

经过多年的技术攻关和工程实践，我国目前已基本掌握快堆土建、安装、调试等工程技术。

（二）快堆工程

在中国实验快堆建成之后，按照“实验快堆—示范快堆—商用快堆”发展战略，我国从 2011 年开始进行示范快堆 CFR600 的研发工作。根据国际发展趋势，示范快堆电站的安全性、可持续性等主要目标应达到第四代核能系统的要求，并结合 CEFR 的工程实践经验，借鉴世界其他快堆技术发达国家的方案，确定了 CFR600 总体性的技术方案。CFR600 主要技术参数表见表 1。

表 1 CFR600 主要技术参数表

参数名称	数值或质量指标
总体参数	
电功率，MW	600
热功率，MW	1500
热效率，%	40%
燃料	MOX 燃料
设计最大比燃耗，MWd/t	100000
增殖比	大于 1.1
冷却剂	钠 - 钠 - 水
堆芯：	
——高度，mm	1000
——燃料棒最大线功率设计限值，kW/m	43
——控制体吸收材料	碳化硼（B_4C）
一回路参数：	
——反应堆入口处钠温，℃	358
——反应堆出口处钠温，℃	540
——回路中钠流量，kg/s	7144
——反应堆气腔压力，MPa	0.15
——环路数	2
二回路参数：	
——蒸汽发生器入口钠温，℃	505
——蒸汽发生器出口钠温，℃	308
——钠流量，kg/s	5962
——环路数	2
三回路参数：	
——蒸汽发生器入口给水温度，℃	210
——蒸汽发生器出口蒸汽温度，℃	485
——过热蒸汽产量，t/h	2278.8
——蒸汽发生器出口蒸汽压力，MPa	14
非能动事故余热排出系统	
布置位置	主容器内
通道数量 × 换热功率（MW）	4 × 12
设计功率（总），MW	48（3.2%Pn）
堆芯熔化概率	$< 10^{-6}$
严重事故下大量放射性物质释放至环境的频率	$< 10^{-7}$
电厂寿期，年	40

注：Pn 指额定功率。

1. 反应堆和主热传输系统

（1）反应堆堆芯。

CFR600 采用分区堆芯布置，径向和轴向布置转换区，在给定的最大线功率和最高燃耗水平限值下，优化堆芯布置方案。

CFR600 堆芯燃料组件按富集度不同分成内、中、外三区，堆芯控制棒系统由包括 3 根非能动安全棒在内的 31 根控制棒组成。

堆芯等温温度反应性效应和功率反应性效应皆为负值，燃料区允许局部区域钠空泡反应性为稍正，但各类工况下总体反应性效应为负值，确保反应堆具有固有安全性。

（2）堆本体。

CFR600 堆本体结构选用一回路与反应堆一体化紧凑布置的座池式结构方案。一回路设置两个环路，每个环路布置一台钠循环泵、两台中间热交换器。堆芯支承结构用于安装固定堆芯组件并为堆芯和堆内用钠设备分配各自的流量。堆内支承结构用于承受堆芯支承结构、堆内构件和各堆内设备的重量并传递给堆容器。采用三旋塞方案，直拉式换料机布置在小旋塞上。

池式结构紧凑，极大地减少了一回路放射性钠泄漏隐患，且池内钠液有极大的吸热能力，能大大缓和各瞬态工况对部件的热冲击，提高堆的固有安全性。同时，座装容器结构抗震性较好、易于安装，一回路设备与容器之间的温度位移补偿较简单。在堆容器内布置耐高温堆芯熔融物收集盘，用于收集假想的超设计事故时堆芯的熔融燃料并保持冷却，防止发生二次临界，并阻止熔融燃料烧穿堆容器引起大量放射性物质向周围环境扩散。

（3）主热传输系统技术方案。

采用钠 - 钠 - 水 / 汽三回路系统。一回路布置在堆容器内，一、二回路为并联的两个环路，两个环路可独立运行，采用模块式蒸汽发生器组。

整个电厂热传输与发电系统可以达到 40% 以上的热效率。

2. 燃料操作系统

燃料操作系统包括新组件工艺运输系统、换料系统、乏燃料工艺运输系统。CFR600 新燃料库设置在核岛厂房内，换料系统由堆内换料系统和堆外换料系统两部分组成。共有三个乏燃料贮存水池（其中有一个备用池），设置在反应堆厂房内，设计容量除满足电厂正常运行期间卸出乏燃料的贮存外，还保证在任何时刻有足够贮存位置以接收在事故情况下从堆芯卸出全部组件。

3. 钠净化系统

CFR600 的钠净化系统分为一回路钠净化系统和二回路钠净化系统。其中，一回路钠净化系统用于净化反应堆主容器中的钠，保持反应堆安全运行要求的钠的纯度，同时该系统还负责主容器首次充钠前对一回路储罐中的钠进行净化，主要杂质是氧和活化腐蚀产物；二回路钠净化系统用于净化二回路、事故余热排出系统等非放射性钠，主要杂质是氧和氢。

4. 安全系统

（1）事故余热排出系统。

CFR600 的非能动事故余热排出系统由 4 条相互独立的冷却环路构成，任意 2 条正常工作就可以有效地保证反应堆堆芯余热的排放。系统采用自然循环的方式排出堆芯余热，不需要柴油发电机供电。

（2）安全壳。

CFR600 的安全壳采用非承压设计，包括安全壳结构、安全壳排热系统、安全壳空气净化系统。安全壳结构强度的计算中主要考虑由设计基准事故下可能产生的内部超压、负压、温度、飞射物撞击、各种可燃气体的燃烧效应等。

安全壳需要包容的最为严重的事故有两项：一是堆芯熔化的严重事故；一是大型一回路放射性钠火。其包容功能要做到不需要厂外公众的紧急撤离，达到实质性消除大规模放射性释放的第四代核能系统的要求。

三、国际发展情况

目前，钠冷快堆是世界核能发展研究热点之一，有多个国家正在或有意发展快堆。其中，俄、法、美、日、印、韩等国的发展情况具有一定的代表性。

1. 俄罗斯

俄罗斯是最早开始发展快堆的国家之一，也是目前世界上运行快堆电站数目最多的国家，积累了 140 堆年的快堆运行经验，占世界快堆运行堆年数的 35%[1]。

俄罗斯总共建成并运行过四座快堆，分别是 BR-5/10，BOR-60，BN-350 及 BN-600，正在建设的 BN-800 已达临界，BN-1200 正在计划中，各堆主要参数如表 2 所示[2]。

表 2　俄罗斯快堆主要设计参数

	BR-10	BOR-60	BN-350	BN-600	BN-800	BN-1200
规模	实验堆	实验堆	原型堆	原型堆	商用堆	商用堆
临界时间	1958	1968	1972	1980	2014	—
目前状态	已关闭	运行中	已关闭	运行中	调试阶段	设计阶段
热功率，MW	8	55	750	1470	2100	2800
电功率，MW	—	12	130	600	880	1220
一回路布置方式	回路式	回路式	回路式	池式	池式	池式
燃料	UN	UO_2，MOX	UO_2	UO_2	MOX	MOX 氮化物
堆芯进口钠温，℃	350	310 ~ 330	280	365	354	410
堆芯出口钠温，℃	470	530	430	535	547	550
出口蒸汽温度，℃	—	430	410	505	490	510
蒸汽压力，MPa	—	8	4.5	13.2	13.7	17.0

俄罗斯重视快堆的发展，预计于 2015 年完成 1200MWe 大型快堆电站 BN-1200 的设计固化，并计划在 Beloyarsk 开展 BN-1200 建设（2015 年 4 月宣布“无限期推迟”）。

俄罗斯在发展快堆的同时，也在同步开发快堆燃料循环技术，重点在 MOX 燃料技术、氧化物燃料的干法后处理技术及堆与燃料循环设施的一体化设计等。

2. 美国

美国从 20 世纪 40 年代便开始了对快堆技术的研究，是最早开始研究快堆技术的国家。从世界上第一座快堆克来门汀（Clementine）开始，先后建成并运行 7 座快堆[3]。美国快堆技术经历超过半个世纪的发展，在快堆技术领域积累了大量宝贵经验。美国快堆主要参数见表 3。

表 3　美国快堆主要技术选项

堆　名	热 / 电功率（MW）	一回路布置	冷却剂	燃料	临界时间	关闭时间
Clementine（E*）	0.025/0	回路式	水银	Pu	1946.11	1952
EBR-I（E*）	1.2/0.2	回路式	NaK	U	1951.12	1963
LAMPRE（E*）	1.0/0	回路式	钠	Pu	1961	1965
EBR-II（E*）	62.5/20	池式	钠	U-Zr 合金	1961	1998
Fermi（E*）	200/61	回路式	钠	U 合金	1963	1975
SEFOR（E*）	20/0	回路式	钠	MOX	1969	1972
FFTF（E*）	400/0	回路式	钠	MOX	1980	2001.12
CRBR（P*）	975/380	回路式	钠	MOX	1983.10 中止计划	
ALMR（P/D*）	840/303	池式	钠	U-Pu-Zr	1994.9 中止计划	

注：* 标记处 E 表示实验快堆，P 代表原型快堆，D 代表示范快堆或商用快堆。

从 20 世纪 90 年代开始，出于能源需求增长缓慢、防止核扩散等多种原因，美国的建堆工作中途停止，但其对快堆技术的研究却一直在进行。美国全球核能伙伴计划（GNEP）中对 600MW 先进焚烧快堆 ABR 进行过研究，当前美国的在研快堆主要包括通用公司的 138MW 模块式快堆 PRISM、泰拉公司的 600MW 长换料周期行波堆原型堆 TWR-P 等[4]。

3. 法国

法国从 20 世纪 60 年代至今共设计并建设了三座快中子反应堆，分别为实验快堆狂想曲（Rapsodie），原型快堆凤凰堆（Phenix）及与德、意合建的大型商用快堆超凤凰堆（Super-Phenix）[5]。法国建立了完整的快堆发展路径，是世界上第一个建设并运行过大型商用快堆的国家[6]，在大型快堆的设计、研发及运行方面均处国际领先水平。法国快堆主要技术选项见表 4[7]。

表 4　法国快堆主要技术选项

参　　数	Rapsodie	Phenix	Super-Phenix
热功率，MWth	40	563	2990
电功率，MWe	0	250	1242
热效率	—	45.3%	40%
一回路布置	回路式	池式	池式
燃料	MOX	MOX	MOX
堆芯入口温度，℃	400	395	395
堆芯出口温度，℃	515	560	545
出口蒸汽温度，℃	—	512	490
蒸汽压力，MPa	—	16.3	18.4

法国钠冷快堆的技术路线也较为明确。除了实验快堆狂想曲之外，凤凰及超凤凰堆均采取池式布置。三座快堆均使用 MOX 燃料[8]。

在 2006 年，法国政府提出重新开始发展钠冷快堆技术，并启动了 600MW 的第四代先进钠冷原型快堆 ASTRID 的预先研究及设计工作[9]，目前计划 2019 年完成初步设计，2025 年达到首次临界。ASTRID 研发、设计及建造的一个重要目的就是对钠冷快堆在燃料循环方面的作用进行示范验证，为其以后闭式燃料循环的建立打下基础[10]。

4. 日本

日本从 20 世纪 60 年代开始发展快堆技术，截至目前共建成两座快堆，分别是实验快堆常阳（Joyo）和原型快堆文殊（Monju）。这两座快堆的主要技术选项见表 5[11]。

常阳堆是日本设计建造的第一座快中子反应堆，于 1977 年 4 月 24 日首次达到临界。1984 年在常阳堆内成功实现了对乏燃料中钚的回收利用，示范了核燃料循环的可行性。

文殊堆是日本的第一座原型快堆[12]，于 1994 年 4 月到达临界，并于次年 8 月实现 40% 功率水平发电。但在同年 12 月 8 日，文殊堆出现了一次二回路钠泄漏事故，漏钠约 670kg，并引起钠火，之后被暂停运行。直到 2005 年，日本最高法院批准了文殊堆的重运行申请。2010 年 5 月，文殊堆开始了系统启动测试。2010 年 8 月，堆内转运机发生故障，目前仍处于停堆状态。

表 5　日本快堆主要设计参数

参　数	常阳堆	文殊堆	参　数	常阳堆	文殊堆
热功率，MW	140	714	堆芯入口温度，℃	350	397
电功率，MW	—	280	堆芯出口温度，℃	500	529
一回路布置	回路式	回路式	出口蒸汽温度，℃	—	487
燃　料	MOX	MOX	蒸汽压力，MPa	—	12.5

日本的快堆技术选择明确，燃料均采用混合氧化物，一回路布置为回路式[13]。目前正在研发 1500MWe 的大型商用快堆 JSFR[14]。日本原子能机构联合日本的电力公司发展了 FaCT 项目[15]。在 FaCT 项目中，示范快堆将在 2025 年左右开始运行，2050 年左右将部署基于示范快堆循环系统经验的商业快堆循环系统。以后，将持续利用快堆来代替轻水堆[16]。

福岛核事故发生后，日本政府重新调整了核能政策。今后日本核能发展的重点方向包括增强反应堆安全性能、提高乏燃料储存及后处理的能力、继续推进核燃料循环政策[17]。

5. 印度

印度铀资源贫乏，而钍资源十分丰富。因此，印度制定了有别于其他国家的快堆技术发展战略，即发展钍铀（Th-^{233}U）循环，可称为印度的“快堆发展三步走战略”。具体的三步走战略见图 1[18]。

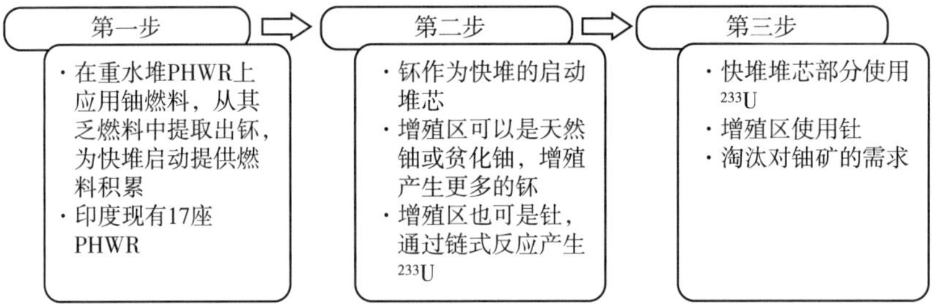

图 1　印度的快堆发展三步走战略

印度从 20 世纪 60 年代开始其第一座实验快堆 FBTR（参数见表 6）的设计，引进法国技术并于 1974 年开始建造，1984 年建设完成。1985 年 10 月，FBTR 到达临界。此后反应堆进行了一系列升级措施，最终于 1997 年实现并网发电。

FBTR 设计及建造过程吸收了很多法国 Rapsodie 实验堆的经验，关键设备，如反应堆容器、旋塞、控制棒驱动机构、钠泵、蒸汽发生器等，均是在法国技术的指导下由印度本土厂商制造完成的。FBTR 采用高钚含量的铀钚混合碳化物燃料，该燃料由巴哈巴（Bhabha）原子能研究中心自主开发并生产，这是世界上首次成功使用混合碳化物燃料作为驱动燃料的记录[19]。

20 世纪 80 年代，印度开始了原型快堆 PFBR（参数见表 6）的设计，并于 2004 年开始建设，目前正在调试中，2015 年已达到首次临界。印度计划在 PFBR 设计改进的基础上，再建设六个快堆机组 CFBR（6×500MWe，MOX 燃料），目前正在设计中。

表 6　印度快堆主要设计参数

参　数	FBTR	PFBR[20]	参　数	FBTR	PFBR[20]
热功率，MW	40	1250	堆芯入口温度，℃	380	397
电功率，MW	13.2	500	堆芯出口温度，℃	515	547
一回路布置	回路式	池式	出口蒸汽温度，℃	480	493
燃　料	（U–Pu）C	MOX	蒸汽压力，MPa	12.6	17.2

6. 韩国

韩国资源非常有限，97% 的能源都依靠进口，因此发展核电非常重要。压水堆是目前韩国核电的主要堆型。

1997 年以前，韩国做了钠冷快堆的大量基础关键技术研究，1997—2001 年期间完成了 KALIMER–150（150MW）的概念设计和基本技术发展，在此基础上又于 2002—2006 年完成了 KALIMER–600（600MWe，参数见表 7）的概念设计，主要包括堆芯、燃料组件、系统和机械结构设计等内容，并研发出双壁管蒸汽发生器和在线钠泄露检测技术。

表 7　韩国快堆（KALIMER–600）主要设计参数

电功率，MW	600	堆芯进 / 出口温度，℃	390.0/545.0
热功率，MW	1523.4	冷却剂流量，kg/s	7731.3
电厂效率，%	39.4	蒸汽流量，kg/s	663.25
反应堆类型	池式	出口蒸汽温度，℃	503.1
环路数	2	蒸汽压力，MPa	16.5
金属燃料	U–TRU–10%Zr		

2008 年，韩国原子能组织提出先进钠冷快堆的长期发展计划；2011 年，韩美两国商定未来 10 年分三个阶段联合研究核燃料干式处理和钠冷快堆技术。韩国设计了完整的快堆燃料循环方案，采用干法后处理方法处理核废料，以解决韩国乏燃料管理问题，并计划于 2025 年建成后处理工厂。根据计划，韩国将于 2018 年开发出金属燃料制造技术，在 2024 年建成 U–Zr 燃料制造工厂。

韩国原子能研究机构也在致力于新技术开发，包括大型钠热工水力实验、超临界 CO_2 布雷诺循环系统、超声波探测以及计算机程序的开发，计划在 2028 年建成钠冷快堆示范电厂。

四、展望与建议

利用快堆可以实现核燃料的有效增殖，大大提高天然铀资源利用率。快堆也可以对水堆乏燃料中的次锕系核素和长寿命裂变产物进行嬗变，大大减少核废料的体积及需要地质储存的时间，从而缓解核废料给环境带来的长期压力，是形成核燃料闭式循环的核心环节。

另外，在可应用于特殊场合的小型化长寿命可移动反应堆方面，快堆也很有优势。先进中小型堆具有总体投资规模较小、安全性更高、厂址要求低、利用形式多样等优势，能够更加灵活地满足市场需求。其中的小型液态金属冷却快堆可设计成具有换料周期更长、固有安全性更高、结构更为紧凑等优势的反应堆，作为小型堆的重要类型和研究方向之一，国际上正在研究开发多个革新性概念设计核电站。快堆势必是小型长寿命反应堆未来重要的技术选择。

我国目前现阶段发展快堆的主要目的是增殖，以降低我国核能大规模发展对铀资源的需求，而国际上如俄、美、法、日等核电发达国家，水堆乏燃料储存及后处理的压力日益增大，其发展快堆的一个重要目的是对长寿命放射性废物进行嬗变，以形成闭式燃料循环，有效管理核废料，减轻环境压力。增殖和嬗变可实现核能可持续发展。

快堆是我国核能发展“热堆、快堆、聚变堆”三步走战略的关键一步，快堆的工业化推广可以实现核能的大规模、可持续的高效发展，并有效控制核能大规模发展的资源风险。

示范快堆是快堆工业示范的必经之路，需要在工艺、设备、经济性、可靠性等各方面取得突破。在示范快堆成功建造和运行的基础上，可以进一步发展商用快堆，实现快堆的商用推广。

同时，快堆发展必须是基于闭式燃料循环的整体发展，除了反应堆装置外，还要有后处理厂和快堆燃料厂。后处理分为压水堆乏燃料后处理和快堆乏燃料后处理。为了保证快堆的初装料，压水堆的乏燃料需要能够尽可能的后处理。从缩短乏燃料冷却时间有利于快堆发展来看，快堆乏燃料优选干法后处理。作为技术的匹配发展，考虑 2030 年建成一座 10 吨 / 年规模干法后处理能力的实验厂，进行前期的快堆乏燃料处理，之后与快堆电站同步匹配发展，即每个快堆厂址建设一个 100 吨量级的干法后处理厂和配套燃料生产线。

目前快堆正处于 MOX 燃料发展阶段，未来发展目标是实现金属燃料快堆一体化燃料循环技术（即从金属燃料制造、反应堆运行、乏燃料的高温电化学后处理、燃料的再制造等完整的燃料循环均建在同一厂址，并实现锕系核素整体循环利用），在实现高增殖的同时进行嬗变，并进一步提高快堆的安全性与经济性。

在国家政策支持方面，站在国家燃料循环体系及能源安全的高度，需进一步协调匹配、完善国家顶层规划，并加强领导推进，保证持续的经费投入，开展研发工作。作为闭式燃料循环中的关键环节，除了快堆技术本身外，还需全盘考虑后处理、燃料制造等技术，在技术和产能两方面做到协调发展。同时，应发挥中国实验快堆的研发平台作用，对实验快堆的运行提供充足的经费及燃料供应，充分利用实验快堆开展 MOX 燃料、金属燃料及关键结构材料的辐照考验，安全系统验证等关键技术研发。

经过多年的研发，特别是中国实验快堆工程项目的实施，我国在快堆技术研究、快堆工程设计和建造等方面已形成相当的能力。但与国际上快堆技术先进的国家相比，还存在较大的差距。国外已建成和运行过原型快堆和大型示范性快堆，而我国仍处于实验快堆运行和积累经验阶段。快堆电站规范标准体系、工程设计技术条件、设备自主化能力等还有待尽快提高。MOX 燃料制备技术的科研工作刚刚起步，需通过各种方式，尽快实现我国 MOX 燃料制造技术商用化。MOX 燃料制备必须与后处理紧密衔接，燃料循环相关配套条件和能力需统一规划。

— 大事记 —

2009 年

5 月 1 日，中国实验快堆（CEFR）A1（冷态性能试验）阶段的调试工作圆满结束，A2（热态性能试验）阶段的调试工作正式全面展开。

5 月 24 日，CEFR 堆本体充钠操作正式开始，实现堆本体开始进钠的重要节点目标。

9 月 22 日，《中国实验快堆首次装料批准书》获批。

2010 年

1 月 6 日，国家能源局快堆工程研发（实验）中心在原子能院正式挂牌成立。

7 月 21 日，9:50，中国实验快堆（CEFR）成功达到首次临界。这是中国实验快堆工程重大节点，也是我国核能发展史上具有里程碑意义的重大事件！

11 月 16 日，“快堆产业化技术创新战略联盟”在北京成立。联盟由原子能院牵头，以快堆研究中心为依托，联合相关高校、科研单位、设计单位、装备制造和安装企业组建而成。

2011 年

2 月 9 日，中国实验快堆 C 阶段功率运行试验正式启动。

7 月 21 日，中国实验快堆工程达到重大节点，成功实现首次并网发电。

10 月 11 日，俄罗斯联邦政府副总理谢钦在国务院副总理王岐山陪同下到原子能院中国实验快堆参观访问。

12 月 8 日，中国工程院公布 2011 年院士增选结果，快堆工程部总工程师、研究员、中核集团快堆核电站首席专家徐銤，当选为中国工程院能源与矿业工程学部院士。

2012 年

11 月 16 日，中俄签署中国实验快堆第二、三炉二氧化铀燃料对俄采购合同补充件。

2013 年

11 月 7 日至 8 日，中核集团公司在北京组织召开了龙原工程（CFR600 示范项目）技术可行性评估专家论证会。

2014 年

3 月 14 日，中国实验快堆再次启动。

4 月 4 日，22:08 达到 40% 功率并成功并网。

4 月 8 日，至 12:00 已连续并网发电 86 小时。

7 月 22 日，中国实验快堆第二、三炉燃料运抵快堆现场。

12 月 18 日 17 时，中国实验快堆首次实现满功率稳定运行 72 小时，其主要工艺参数和安全性能指标达到设计要求。

12 月 21 日 17 时，中国实验快堆达到调试总大纲要求，顺利完成连续满功率运行 144 小时目标，各系统运行正常。

— 参考文献 —

［1］ Колотилина Е. Статья из городской газеты“Обнинск”［R］，2003.

［2］ Митенков Ф.М. Размышления о пережитом［R］，М，ИздАТ，2004.

［3］ U.S. Department of Energy.The Fast Flux Test Facility Built on Safety［R］.H，1989.

［4］ N.E. Dodds，S.P. Hensless. Sodium Bond Defect Investigations［R］. Argonne National Laboratory. ANL–IFR–131，1990.

［5］ J. P. Crette. Review of the Western European Breeder Programs［J］. Energy. 1998，23：581–591.

［6］ Thomas B. Cochran，et al. Fast Breeder Reactor Programs：History and Status. A research report of the International Panel on Fissile Materials［R］，2010.

［7］ IAEA.Fast Reactor Database 2006 Update，IAEA–TECDOC–1531［R］，2006.

［8］ Jean–Francois Sauvage. Phenix：30 Years of History，the Heart of a Reactor［R］. France：CEA &EDF，2004.

［9］ IAEA .Liquid Metal Cooled Reactors：Experience in Design and Operation，IAEA –TECDOC1569［R］，2007

［10］ Steven R. Adams. Theory. Design and Operation of Liquid Metal Fast Breeder Reactors，Including Operational Health Physics，NUREG/CR–4375［R］. U.S.：Nuclear Regulatory Commission，1985.

［11］ Hajime Niwa，Kazumi Aoto，Masaki Morishita. Current status and perspective of advanced loop type fast reactor in fast reactor cycle technology development project［R］. Global 2007，2007.

［12］ Makoto Matsuura，Masakazu Hatori，Makinori Ikeda. Design and modification of steam generator safety system of FBR MONJU［J］. Nuclear Engineering and Design，2007（237）：1419–1428.

［13］ T. Inagaki. Development of the demonstration FBR and its commercialization［J］. Progress in Nuclear Energy，1995，29：57–64.

［14］ Shunsuke Kondo. History and perspective of fast breeder reactor development in Japan［J］. Energy，1998，23（7/8）：619–627.

［15］ Hisane Masaki. Japan’s New Energy Strategy［N］. Asia Times，2006.

［16］ Nuclear Energy Policy Planning Division Ministry of Economy，Trade and Industry（METI）. The Challenges and Directions for Nuclear Energy Policy in Japan：Japan’s Nuclear Energy National Plan［R］. 2006.

［17］ Atomic Energy Commission. Long–Term Program for Research，Development and Utilization of Nuclear Energy［R］. 2000.

［18］ P. Rodrigyez，S. B. Bhoje. The FBR Program In India［J］. Great Brain Elsevier Science Ltd.：Energy，1998，23（7/8）：629–636.

［19］ P. K. Dey，N. K. Bansal. Spent Fuel Reprocessing：A Vital Link in Indian Nuclear Power Program［J］. Nuclear Engineering and Design，2006（236）723–729.

［20］ Baldev Raj. Design Robustness and Safety Adequacy of India’s Fast Breeder Reactor［J］. Taylor & Francis Group，Science & Global Security，2009（17）：194–196.

撰稿人：徐 銤 张东辉 任丽霞 胡 赟 胡文军 周科源 杨 勇 李政昕

加速器驱动次临界系统

一、加速器驱动次临界系统（ADS）研发的意义

1. 核能长期持续发展必须实现核废料的安全处置

发展清洁、高效、安全的核裂变能是解决未来能源供应、保障我国经济社会可持续发展的战略选择。按 2030 年非化石能源占我国一次能源消费的比例为 20% 估算，我国届时核电装机容量需达到 150 ~ 200GWe，将是全球核电装机容量最大的国家。因此，我国必须认真对待核裂变能可持续发展的问题。核裂变能的可持续发展必须在确保安全的前提下解决两个重大问题：核燃料的稳定可靠供应和乏燃料——尤其是其中的长寿命高放核废料的安全处理处置。后一个问题是我国乃至国际核能界无法回避的重大问题，也是尚未解决的世界性难题。

自然界中，易裂变核素铀 -235（^{235}U）的天然丰度仅约 0.72%，铀 -238（^{238}U）约 99.28%。轻水堆作为目前核能发电的主要堆型，主要采用 ^{235}U 含量为 3.5% 左右的低富集铀为核燃料。当反应堆运行至 ^{235}U 浓度降低到一定程度后，核燃料就需卸出，成为乏燃料，以一座百万千瓦的反应堆估算，每年卸出的乏燃料中包括可循环利用的 ^{235}U 和 ^{238}U 约 23.75t、钚（Pu）约 200kg、中短寿命的裂变产物约 1t、次锕系核素（MA，Minor Actinides）约 20kg、长寿命裂变产物（LLFP，Long-Lived Fission Product）约 30kg。通常情况下这些裂变产物和次锕系核素不再被回收利用，被称为核废料。乏燃料潜在危害性的远期风险主要来自 MA 和 LLFP，需经过几万甚至几十万年的衰变，其放射性水平才能降到天然铀矿的水平。

随着我国压水堆核电站装机容量的增长，核废料的累积量将快速增加。如果 2030 年核电装机容量达到 150 ~ 200GWe，届时乏燃料累积存量将达到 2.35 万 t。乏燃料，特别是其中的长寿命高放核废料的安全处理处置将成为影响我国核电可持续发展的瓶颈问题之一。根据核燃料生产、乏燃料处理、废物处置方式的差异，国际上主要有三种核燃料循环

模式，即一次通过的“开环”模式、将乏燃料通过后处理分离出 ^{235}U 和 ^{239}Pu 再利用（MOX 燃料）的“闭式循环”模式、“分离－嬗变”（P–T, Partition–Transmutation）闭式循环模式。核燃料循环模式过程效果如图 1 所示。

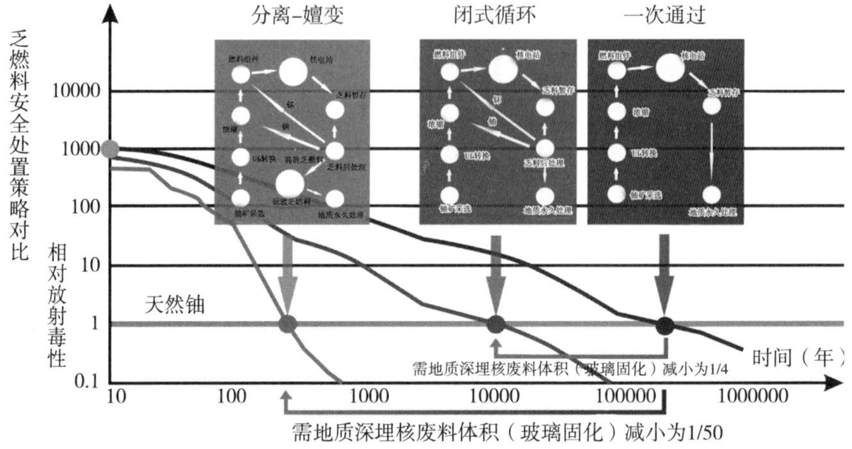

图 1　核燃料循环模式过程效果图

在“开环”模式中，核燃料只通过一次燃烧，待乏燃料在反应堆现场存放冷却后，即送往后处理厂进行封装和地质深埋。这种模式相对费用较低，特别是未对其中的 Pu 进行分离，可防止核扩散。但由于需要在地质层中长期存放，其环境风险无法预期和有效控制。分离铀 / 钚并回收再利用的“闭式循环”模式，可以明显提高核燃料的利用效率，同时也将大幅减小高放射性核废料的处置量。目前，由于处置简单和低成本（不考虑对环境的长期影响），大多数的核裂变能应用采取“一次通过”政策，部分发达国家则一直坚持“闭式循环”研究，长期发展后处理、铀钚混合氧化物（MOX）燃料等关键技术，现已发展到可商业应用的水平。

上世纪 90 年代核科技界提出了更为先进的核废料处置策略，即 P–T 战略，其核心是在闭式循环的后处理分离基础上，进一步利用核嬗变反应将长寿命、高放射性核素转化为中短寿命、低放射性的或者是稳定核素。研究表明，长寿命高放射性核废料的放射性水平经过嬗变处理后，可在 300 ~ 700 年内降低到普通铀矿的放射性水平，仍需地质深埋处理的核废料体积（玻璃固化后）减少至开环模式的 1/50 和分离铀 / 钚闭式循环模式的 1/10 左右。这种方案基本上可解决地质存储的核废料容器和地质条件存在的问题。目前，P–T 战略在国际上还处在不断研究、完善的阶段。

2. ADS 是安全处置核废料的首选技术途径

嬗变长寿命的核废料，需要的是快中子（$E_n > 0.5\text{MeV}$）。可提供工业级核废料嬗变的装置有快中子反应堆和 ADS 系统。国际经合组织能源署的专题研究报告[1]和我国院士咨询报告[2]均给出结论，认为快中子反应堆和 ADS 系统均具备增殖核燃料和嬗变核废料的能力，就核废料嬗变而言，ADS 系统的能力更强。

ADS 系统由加速器、散裂靶和反应堆三大分系统组成（见图 2），它集成了上世纪核科学技术发展的两大工程技术——加速器和反应堆。其工作原理是，利用加速器产生的高能强流质子束轰击重核产生宽能谱、高通量中子作为外源来驱动次临界堆芯中的裂变材料发生持续的链式反应，使得长寿命放射性核素最终变为非放射性或短寿命放射性的核素，并维持反应堆运行[3, 4]。

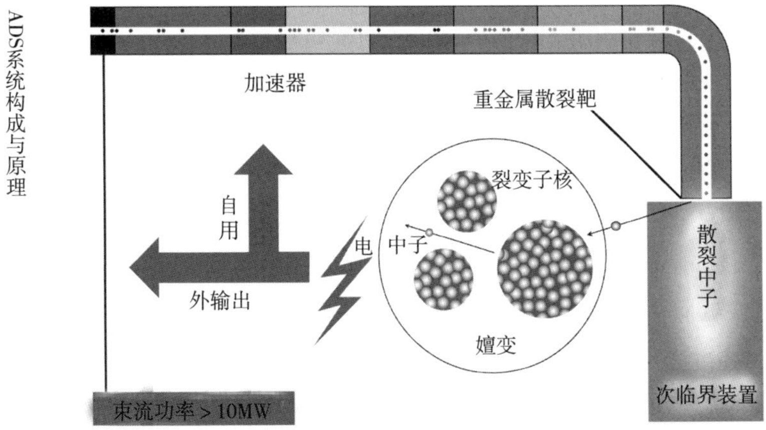

图 2　ADS 原理示意图

ADS 系统有四个重要的特点：①优良的系统安全性。一旦切断外源中子的驱动，次临界系统内的核反应随即停止，具有固有安全性；②强大的嬗变能力。1GeV 能量的质子在重金属靶上能产生约数十个中子，加上次临界堆数十倍的放大效应，所以 ADS 系统在原理上具有强大的核废料嬗变能力；③良好的中子经济性。加速器打靶产生的散裂中子能谱分布很宽，几乎可以将所有长寿命锕系核素转化为可裂变的资源，中子经济性优于已知的临界堆；④高的嬗变支持比。由于 ADS 系统内中子能谱更硬，余额更多，一个优化设计的 ADS 系统其支持比可达到 10 左右（即一个约百万千瓦的 ADS 系统可嬗变 10 个左右同规模压水堆核电站产生的长寿命放射性核废料），而快堆由于受到运行稳定性的限制其支持比只能达到约 2 ~ 5。因此，ADS 系统是目前最具潜力的嬗变放射性核废料和有效利用核能资源的技术途径。

二、国内外 ADS 技术发展

1. ADS 研发技术挑战

目前世界上尚无建成 ADS 集成系统的先例，其技术挑战在于：加速器方面，工业级 ADS 装置要求质子加速器的束流功率大于 10MW，而目前世界上运行的最大功率约为 1.4MW，且 ADS 系统中对加速器运行的可靠性要求也远高于现有的加速器；散裂靶方面，首要是如何高效移出紧凑空间内大于 10MW 束流功率引起的热沉积，其次还需要有效地解决靶与加速器和反应堆的耦合问题以及可工作在极端条件（高温、强辐照、腐蚀等）下的结构材料问题；同时，ADS 次临界反应堆系统带来的新问题主要为堆芯功率不均匀问题、新型冷却剂问题、加速器失束造成的热冲击问题、燃耗加深带来的燃料元件及材料问题等。此外，ADS 的核燃料涉及乏燃料中铀、钚的分离，MA 的分离以及新型燃料组件的制备等难题。

2. 国外 ADS 发展现状及趋势

欧盟各国、美、日、俄等核能科技发达国家均制定了 ADS 中长期发展路线图，正处在从关键技术攻关逐步转入建设系统集成的 ADS 原理验证装置阶段。

欧盟充分利用现有核设施，合作开展实验研究，设立了以诺贝尔物理学奖获得者 C.Rubbia 为首的 7 国 16 人顾问组，制订和提出了 EUROTRANS 计划，并在欧盟 F6 框架下支持了 40 多个大学和研究所参与，形成：① 50 ~ 100MWt 的原理示范装置 XT（Experimental Transmuter）-ADS 的先进设计；②由 16MW 加速器驱动的数百 MW 嬗变堆（含铅靶）的欧洲工业废料处理堆 EFIT（European Facility for Industrial Transmutation）的概念设计。MUSE（Multiplication with an External Source）计划基于法国的大型快中子零功率试验装置开展 ADS 中子学研究；MEGAPIE（Megawatt Pilot Experiment）计划利用瑞士保罗谢尔研究所（PSI）的强流质子加速器开展 MW 级液态 Pb-Bi 冷却的散裂靶研究；法国的 IPHI（High Intensity Proton Injector）项目和意大利的 TRASCO（Transmutation of Waste）项目关注强流质子加速器研究；比利时核能研究中心（SCK·CEN）的 MYRRHA（Multi-purpose Hybrid Research Reactor）计划，期望 2023 年左右建成由加速器驱动的铅铋合金（Pb-Bi）冷却的快中子次临界系统，其主要设计指标为功率 85MWt 的反应堆、600MeV/4mA 的强流加速器、铅铋合金作为靶和冷却剂、有窗靶结构等，目前该计划仍在设法筹集和落实经费；与此同时，由德国亚琛工业大学牵头实施的 AGATE（Advanced Gas-cooled Accelerator-driven Transmutation Experiment）计划，旨在开展气冷堆技术研究，作为小型化的 ADS 系统的备选方案。目前，欧盟的 ADS 研究在欧盟 F7 框架的支持下在继续深入地开展。以 F6 框架支持下所取得的一系列研究成果为基础，欧盟国家制定了多个进一步研究 ADS 技术的新计划。MAX（MYRRHA Accelerator Experiment，Research and Development）计划的研究目的是为 MYRRHA 的加速器装置的最终设计方案提供第一手的实验与模拟数据；FRERA（Fast Reactor Experiments for Hybrid Applications）计划主要专注于 ADS 系统在线反应性监测方法的实验验证；ARCAS（ADS and Fast Reactor Comparison Study）计划主要从技术性和经济性角度研究和比较 ADS 和快堆系统用于次锕系核素嬗变时的各自优缺点；ANDES（Accurate Nuclear Data for Nuclear Energy Sustainability）计划针对 ADS 等新型核能系统发展更精确的中子学数据的测量与数据库的建设；CDT（Central Design Team）的主要目标是设计一个可展示和证明嬗变效率及相关技术的快中子谱系统，这样一个系统可能是工作在次临界模式下的 ADS，也可能是一个临界模式的反应堆系统。

美国通过早先实施的加速器生产氚的 APT（Accelerator Production of Tritium）计划，在强流质子加速器方面有较强的技术储备。1999 年制订了加速器嬗变核废料的 ATW（Accelerator Transmutation of Waste）计划，从 2001 财年开始实施先进加速器技术应用的 AAA（Advanced Accelerator Applications）计划，全面开展 ADS 相关的研究。2003 年 AAA 计划并入美国先进核燃料循环研究计划，AFCI（Advanced Fuel Cycle Initiative）。除部分的 ADS 实验研究（Reactor Accelerator Coupling Experiments，RACE）和一些国际合作外，其他的由 DOE 财政支持的 ADS 研究项目都被终止。当前劳斯阿拉莫斯国家实验室（LANL）又提出 SMART（Subcritical Minor Actinide Reduction by Transmutation）计划，研究核废料的嬗变方案。美国 DOE/NNSA 机构计划在乌克兰联合建造一个百千瓦级功率的 ADS 集成装置，但由于战争等原因，此计划仍在延迟中。费米国家实验室正在计划建造的 Project-X 是一台多用途的高能强流质子加速器，除高能物理研究外，也打算将 ADS 的应用纳入其中。

日本从 1988 年启动了最终处置核废料的 OMEGA（Options Making Extra Gains from Actinides and Fission Products）计划，认为 ADS 是嬗变 MA 的最佳选择，后期集中于 ADS 开发研究。2009 年由日本原子力研究机构（JAEA）和高能加速器研究机构（KEK）联合建造了日本强流质子加速器装置（J-PARC），计划在未来升级工程中将直线加速器能量提高到 600MeV，开展 ADS 的实验研究（包括铅铋散裂靶材料 ADS 中子学研究）。

俄罗斯理论实验物理研究所（ITEP）于上世纪 90 年代与美国劳斯阿拉莫斯国家实验室合作开展 ADS 研发工作。1998 年俄联邦原子能工业部决定启动 ADS 开发计划，工作内容涉及 ADS 相关核参数的实验、理论研究与计算机软件开发、ADS 实验模拟试验装置的优化设计、1GeV/30mA 质子直线加速器的发展、先进核燃料循环的理论与实验研究等。俄罗斯还比较重视 ADS 的新概念研究，典型的有快－热耦合固体燃料 ADS 次临界装置概念设计、快－热熔盐次临界装置概念设计等。另外，韩国和印度等国也都制定了 ADS 研究计划。国际上部分 ADS 装置的设计指标参数参见表 1。

表 1　国际 ADS 设计参数一览表（部分）

项目		加速器功率（MW）	K_{eff}	堆功率（MW）	中子通量（$n/cm^2/s$）	靶	燃料
欧盟	MYRRHA	2.4（600MeV/4mA）	0.955	85	10^{15}	铅铋	MOX
	AGATE	6（600MeV/10mA）	0.95 ~ 0.97	100	快，~ 10^{15}	钨	MOX
	EFIT	16（800MeV/20mA）	~ 0.97	数百	快，~ 10^{15}	铅（无窗）	MA
俄罗斯	INR	0.15（500MeV/10mA）	0.95 ~ 0.97	5	快	钨	MA/MOX
	NWB	3（380MeV/10mA）	0.95 ~ 0.98	100	快，$10^{14\sim15}$	铅铋	UO_2/UN U/MA/Zr
	CSMSR	10（1GeV/10mA）	0.95	800	中间 5×10^{15}	铅铋	Np/Pu/ MA 熔盐

续表

项目		加速器功率（MW）	K_{eff}	堆功率（MW）	中子通量（$n/cm^2/s$）	靶	燃料
日本	JAERI-ADS	27（1.5GeV/18mA）	0.97	800	快	铅铋	MA/Pu/ ZrN
韩国	HYPER	15(1GeV/10 ~ 16mA）	0.98	1000	快	铅铋	MA/Pu

3. 我国 ADS 发展规划

我国从上世纪 90 年代起开展 ADS 概念研究，先后得到国家“973”计划及“重大研究计划”的支持，在中国原子能科学研究院建成了快 – 热耦合的 ADS 次临界实验平台“启明星 1 号”，同时在强流 ECR（Electron Cyclotron Resonance）离子源、配套 ADS 中子学研究专用计算机软件系统、ADS 专用中子和质子微观数据评价库、加速器物理和技术、次临界反应堆物理和技术等方面的探索性研究取得一系列成果。中科院也重点支持了超导加速器技术研发，结合院内相关所的优势部署重大项目“ADS 前期研究”等。

本着基础性、战略性、前瞻性的基本定位和错位发展的基本理念，以及充分发挥中科院学科优势、建制化组织优势和创新人才优势的指导思想，中国科学院从 2009 年开始组织召开数轮高层次专家咨询评议，并决定以实现核废料安全处理为切入点开展加速器驱动次临界嬗变系统的研究，于 2011 年 1 月适时启动中科院战略性先导科技专项“未来先进核裂变能——ADS 嬗变系统”（ADS 先导专项）。在专项实施过程中逐步形成了我国加速器驱动先进核能系统（Accelerator Driven Advanced Nuclear Energy System, ADANES）发展路线图（如图 3）[3-4]，分 4 个阶段实施：①原理研究及关键技术攻关阶段：由先导专项一期支持，初步证明 ADANES 物理原理的可行性，并设计优化，同时申报国家发改委

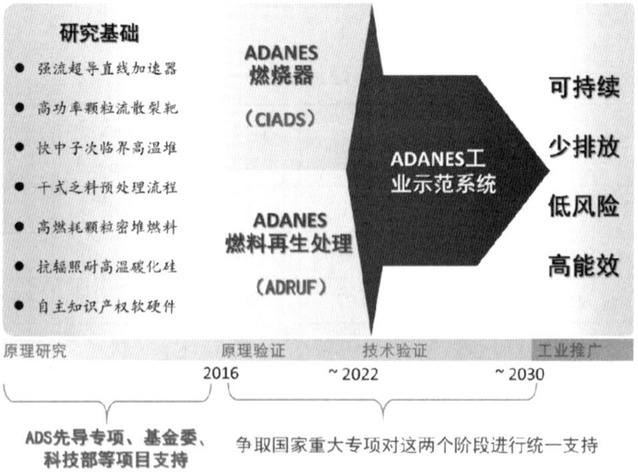

图 3　我国 ADANES 发展路线图

“十二五”重大科技基础设施 CIADS 项目；②“ADANES 重大项目”系统集成及规模验证阶段：完成 ADANES 燃烧器系统验证装置 CIADS 建设，开展 ADANES 燃料循环再生循环系统（ADRUF，Accelerator Driven Recycle of Used-Fuel）原理验证（包括强流离子加速器驱动的临界 / 次临界包层中子源辐照装置和燃料后处理等实验设施），期间争取国家重大项目立项；③“ADANES 重大项目”示范工程阶段建设阶段：在国家重大项目支持下，建成百兆瓦级 ADANES 工程示范项目；④ ADANES 系统工业应用阶段：由企业主导进行 ADANES 系统商业化应用推广。

4. 我国 ADS 研究最新进展

（1）超导质子直线加速器。

ADS 系统要求加速器必须具有高束流功率、低束损、高可靠性等特点。随着超导技术的发展，超导加速腔和超导磁体的利用可大幅度降低加速器的功率消耗，提高加速器性能，也是国际 ADS 研究的首选方案[5, 6]。超导质子直线加速器由强流质子源、低能传输线、射频四极（RFQ，Radio Frequency Quadrupole）加速系统、中能传输线、超导直线加速段、中能匹配段和高能超导加速段构成，涉及磁铁、电源、控制、低温、真空、束测、准直、功率源、耦合器、超导腔等子系统。目前，各单项技术已实现突破，开始向系统集成研究阶段转换。

在单向技术突破方面：162.5MHz@2.1MeV ADS RFQ 加速器是继美国劳斯阿拉莫斯（LANL）国家实验室 LEDA RFQ 后，国际上第二个达到或超过 10mA 的连续波质子束 RFQ 加速器，也是目前国际上正在运行的连续波离子束 RFQ 加速器中束流强度最高的。3.2MeV ADS RFQ 加速器在 325MHz 频段上束流平均功率位于世界先进水平。Spoke012 超导腔是目前国际上 β 值最低的 Spoke 腔。Spoke021、HWR010、Taper 型 HWR015 超导腔垂直测试性能指标达到国际先进水平。

在超导加速器系统集成方面：注入器 I 实现 7 个超导腔稳定加速超过 10.4mA 流强的脉冲质子束至 6.05 MeV，这是国际上首个多个低 βSpoke 超导腔加速束流装置，注入器 II 实现 5.2MeV、10.2mA 的束流加速，并在后续的调试中多次实现了连续波模式运行，连续束流强达到 3.9mA，最长连续运行记录达到 7.5 小时，打破了超导直线加速器连续波模式运行的最高功率纪录，标志着我国在 ADS 系统研究领域以及强流质子超导直线加速器技术的创新研发能力达到国际领先水平。10 ~ 25MeV 的主加速器安装正在进行中。

（2）重金属散裂靶。

散裂靶是 ADS 系统中产生高能、高通量中子的装置，是加速器与次临界堆的耦合接口系统，中子产额大小决定了 ADS 系统中核废料的嬗变效率和能量放大系数，同时中子能谱在靶表面的分布决定了次临界堆的运行特性。为了保证在高能质子轰击下产生整个 ADS 系统持续工作所需中子通量和空间分布，选择易发生散裂反应的重金属为靶材料。目前，国际通用散裂靶件形式有固态靶件和液态靶件两种。固体靶系统简单，主要的放射毒性被限制在靶中，缺点是功率提升受限，寿命和安全性受限。液态靶有功率提升潜力，靶材料无寿命问题，缺点是放射性毒性难处理，系统复杂。综合考虑国内外散裂靶相关研究基础，创造性地提出了新型流态固体颗粒靶概念并完成初步设计。该方案融合了固态靶和液态靶的优点，通过固体小球的流动实现了靶区外的冷却，规避了液态铅铋合金靶放射产物毒害性高、温度 - 材料腐蚀效应严重以及固态靶热移除难等缺点，物理上具有承受几十兆瓦束流功率的可行性。基于颗粒流靶的各项技术验证及台架实验现已全面启动，并已初步搭建起重金属颗粒流散裂靶原理样机框架。

（3）次临界反应堆。

受临界堆固有特性的影响，常规快堆中 MA 核素装载量在重金属含量中不能超过 5%，限制了其嬗变核废料的能力。为了获得最佳嬗变效果，ADS 系统选择次临界反应堆。目前，国际上 ADS 系统的次临界堆首选方案集中于铅铋冷却反应堆。它具有中子能谱硬、增殖能力强、经济性好、化学性质稳定、载热能力强、技术基础好等优点[7-9]。

目前，已完成具有临界和加速器驱动次临界双模式运行能力的铅铋冷却实验堆总体设计，全面启动了初步工程设计，反应堆设计方案已通过国内外知名同行的评估。初步建成了铅铋堆设计与安全评价软件和数据库体系，基本建成了铅铋堆全范围数字化模拟机。自主发展了铅铋驱动泵、氧测控等多项核心技术，建成了世界最大的多功能液态铅铋综合实验平台，回路规模、设计与综合实验能力处于国际领先水平。完成零功率实验装置安装调试及参数刻度实验，准备进行临界实验。开展铅铋反应堆的冷试验装置的工程设计与池式主体建造。

（4）平台及配套实验。

建立基于 GPU 硬件和 CUDA 语言的超算平台，在 30 万流处理器时系统的并行效率达 50%，处于国际领先水平。建成超导腔焊接加工工艺实验室、超导腔处理与测试平台、低温站、乙级放化实验及放化材料计算平台、核材料辐照 / 辐射 / 高温协同作用综合实验平台、铅铋堆芯模拟综合实验平台等配套设施。

（5）前瞻性探索研究。

自主配方、自主研制的 SIMP 钢，其已测试的性能指标均优于或不亚于目前国际主流核能装置用抗辐照结构材料，有望成为一种新的核能装置结构材料，目前已经制备工业规模的 5t/ 锭。制备碳化硅基陶瓷构件，合成碳化硅先驱体，完成碳化硅纤维纺丝和不熔化装置设计、加工和组装。在核燃料制备方面，完成铀纳米材料的制备和系列锕系有机化合物晶体的合成，制备出不同粒径的铀球和铈球；在反应堆先进二回路设计方面，获得了主换热器、回热器优化设计方案并加工完成实验样机，建成了液态铅铋 - 氦气换热综合实验平台。

总的来说，我国在 ADS 系统超导直线加速器、散裂靶、次临界反应堆和核能材料等若干关键技术方面取得了重要突破，诸多技术达到国际先进水平。目前我国 ADS 研究已经从基础研究阶段向工程实施阶段过渡。

三、ADS 发展展望

为了解决核燃料短缺、乏燃料处置、核安全和防止核扩散等问题，半个多世纪以来各国科学家尝试了不同方法，但都没有形成有效的解决方案。

ADS 系统是为解决核裂变能可持续发展所面临的核废料安全处理处置而提出来的，ADS 系统除在核废料嬗变方面有独特的优势，其在增殖和产能方面也有巨大的潜力。在中科院先导专项实施的基础上，研究团队进而提出了“加速器驱动先进核能系统（Accelerator Driven Advanced Nuclear Energy System，ADANES）”的全新概念和方案，并基本完成了原理的模拟试验验证。ADANES 由 ADS 燃烧器系统和乏燃料循环再生系统两大主要子系统构成。ADS 燃烧器系统利用强流加速器产生的质子束流与散裂靶反应，产生能谱很硬的快中子驱动次临界快堆运行，从而充分发挥 ADS 系统增殖和产能的潜力，提高核能资源的利用效率；燃料循环再生系统利用先进的高温干式法对来自轻水堆和 ADS 燃烧器的乏燃料进行简单处理，排除其中的气态裂变碎片和稀土碎片后制成碳化物小球再生燃料，不需要对铀、钚和 MA 分别进行分离和提纯，从而大大降低分离的难度和费用。ADANES 的主要特点是：充分利用加速器驱动系统固有的安全性和冗余能力，集废料嬗变、燃料增殖和能量生产为一体，可用仅排除了部分中子毒物的乏燃料再生为 ADS 燃烧器的核燃料。原理上，该系统的铀资源利用率可从目前轻水堆的 ~ 1% 提高到 95% 以上，所产生的核废料不到原乏燃料量的 4%，并且其放射性寿命也由数十万年缩短到约 500 年。

ADANES 系统可使基于铀资源的核裂变能成为可持续数千年的低碳排放、安全可靠、高性价比、防核扩散的战略能源，应为我国 ADS 研究的未来发展方向。如果得到国家及时和稳定的支持，有望在 2022 左右年基本完成乏燃料循环利用验证、ADS 燃烧器原理样机（10MWt）等阶段性工作，引领国际核裂变能的创新发展，并在 2030 年左右实现工业级示范。

— 大事记 —

1999 年，在科技部支持下，启动“973”计划项目“加速器驱动洁净核能系统的物理技术基础研究”。

2005 年，中国原子能科学研究院建成世界首台 ADS 次临界反应堆实验平台“启明星 1 号”并陆续开展实验研究。

2010 年，国家自然科学基金委员实施重大研究计划“先进核裂变能的燃料增殖与嬗变”，以稳定支持 ADS 基础研究，培养创新人才。

2011 年 1 月，中科院启动 ADS 先导专项，着力解决 ADS 加速器、散裂靶、反应堆系统中的各单项关键技术问题。

2011 年 1 月，国家发改委《国家重大科技基础设施建设发展规划》总体专家组复审各领域组初审汇总 21 项“十二五”建设项目，CIADS 项目列第 3。

2013 年 1 月，中科院 ADS 研究中心与中核四〇四有限公司签署了合作备忘录，乏燃料后处理及先进核燃料制备的合作意向。

2014 年 6 月，《中国科学院广东省人民政府关于共建重大科技基础设施“十二五”建设项目合作协议》正式签署，同时成立院省领导小组并召开第一次会议；正式确定 CIADS 装置落户广东省惠州市惠东县黄埠镇。

2014 年 8 月，ADS 先导专项任务方案调整论证会在高能所召开。

2015 年 3 月，CIADS 项目建议书通过中咨公司组织的专家立项论证和初步预算评审，并已反馈咨询意见至国家发改委。

2015 年 7 月，ADS 强流质子超导直线加速器原型样机首次引出能量 5MeV 流强 10mA 的脉冲束流。

2015 年 12 月 21 日，国家发改委批准“十二五”重大科技基础设施“加速器驱动嬗变研究装置（CIADS）”项目立项。

— 参考文献 —

[1] OECD Nuclear Energy Agency. Accelerator-driven Systems（ADS）and Fast Reactors（FR）in Advanced Nuclear Fuel Cycles［R］. OECD，2002.

[2] 方守贤，王乃彦，何多慧，等. 关于加速器驱动次临界系统（ADS）研发促进我国核能可持续发展的建议［J］. 中国科学院院刊，2009，24（6）：641-644.

[3] 詹文龙，徐瑚珊. 未来先进核裂变能——ADS 嬗变系统［J］. 中国科学院院刊，2012，27（3）：375-381.

[4] 夏海鸿，罗璋琳，赵志祥. 加强 ADS 技术研究促进核能大规模可持续发展［J］. 现代物理知识，2011，23（4）：44-51.

[5] 闫芳，李智慧，唐靖宇. 中国加速器驱动次临界系统主加速器初步物理设计［J］. 强激光与粒子束，2013，7（25）：1783-1787.

[6] 李智慧，闫芳，等. 中国 ADS 质子加速器设计［R］. 中国核科学技术进展报告 . 2011.

[7] 吴宜灿，柏云清，等. 中国铅基研究反应堆概念设计研究［J］. 核科学与工程，2014（2），201-208.

[8] Abderrahim H A，Baeten P，De Bruyn D，et al. MYRRHA，a multipurpose hybrid research reactor for high-end applications［J］. Nuclear Physics News，2010，20（1）：24-28.

[9] Hamid Aït Abderrahim.MYRRHA-A FLEXIBLE AND FAST SPECTRUM IRRADIATION FACILITY［R］，SCK · CEN. 2014.

撰稿：中国科学院 ADS 研究中心

钍基熔盐堆核能系统

面对核能安全性和可持续性发展的挑战，国际核能界提出了第四代核能系统的概念，总目标是研发能够很好解决核能经济性、安全性、废物处理和防止核扩散问题的第四代核能系统[1]。熔盐堆（Molten Salt Reactor，MSR）是四代堆六个候选堆型之一，采用氟化熔盐作为核燃料载体或冷却剂，是国际公认的钍资源利用理想堆型[2]。研发基于钍铀循环的熔盐堆系统，可以实现核燃料多元化、核废料最小化和防止核扩散，为和平利用核能开辟一条新途径。

一、熔盐堆和钍基核能

得益于氟盐冷却剂的高热容热导、高沸点以及低蒸汽压等特点，熔盐堆具有高温输出、高功率密度、可常压操作等优点，在本征安全性以及经济性上具有极大的优势和潜力。熔盐堆最早在 1947 年由美国橡树岭国家实验室（Oak Ridge National Laboratory，ORNL）提出[3]，经过几十年的发展，扩展为两类主要的概念堆型：液态燃料熔盐堆（MSR-LF）和固态燃料熔盐堆（MSR-SF，也称为氟盐冷却高温堆 -FHR）。

液态燃料熔盐堆中熔盐既用作冷却剂，也作为核燃料的载体。核燃料可以为 ^{235}U、^{233}U、^{239}Pu 以及其他超铀元素的氟化物盐，直接溶解于冷却剂熔盐中。冷却剂一般为如下盐中两种或者多种的共晶混合物：LiF、BeF_2、NaF、KF、RbF、ZrF_4、$NaBF_4$，其中 2LiF-BeF_2 的共晶混合物由于具有较好中子吸收和慢化特性，被认为是一回路熔盐的首选目标。结合连续添换料和在线处理，液态燃料熔盐堆易于实现核燃料的增殖。

固体燃料熔盐堆仅将熔盐作为冷却剂使用，采用碳化硅密封、石墨包敷的燃料颗粒（TRISO）作为核燃料，可采用 UO_2，UC_xO_y，UC 等燃料形式，堆出口温度可大于 700℃。整体设计继承了来自多种反应堆的非能动池式冷却技术、自然循环衰变热去除技术和布雷顿循环技术等优点，具有固有安全性、经济性、防核扩散和高效率利用核燃料（包括钍基核燃料）等特点。技术成熟度高，其商业化在当前技术基础条件下具有极高的可行性。

裂变核能燃料可以分为铀基和钍基两类，目前核电工业使用的基本都是铀基核燃料。钍基核燃料具有在热堆中钍铀转换率高、产生高毒性放射性废料少、不易用于制造武器等特点，是更理想的民用核燃料。钍基核燃料与铀基核燃料一样，也始于美国曼哈顿计划，经过几十年研究，已发展了一定的应用技术。钍 -232（^{232}Th）类似于铀 -238（^{238}U），要通过吸收中子后转换为铀 -233 才能作为裂变核燃料使用，使用钍基核燃料与使用铀基核燃料技术上有相似之处，但不完全相同，具有一些独特的优势与挑战。根据对浓度克拉克值（Clarke concentration）的估计，通常认为地球上钍资源是铀资源的 3 ~ 4 倍，我国钍资源储量丰富，初步估算如能实现钍基核燃料的完全循环利用，可供使用几千年以上，将确保我国能源的自给自足，因此开发利用钍基核燃料的重要性越来越突显[4-8]。

液态燃料熔盐堆是国际公认钍基核能利用的理想堆型，结合在线添料和后处理，可实现钍燃料完全利用；固态燃料熔盐堆中通过不停堆连续更换燃料球，也可在开环模式下实现钍燃料部分利用。基于钍铀循环的熔盐堆具有可满足我国核燃料长期供应需求、核废料最小化、物理防核扩散等特点。技术层面上，固态燃料熔盐堆可作为液态燃料熔盐堆的预先研究，两者的研发可同时进行、相继发展。

二、熔盐堆的历史和研究现状

熔盐堆的早期概念为液态燃料熔盐堆，其研究始于上世纪 40 年代末的美国，主要目的是美国空军为轰炸机寻求航空核动力（轻水堆则是美国海军为潜艇研发的核动力装置），1954 年，美国 ORNL 建成第一个熔盐堆实验装置 ARE（Aircraft Reactor Experiment），功率为 2.5MWth。随后战略弹道导弹的迅速发展使核动力轰炸机研发失去了军事应用价值，熔盐堆研发于上世纪 60 年代研发转向民用。

ORNL 于 1965 年建成 8MWth 的液态燃料熔盐实验堆（MSRE）[3]。MSRE 满功率运行了将近五年，是迄今为止唯一一个液态燃料反应堆，也是唯一一个成功利用铀 -233 运行的反应堆。研究表明，MSRE 熔盐堆具有非常独特而优异的民用动力堆性能，可以用铀基核燃料，更适合于钍基核燃料。1970 年代，ORNL 完成了 2250MWth 熔盐增殖堆（Molten Salt Breeder Reactor，MSBR）的设计[9]。由于上世纪 70 年代正是冷战的高潮，发展核武器的重要性远远大于发展民用核能，在核能研究规模整体收缩的背景下，美国政府选择了适合生产武器用钚、具有军民两用前景的钠冷快堆，放弃了更适合钍铀燃料循环、侧重于民用的熔盐堆。

美国 MSRE 的巨大成功和适用于铀基核燃料的特点引起我国科学界和政府的高度重视。上世纪 70 年代初，我国科研人员选择钍基熔盐堆作为发展民用核能的起步点，一座零功率冷态熔盐堆于 1971 年建成并达到临界，通过开展各类临界物理实验取得了丰富的实验结果。限于当时的科技水平、工业能力和经济实力，我国民用核能转向了轻水反应堆研发并最终建成秦山一期核电厂，自此在世界范围内熔盐堆研究的国家行为几乎停止。

到上世纪末和本世纪初，能源危机与环境挑战为核能发展提供了新的机遇，钍基熔盐堆研发在世界范围内呈现急剧上升趋势。欧美各国积极推进国际合作并组建合作机构，欧盟自 2001 年起先后启动 MOST、ALISIA、SUMO、EVOL 等研究项目，由欧洲原子能共同体和其中六个国家参与，开展液态燃料熔盐堆的概念设计和评估；亚洲各国对两类熔盐堆研发均表现出很高的积极性，印度与日本正在积极推动液态燃料钍基熔盐堆的研究工作，韩国已启动了固态燃料熔盐堆基础研究计划。

针对不同应用前景，各国相继发展了包括法国 MSFR（Molten Salt Fast Reactor）、俄罗斯 MOSART（Molten Salt Advanced Reactor Transmuter）、日本 Fuji-MSR 等各类概念设计[10, 11]。法国提出的 MSFR 采用无石墨慢化、增加径向再生盐、利用快中子能谱等设计，具有非常大的负反馈系数、较大的增殖能力和简单的燃料循环模式。俄罗斯提出采用超铀元素作为燃料的 MOSART 堆，可实现对轻水堆乏燃料的高效嬗变，其堆芯内部无任何固体构件，系统具有内在的动力学稳定性。日本 FUJI-MSR 概念源于美国 MSBR 设计，但额定功率较低且不需要在线燃料处理工厂，堆芯剩余反应性较小，运行期间仅需添加少量的熔盐燃料，几乎可以实现核燃料的自持循环。

2001 年，美国由 ORNL、桑地亚国家实验室（SNL）和加州大学伯克利分校（UCB）共同提出固态燃料熔盐堆概念，也称为先进高温堆或氟盐冷却高温堆，其核心特点是使用氟盐冷却和包覆颗粒燃料技术，已完成了包括棱柱形燃料、棒状燃料、球床式燃料、板状燃料等四种具体设计[7]。2011 年，美国能源部启动 FHR 的 IRP（Integrated Research Project）计划，以 2009 年 UCB 等提出的 900MW 球床式 FHR 为基准设计，拟定关键问题和解决的技术路线，明确发展战略。

三、中国科学院战略性先导科技专项“钍基熔盐堆核能系统”

中国科学院于 2011 年启动了战略性先导科技专项，钍基熔盐堆核能系统（简称 Thorium Molten Salt Reactor，TMSR）入选首批 5 个专项之一。TMSR 项目致力于研发第四代钍基熔盐堆核能系统，具有采用钍铀燃料循环、熔盐冷却技术、高温核热综合利用等特点，以实现核燃料多元化、核废料最小化和防止核扩散等战略目标，在保障国家能源安全和促进节能减排方面具有重要意义。

TMSR 项目将发展固态熔盐堆和液态熔盐堆两种技术路线，计划建立完善的研究平台体系，解决关键科学技术问题，掌握相关核心技术，建成包括两类堆型的中试系统，最终实现商业化。专项近期科技目标是：建成 10MWth 固态燃料 TMSR 实验堆和结合后处理技术的 2MWth 液态燃料 TMSR 实验堆；形成包括熔盐堆设计、熔盐制备和回路、钍铀燃料循环前道与后道、耐辐照耐腐蚀高温材料、熔盐堆安全规范制定和许可证申办等技术研发能力，支撑未来发展。

鉴于钍基熔盐堆研发的特殊性，TMSR 核能专项积极开展广泛而富有实效的国内外合作，特别是充分吸收已有的相关科学技术基础，以加速专项发展。与美国能源部下属国家实验室和大学核工程系及相关研究机构等，在中美政府间平台上大力开展合作；逐渐加大与国际核能相关组织（国际四代堆论坛等）、欧洲各国、俄罗斯、亚洲各国的合作；与国内研究所和大学合作开展关键科学技术攻关，与核电设计企业合作开展工程设计，与核电相关制造厂商合作开展关键设备研发，与有核电建设经验的建设企业合作开展实验堆（热基地）的安装集成等。

2011 年 12 月，中国科学院与美国能源部签署核能科技合作谅解备忘录（CAS–DOE NE MOU），在此框架下，TMSR 中心与美国核学会（ANS）在固态燃料熔盐堆安全标准，和美国机械工程学会（ASME）在高温反应堆材料加工标准制定等领域开展了卓有成效的技术合作。2012 年 6 月，作为联合执行主席单位，和美国知名研究机构、公司和政府部门以及中国环保部核与辐射安全中心建立了联合工作组，启动了固态燃料熔盐堆安全标准（Nuclear Facilities Standards Committee，标准编号 ANSI/ANS–20.1）制订工作，进入了固态燃料熔盐堆安全标准研究与制定的核心俱乐部，现已完成初稿和通过 General Design Criteria（GDC）的初步审议。2014 年 7 月，经美国政府技术出口许可和中国主管部门批准，TMSR 中心和 ORNL 正式签订合作研究与开发协议（CRADA），双方全面合作开展熔盐堆相关技术研发；2015 年启动了与麻省理工学院（MIT）的能源发展战略、实验堆和堆材料合作，爱达荷国家实验室（INL）的干法后处理合作，以及阿贡实验室（ANL）的核能材料与同步辐射合作等方面的新 CRADA 洽谈。

四、关键问题和研究进展

作为第四代候选堆型之一，液态燃料 TMSR 可以实现钍燃料闭式循环，满足可持续性、防核扩散性、安全性以及废物管理目标；固态燃料 TMSR 可以满足大型高效率发电以及高温核热综合利用需求，同时具备全面非能动安全性。

TMSR 由于是全新堆型，还存在许多需要发展和解决的技术难点：针对熔盐堆尚无成熟的反应堆设计理论、安全分析方法以及安全评估规范可供借鉴；合金结构材料应用于商业化熔盐堆，其耐高温、腐蚀和辐照问题还需要进一步验证；燃料、石墨与熔盐在化学特性上是兼容的，但对物理的渗透效应，还需要一系列实验检验；钍铀循环核数据相对还不完善，需要开展大量基础研究和实验测量；燃料干法后处理技术目前也仅停留在实验室阶段，并未有实际应用经验。

1. 熔盐堆物理和热工耦合技术

固态和液态燃料 TMSR 设计研发的许多方面尚属空白，包括熔盐堆物理、热工水力、钍铀燃料循环等的技术研发体系还远未建立。TMSR 项目启动的固态燃料 TMSR 是世界上第一个此类实验堆，目前只有美国开展了几种类型的预概念设计和一些基础性研究，离实验堆工程建设目标相差很远，只能在项目的建设意义和可行性方面提供有限的参考，如何成功设计建设首个固态燃料 TMSR 面临巨大的技术挑战。液态燃料 TMSR 的研发和建造在 MSRE 以后即基本停止，国际上仅有一些概念性和基础性的研究，对液态燃料流动、裂变气体在线去除和熔盐堆安全特性等影响反应性的实验研究还很初步，特别是将熔盐堆和在线处理结合还没有进行实验验证。

TMSR 项目在熔盐堆设计、钍铀循环研究、堆工程技术研发等各方面均取得显著进展，完成了 10MWth 固态燃料熔盐实验堆的概念设计并进入工程设计阶段，完成了 2MWth 液态燃料熔盐实验堆的概念设计；建立了满足实验堆设计需要的分析方法和手段，锁定了关键技术方案，部分关键设备已完成了原理样机研制和实验验证，个别设备完成了工程样机研制；研制了一系列物理实验装置和工程试验台架，为掌握熔盐堆设计能力、关键技术及设备研发能力和建成熔盐实验堆奠定了良好的基础。

2. 先进高温耐腐蚀耐辐照材料技术

TMSR 关键结构材料主要包括合金和石墨，不同于其他第四代堆和现役反应堆，堆内材料与高温氟盐有直接接触，处于中子辐照、高温、受力和强腐蚀性等多重极端环境中。氟盐工作温度窗口约为 400 ~ 1400℃，熔盐堆工作温度完全取决于堆内结构材料性能，目前设计温度约为 700℃，该温度下氟盐对于合金材料具有较强腐蚀性，因此所选合金材料除需具有高温强度、可加工性和耐中子辐照外，还特别要具有优越的耐熔盐腐蚀性能。

候选合金材料有 UNS N10003（具体牌号包括美国 Hastelloy N 和国产 GH3535）和其他新型高温合金：Hastelloy N 合金在液态燃料熔盐堆 MSRE 中成功使用，其存在的中子辐照性能差及裂变产物腐蚀脆裂问题需研究改进；美国和法国提出的 SS316、Incoloy 800H、Inconel 617 合金和新型 W 改合金 EM-721 等还需要进一步技术研发。TMSR 项目在 Hastelloy N 基础上，设计研制了耐熔盐腐蚀合金 GH3535，确定了合金成分，检测了基本性能，目前已完成吨级中试，具备了大规模生产的条件。对于国产 GH3535 合金的力学性能和熔盐腐蚀性能积累了大量的数据，其综合性能已经与 Hastelloy N 相当，填补了国内耐高温熔盐腐蚀合金领域的空白，为将来熔盐堆用合金材料全面国产化奠定了重要基础。

熔盐堆用核石墨不仅是限制熔盐的流动通道，而且还需支撑其自身的重量，除了要满足通常反应堆对石墨性能的要求（如：高纯度、高密度、高各向同性度）外，还要求石墨对熔盐具有较低的渗透性、较长的中子辐照寿命和良好的尺寸稳定性。TMSR 项目改进和完善现有石墨工艺，按照 HF003 核质保体系要求固化了国产核石墨 NG-CT-10 的关键制备工艺，完成了中等规格工艺评定，其常规性能达到了熔盐实验堆的设计要求，防熔盐浸渗能力优于进口核石墨。在此基础上进一步研发高密度国产核石墨 NG-CT-30 和 NG-CT-50，由于其孔隙直径很小，熔盐更加不易浸渗，有力地促进了该型核石墨在固体燃料熔盐堆中的应用。

3. 熔盐净化和回路技术

TMSR 冷却剂系统由熔盐冷却剂和冷却剂回路组成，其技术挑战包括：熔盐中的水、氧、硫及其他杂质均可以导致结构材料腐蚀，因此必须发展熔盐脱氧净化技术对杂质进行严格控制；中子经济性要求对进堆熔盐的总硼当量进行严格控制，^{6}Li 热中子吸收截面是 ^{7}Li 的 30 多万倍，因此高丰度 ^{7}Li（丰度≥ 99.99%）的获取技术成为关键；熔盐堆的传热特性要求冷却剂回路是架构紧凑、能同时解决高温密封和高温热应力技术的综合系统。

H_2-HF 法是目前唯一可行的熔盐堆用氟盐脱氧净化方法，利用 HF 的超强吸水性将水带出氟盐体系。TMSR 项目已掌握了净化用高纯 HF 制备的核心技术并成功实现了中试规模生产，优化了 H_2-HF 法熔盐除氧净化工艺，高纯 LiF-NaF-KF 熔盐的总氧元素含量小于 100ppm（$1ppm=10^{-6}$），经堆用合金材料（哈氏 N）腐蚀试验，腐蚀速率小于 2 μm/a，且几乎不发生晶间腐蚀，攻克了熔盐堆材料腐蚀难题。

Li 同位素分离主要有锂汞齐交换法和离心萃取法，锂汞齐交换法存在严重的安全和环境污染问题。TMSR 项目发展了无汞离心萃取技术，合成新型高效锂同位素萃取剂，分离系数达到 1.021，在国际上首次成功实现了实验室规模的 160 级高丰度 ^{7}Li 同位素离心萃取分离试验，^{7}Li 丰度达 99.99% 以上，为解决冷却剂制备的 ^{7}Li 原料需求提供了途径。

熔盐回路技术包括回路系统设计以及熔盐泵、阀、换热器等回路关键设备研发。TMSR 项目成功研制了熔盐泵、熔盐换热器、冷冻阀等回路关键设备，建成硝酸盐热工试验回路和 LiF-NaF-KF 熔盐高温试验回路，解决回路系统控氧、控水和高温密封技术难题，降低氟化盐对回路材料的腐蚀性，实现回路在不同工况下长期稳定运行，具备了高温氟盐回路系统设计、建设、调试和运行能力。

4. 基于氟化盐的干法处理技术

钍基熔盐堆要求在线批量处理燃料盐并实现快速纯化循环，处理过程中需尽量避免燃料盐与水氧接触反应生成 HF 和金属氧化物，因此现有的乏燃料水法分离技术并不适合，只能使用干法分离技术。干法分离技术是指在非水介质中处理乏燃料的一类技术，具有耐辐照、低临界风险、防扩散、放射性废物少等优点，更适宜处理高燃耗、短冷却期的各种形式辐照燃料。20 世纪 50 年代起，以美国、俄罗斯为首，发展了基于氯盐介质的干法分离技术，用于处理不同类型乏燃料，验证了干法分离技术及工艺流程的可行性。

与氯盐体系相比，由于氟盐具有高熔点、强腐蚀、易水解的物性特点，发展氟盐体系的干法分离技术会面临更高操作温度带来的腐蚀性加强和更严格的水氧含量要求等技术挑战，迄今为止，已进行过实验或在原理上验证可行的技术主要有氟化挥发、金属还原萃取、熔盐电化学和减压蒸馏等。

美国 ORNL 于上世纪 60 年代将氟化挥发工艺成功应用于 MSRE 燃料盐中铀的分离，但所有的操作均在停堆后实施，并未实现真正在线处理；法国国家科学中心（CNRS）提出了实现钍基熔盐堆自持模式，处理周期为 6 个月的燃料分步处理方案，该方案没有考虑载体盐纯化和循环，且仍处于概念设计阶段，没有实质性的实验结果支撑。

TMSR 项目提出了熔盐堆燃料在线处理的概念流程，主要采用氟化挥发和减压蒸馏技术，在不停堆条件下对燃料盐进行铀和载体盐分离，可及时回收其中约 99% 的 UF_4、90% 的 LiF 及 BeF_2，干法尾料中剩余熔盐和钍等可通过集中处理进一步回收。该方案既缓解了燃料在线处理的强度和难度，又使得最有价值的燃料和载体盐及时循环使用，减少相应的临堆存量。

5. 基于钍基熔盐堆的核能综合利用

由于钍基熔盐堆的高温核热输出，有望更好实现包括高温制氢、工艺热利用、区域供热、海水淡化在内的核能综合利用。高温制氢是其中一个重要方面，国际原子能机构（IAEA）将其列为第四代核能系统需要重点研发的技术之一。

高温制氢主要有两种技术路线：一种是热化学循环制氢，其主要挑战在于优化技术路线、提高整体效率、解决反应器腐蚀等问题，目前由美国 General Atomic Co.（G.A）公司首先开发的碘硫（S–I）循环和日本东京大学提出的 UT–3 循环被认为是最优流程。另一种是高温电解水蒸气制氢（HTSE），使用的技术主要是来自于固体氧化物燃料电池（SOFC）的逆过程固体氧化物电解池（SOEC），可以设计为模块化，其主要挑战在于电解池长期工作稳定性和经济性；美国爱达荷国家实验室在这方面开展了系统研究，我国清华大学已建成 HTSE 在线测试系统和高温电化学 SOEC 评价系统，正开展电极材料、设备可行性稳定性等基础研究。

TMSR 项目计划发展和熔盐堆相匹配的高温制氢技术，以 700℃以上高温热和电作为能量输入源，实现高效分解水蒸气获得高纯氢气，结合二氧化碳加氢制甲醇技术，最终得到高附加值的化学品或者燃料，从而提升现有化石能源的碳效和核能的能效。研究采用基于固体氧化物电解池的高温电解制氢和基于 U_3O_8 的铀碳（U–C）热化学循环制氢两条技术路线，高温电解技术成熟度较高，便于构建规模化制氢系统；U–C 热化学循环技术与熔盐堆出口温度更匹配，但目前尚处于原理验证阶段。目前已建成了国内最为完备的从固体氧化物电解池制氢材料到千瓦级高温电解制氢系统在内的涵盖材料制备、材料测试、电解池加工、电解制氢性能评价、规模化电解制氢系统在内的大型综合性研究平台。

五、我国钍基熔盐堆发展战略和展望

钍基熔盐堆（TMSR）以氟化盐为冷却剂，具有本征安全性、可持续发展性、防核扩散性和高温输出的特点，结合其可无水冷却的优势，适合于高温核热综合利用、小型模块化堆应用以及缺水地区应用等诸多用途，其商业化在当前技术基础条件下具有极高的可行性。

中国 TMSR 核能专项致力于发展固态燃料和液态燃料两种熔盐堆技术，以最终实现基于熔盐堆的钍资源高效利用。固态燃料熔盐堆由于其燃料后处理技术难度非常高，可基于开循环模式以初步利用钍，节省铀资源；液态燃料熔盐堆基于在线干法处理技术，可采用改进的开循环模式大规模利用钍，实现钍铀增殖，并进一步实现钍铀闭式循环。TMSR 专项可望在2020左右建成世界上首座10MW固态燃料TMSR实验装置，具有在线干法处理功能（示踪级）的2MW液态燃料TMSR实验装置，形成支撑未来发展的若干技术研发能力，实现关键材料和设备产业化；到2030年左右全面掌握TMSR相关科学与技术，完成固态和液态两类工业示范堆建设，发展小型模块化技术，开展熔盐堆商业化推广。

— 大事记 —

2011年1月，中国科学院启动了战略性先导科技专项，钍基熔盐堆核能系统（TMSR）入选首批5个专项之一。

2013年8月，钍基熔盐堆核能系统（TMSR）项目列入国家能源局“十二五”国家能源重大应用技术研究及工程示范（实验）专项。

2014年1月，钍基熔盐堆核能系统研究团队被选为中科院首批五个卓越创新中心之一，2015年1月被确定为中国科学院先进核能创新研究院。

2015年上半年，为加快推进具有全球影响力的科技创新中心建设，上海市开始酝酿启动实施钍基熔盐堆（TMSR）重大科技专项。

— 参考文献 —

[1] Technology Roadmap Update for Generation IV Nuclear Energy Systems. OECD Nuclear Energy Agency for the Generation IV International Forum，2014
[2] C.Renault, et al. The MSR in Generation IV：Overview and Perspectives. GIF Symposium-Paris（France），2009
[3] Rosenthal，M. W.，Haubenreich，P. N.，Briggs，R. B. The Development Status of Molten-Salt Breeder Reactors [R]. ORNL-4812，1972
[4] IAEA-TECDOC-1319. Thorium Fuel Utilization：Options and Trends. 2002
[5] IAEA-TECDOC-1450. Thorium Fuel Cycle - Potential Benefits and Challenges. 2005
[6] 徐光宪. 白云鄂博矿钍资源开发利用迫在眉睫[J]. 稀土信息，2005，(5)：4.
[7] Reactor and Fuel Cycle Technology [R]. Subcommittee Report to the full Commission. Blue Ribbon Commission on America's Nuclear Future，2012.
[8] 张家骅，包伯荣，夏源贤. 钍铀核燃料循环研究[J]. 核技术，1988，11(10)：27-33.
[9] Robertson，R.C. Conceptual Design Study of a Single-fluid Molten-Salt Breeder ReactorORNL-4541，1971
[10] Advanced Fuel Cycle Initiative-Objectives，Approach，and Technology Summary [R]，2005.
[11] Charles W. Forsberg.Thermal- and Fast-Spectrum Molten Salt Reactor for Actinide Burning and Fuel Production [C] //Proc. Of the GLOBAL 2007 Advanced Nuclear Fuel Cycles and Systems，2007.

撰稿人：徐洪杰
审稿人：朱胜江　沈兴海

核聚变科学和工程技术

一、引言

能源短缺和环境污染是经济发展面临的两大主要问题。核聚变能资源是一种丰富又无污染的理想能源。我国受控核聚变能源开发研究的最终目的是建成安全可靠、无环境污染、经济性能优异的聚变电站，并使之成为国民经济发展的支柱性能源。

受控核聚变的基本思想是，让氢的同位素氘和氚在一定的条件下电离成由电子和原子核混合而成的完全电离气体——等离子体，然后对等离子体加热，以提高原子核间发生聚变反应的几率。受控核聚变（又称为受控热核聚变）需要解决的首要问题是如何将高温、高密度的等离子体约束在有限的体积内达到足够长的时间，并具备足够高的反应速率。受控核聚变包括磁约束和惯性约束两大途径。

磁约束聚变是利用带电粒子沿着磁场可以自由运动而在垂直于磁场的方向只能做有限半径的回旋运动这一特征实现等离子体约束。惯性约束聚变是利用内爆产生的向心运动的物质的惯性来约束热核等离子体。下面分别对其进行介绍。

二、磁约束核聚变

上世纪 40 年代末期，世界各国在保密的情况下开始多途径探索实现受控核聚变。1968 年，苏联的 T-3 装置公布了远高于其他途径的实验结果。之后，托卡马克逐步成为磁约束受控核聚变的主要途径。1997 年，欧盟的 JET 创下了输出聚变功率 16.1MW、聚变能 21.7MJ 的世界纪录。日本的 JT-60U 也获得了聚变反应堆级的等离子体参数。这些结果证实了磁约束受控核聚变的科学可行性。目前，由中国，欧盟、印度、日本、韩国、俄国和美国联合研制的国际热核实验堆（ITER），在完成概念和工程设计后，正在建设。ITER

装置额定聚变输出功率为500MW，脉宽400s，投资近80亿美元。国际聚变界普遍认为，若ITER装置能顺利建成并达到预期目标，则可开始聚变演示堆（DEMO）的设计和建设。目前，欧、美、日等都规划在2040年建成并运行DEMO，在2060年代建成聚变原型堆[1]。

（一）磁约束核聚变研究的主要科学和工程技术课题

基于现有的托卡马克科学与技术基础，可以建造核聚变实验堆。但是，要实现经济上能与其他能源可比、并能被环境安全接受的商用聚变堆，必须进一步加强对聚变物理基础及相关工程技术的研究。要提高堆芯等离子体性能，减小聚变堆的几何尺寸，增强等离子体的约束性能；提高加热、电流驱动效率及磁能的利用率；提高反应堆核环境中等离子体行为的预测能力和可控性。同时，要开发耐高温、高热流及强中子辐照的第一壁材料与结构材料，提高反应堆包层设计水平，发展有效的聚变堆氚自持技术等。

（二）我国近期的发展和现状

2008年以来，我国在磁约束核聚变科学、工程技术、聚变材料和堆设计等方面，围绕前述的科学和技术课题，开展了全面的研究，总体水平都有大幅度提高。国内两大主要实验装置HL-2A和EAST先后实现了高约束模（H-模）放电。这是我国磁约束聚变实验研究史上具有里程碑意义的重大进展，它标志着我国的磁约束聚变科学和等离子体物理实验研究进入了一个接近国际前沿的崭新阶段。

EAST全超导托卡马克装置的成功运行和升级、HL-2M装置的建造、多种大功率加热系统的建成和和投入运行、先进加料技术的开发、聚变堆设计和材料研发的深入开展等，充分体现了我国在核聚变工程技术方面的重要进展。

1. 聚变科学

（1）输运和约束。

围绕H-模的输运和约束是托卡马克研究的核心内容，与未来聚变堆的经济可行性和安全性密切相关。我国科技人员在H-模的触发机理、带状流和逆磁漂移流在H-模触发中的作用等方面取得若干重要创新成果[2-5]。在HL-2A上，首次观测到在L-H转换过程中存在的两种不同极限环振荡和完整的动态演化过程[6]，为L-H模转换的理论和实验研究提供了新的思路。EAST创造了稳定重复的超过32秒的H-模放电的世界纪录[7]，对ITER和未来聚变反应堆具有很高的参考价值。

在HL-2A上，首次观测到测地声模和低频带状流的三维结构；在强加热L-模放电中，观测到中、高频湍流能量向低频带状流传输，为理解湍流引起的能量传输提供了可能的物理基础；在内部输运垒的研究方面，发现了自发的粒子内部输运垒。

（2）磁流体（MHD）不稳定性。

MHD不稳定性是托卡马克物理研究的另一个重要方面。与理论研究相结合，在

HL-2A 装置上，成功地实现了电子回旋加热对撕裂模的主动控制。另外，还第一次观测到了新经典撕裂模及其与等离子体比压的关系，为研究这种限制装置比压的最危险的 MHD 不稳定性，探索其控制方法搭建了平台。

（3）等离子体和器壁表面相互作用及偏滤器物理。

由第一壁和偏滤器共同组成的高热流部件是聚变反应堆的核心和关键部件之一，其设计、加工和制造以及其材料制备，都是未来聚变堆最重要的技术。几年前，我国已经着手研究偏滤器区域所承受的高热负荷以及偏滤器和第一壁部件的中子辐照效应等。在 HL-2A 和 EAST 上开展了各种偏滤器物理实验，还系统研究了采用不同壁表面处理技术和不同放电条件下的器壁特性。

（4）高能量粒子物理。

高能量粒子行为是决定燃烧等离子体约束性能的一个关键因素。在 HL-2A 上，利用大功率加热系统，在高能量粒子及其驱动的相关模的非线性相互作用、相关模的作用等方面，开展了大量的研究。首次观测到由高能量电子激发的比压阿尔芬本征模，发现了电子鱼骨模频跳和高能量电子能量的关系及各种高能量粒子模的非线性相互作用等[8]。

（5）理论研究和数值模拟。

最近 7 年，我国的磁约束聚变理论与数值模拟队伍迅猛发展，实际参与的高等院校由原来的一两所扩大到目前的近 10 所。通过独立开发、引进和联合开发大型计算机模拟程序，研究手段和方法提升很快，研究内容覆盖聚变等离子体物理的各个方面，研究水平也有明显提高。尤其是在湍流输运、高能量粒子物理、射频波物理和磁流体不稳定性方面，取得国际同行认可的重要成果。

2. 工程技术

（1）大型超导托卡马克 EAST 的工程进展。

EAST 装置于 2006 年 3 月建成，2006 年 9 月获得初始等离子体，是我国自行设计研制的世界首个全超导非圆截面托卡马克装置。有利于实现稳态长脉冲高参数运行。该装置上获得了稳定重复的 1MA 等离子体电流，成功实现了 411s 长脉冲高温等离子体放电。

（2）大型托卡马克 HL-2M 的工程设计和建造。

为了研究与聚变密切相关的高参数等离子体科学技术，HL-2A 将升级为 HL-2M 装置。其特点是，小环径比（R/a=1.78/0.65），大拉长比（2）和三角形变（0.5）的等离子体截面，高可近性和灵活性，高热容性等。等离子体电流可达 2.5MA，纵向磁场 2.2T，可开展几十兆瓦大功率加热实验，具备获得高比压等离子体的条件。装置建成后，将使等离子体储能，能量约束时间，密度、温度和比压等，上一个台阶，为下一步研究提供新的平台。

（3）大功率辅助加热系统的发展。

大功率辅助加热包括中性束注入（NBI）、电子回旋共振加热（ECRH）、离子回旋共振加热（ICRH）和低杂波电流驱动（LHCD）。最近几年，我国在辅助加热关键技术研究方面取得了很大的进展，掌握了研发兆瓦级 ECRH，LHCD 以及 NBI 系统主要关键技术。

EAST 和 HL-2A 的总辅助加热功率将分别达到 26MW 和 10MW。

（4）先进加料技术的发展。

加料是聚变研究的重要组成部分。在 HL-2A 和 EAST 装置上已建成了多发弹丸注入系统和超声分子束系统，其中，超声分子束注入加料技术是由核工业西南物理研究院（简称核西物院）开发的一项重要的原创性发明专利技术。目前已经发展成先进的团簇束注入技术。采用这些先进的加料技术，得到了一系列物理研究成果。

（5）聚变堆设计和材料研发。

最近几年，我国聚变堆设计与材料研究取得了重要进展。近 5 年来，这方面的工作主要以聚变堆设计、建造和运行为目标，开展深入的设计和研发工作。例如，在全面吸收、消化 ITER 物理设计的基础上，开展了中国聚变工程测试堆概念设计研究。其中，超导方案的径比（R/r）=5.7m/1.6m，聚变功率为 50 ~ 200MW，期望实现运行因子大于 0.3 ~ 0.5 的稳态或长脉冲运行和氚自持等、研究包层和偏滤器部件的远程维护技术。其间，核西物院完成了具有氦冷锂陶瓷氚增殖剂包层的聚变演示堆的概念设计，径比（R/r）= 7.2m/2.1m，聚变功率为 2500MW，中子壁载荷为 $2.3MW/m^2$，氚增殖率为 1.15[9]。同时，核安全所完成了具有液态氚增殖剂包层特征的 FDS 聚变堆系列概念设计。此外。中国工程物理研究院开展了聚变 - 裂变混合堆的概念设计研究。

在材料发展方面，核西物院完成了低活性铁素体 - 马氏体钢 CLF-1 的设计和成分优化，较国外同类钢具有更好高温强度等性能；完成了小规模的 V-4Cr-4Ti 合金研制和性能试验，确认该合金在 650℃下可以取得比较好的综合性能工艺参数。中科院核能安全技术研究所发展了另一种潜在的聚变堆结构材料——CLAM，得到 3dpa 的中子辐照数据。核西物院与企业合作，研制成功聚变堆中子倍增材料铍小球，我国是第二个掌握该技术的国家；并研制成功聚变堆氚增殖材料正硅酸锂小球。中国工程物理研究院、中国原子能研究院和中科院上海硅酸盐研究所等单位也采用不同的技术方法进行了锂陶瓷氚增殖剂的研发。

为发展聚变演示堆增殖包层技术，中方已经与 ITER 国际组织正式签署试验固态氚增殖包层模块试验协议，成为 ITER 七方中第一个签署该协议的国家。

（三）国际的发展和现状

配合 ITER 的建造，在国际托卡马克物理组织的框架下，参与各方在诊断、约束与输运、磁流体和破裂与控制、高能量粒子物理、台基和边缘物理、刮削层和偏滤器、集成运行方案等方面，开展了长期、系统的研究。这也是目前磁约束聚变科学的主要研究方向。

在约束与输运方面，除了 JET 上开展的高参数、高加热功率条件下的各种实验，国际上的研究也是以约束改善（H- 模）和湍流输运为主。美国的 ALCATOR C-MOD 上发现的 I-mode 运行模式，只有温度输运垒而没有密度输运垒，被认为是 ITER 和将来的聚变堆可以采用的运行模式之一。实验发现，由湍流驱动的测地声模和带状流在 L-H 转换中起到至关重要的作用。旋转对约束的影响也是目前一个重点研究方向。

MHD方面，实验上鉴别了不同特征的各种不稳定性，并对其产生条件、发展规律、对约束和放电的影响，以及可以采取的控制措施等开展了系统的研究。DIII-D，FTU，Tore-supra，NSTX和其他装置上重点研究了高能量粒子引起的阿尔芬波及其对高能量粒子的输运和约束的影响。高能量粒子与本底等离子体间的动量和能量交换过程对聚变十分重要。非碰撞的、更有效的交换途径正在探索之中。

在等离子体和器壁表面相互作用及偏滤器物理方面，JET进行了类ITER壁试验，研究在等离子体破裂以及ELM爆发时，第一壁的热负荷。AUG近年来开展了全钨的第一壁实验，侧重等离子体边界与壁表面相互作研究。TCV，MAST等装置开展了各种先进偏滤器实验。

国际上的理论与模拟研究工作主要集中在约束与输运、MHD稳定性、高能量粒子、加热与电流驱动、集成模拟、创新概念等领域。

正在按计划进行的ITER建造是聚变工程技术方面的最大进展。参与各方都把所承担的采购包作为重要任务来完成。研发和制造基本按计划进行。截至2014年12月，ITER国际组织与ITER各国国内机构签署的采购包总数已达104个，占该项目总实物贡献价值的90.53%。

除了托卡马克，国际上还开展球形环、仿星器和反常箍缩的研究。

各国都有自己的聚变堆设计与材料方面的同步发展计划。预测未来的聚变演示堆的首选结构材料仍然是低活化的铁素体－马氏体钢（RAFM）。ITER试验包层模块计划将对未来的聚变堆增殖包层进行技术测试，参与各方正进行各自的包层模块设计和制定技术发展路线。

（四）各国的发展策略

围绕前述的磁约束核聚变研究的主要科学技术课题，世界主要聚变研究国家都在积极制定聚变发展战略。总体来看，各国的发展战略虽有差异，但基本方向是一致的，即，积极参与ITER建设相关的工程技术研发，确保其成功建成和投入运行；积极参与ITER物理实验基础的发展，为保证ITER物理实验成功奠定基础；全面掌握ITER建设、运行和实验的科学技术成果；确定本国的后ITER发展路线，包括过渡装置、演示堆和商用聚变电站。

美国强调，氚自持等基本问题必须优先于演示堆建造得到解决。由于聚变环境的复杂性，还需要建造更可靠、更灵活、造价和风险更低的托卡马克装置平台，开展面向聚变堆的工程技术和科学实验研究。欧盟提出了开发聚变能源的“快车道”计划，即从ITER直接过渡到原型堆的路线图。目前的规划是，开展聚变电站和原型堆的基础研究，主要是增殖堆再生区、材料开发和聚变材料辐射试验。重点是开展国际聚变材料辐照设施（IFMIF）研究。日本的目标是，一旦ITER开始燃烧等离子体实验，其国内即可建造聚变演示堆。关于下一步的发展，聚变界比较一致的意见是要看ITER装置运行能否达到预期的目标，能否为聚变研究带来质的变化。总之，美国、欧盟和日本这三个聚变研究发达地区都加快了聚变科学和工程技术的研究和发展，对在本世纪下半叶实现核聚变能商业化应用表示谨慎乐观。

（五）我国的发展趋势和对策

我国磁约束聚变研究起步不算晚，但由于国力的限制，在等离子体品质、装置规模、加热功率、诊断和技术等方面，同发达国家存在很大的差距。同时，我国也没有开展 D–T 实验的经验。参加 ITER 是我国磁约束聚变研究实现跨越式发展的重大机遇。我国参与 ITER 计划的预期目的是，使我国能在 ITER 装置建成后掌握其主要技术；有效地参加在 ITER 装置上的实验研究；逐步独立开展核聚变能演示堆的设计和研发。我国近期应围绕让我国科技人员有效地投入到 ITER 计划中，消化吸收 ITER 技术和分享 ITER 知识产权，在 2020 年后的 ITER 实验中发挥应有的作用，达到我国参与 ITER 计划的预期目标等开展工作，并组织国内磁约束核聚变研究，积累聚变科学和工程技术知识，加强人才培养和队伍建设。同时，开展聚变堆设计研究，梳理聚变堆建造必须解决的工程技术难题，开展单项技术攻关，建造必要的聚变堆部件验证工程测试平台，逐步建立设计和建造聚变演示堆的能力。

目前，除了完成 ITER 采购包任务和参与 ITER 的建造和物理实验准备，我国需要开展以下几方面的工作。

（1）聚变科学基础研究，包括：等离子体的输运和约束、不稳定性、高能量粒子、边缘等离子体等，这方面的突破可能会带来新的发展机遇。

（2）在国内装置上开展各种先进托卡马克运行模式研究，包括非感应电流驱动、长脉冲、高性能运行模式。

（3）燃烧等离子体与材料相互作用的物理机制，特别是反应堆内部件，如偏滤器、氚增殖包层的功能和可靠性。

（4）基于大型数值模拟，对 ITER 燃烧等离子体的性能进行预测和分析，进而形成完善的反应堆等离子体分析和预测手段。

（5）基于 ITER 的科学技术成果，开展集成设计，演示未来聚变电站的工程可行性和经济可行性，为开发聚变电站提供可靠的科学技术基础。

为有效开展上述研究，缩小我国与国际先进水平的差距，必须大力发展高时空分辨的等离子体诊断技术和高功率长脉冲加热和电流驱动技术，包括负离子源技术。要坚持理论、模拟和实验的有机结合，对聚变科学和工程技术中的重要问题组织联合攻关。

三、惯性约束核聚变

惯性约束聚变（ICF）是利用激光或者是激光与物质相互作用产生的 X 射线作驱动源，

均匀地作用于装填氘氚燃料的微型球状靶丸外壳表面，形成高温高压等离子体，利用反冲压力，使靶的外壳极快地向心运动，压缩氘氚主燃料层到每立方厘米几百克质量的极高密度，并使局部氘氚区域形成高温高密度热斑，达到点火条件并进行充分的热核燃烧。

ICF研究属于大科学工程范畴，国际上能够全面开展ICF研究的国家屈指可数，美国、中国和法国有国家层面的研究计划，俄罗斯、日本、英国、德国等有规模不同的研究机构从事ICF研究。

（一）我国的发展和现状

1964年王淦昌院士提出利用激光打靶产生中子的建议。1993年，国家高技术“863”计划成立了惯性约束聚变技术主题，形成了以中国工程物理研究院和中国科学院为主、全国协作的研究体系。40余年来，我国形成了比较完整的理论和实验研究体系；培养了一大批理论、实验、诊断、制靶和驱动器方面的科研骨干[10]。我国目前可用于ICF研究的主要装置有：神光II/神光II升级，神光III原型/神光III，聚龙一号。

神光–III装置由中国工程物理研究院激光聚变研究中心研制，是世界第三大、亚洲第一大的激光装置，目前已经可以用于物理实验。该装置由48束激光组成，分成6个束组，可为物理实验提供近20万焦耳、60太瓦的紫外辐照光源，并为物理诊断提供高置信度的时标光和VISAR光源，以及高光束质量、精确同步的激光等离子体相互作用束和Thomson探针光。

我国是世界上为数不多的拥有比较完整ICF研究体系的国家。目前，我国ICF研究正在以实现聚变点火为重要目标稳步推进。

（二）国际的发展和现状

1960年激光器问世不久，苏联科学家Basov等就提出利用激光产生高温等离子体的思想；1964年，美国科学家Dawson发表了利用大能量激光产生高温等离子体的文章。1972年，美国科学家Nuckolls等人发表了激光驱动内爆压缩靶丸的理论和计算结果，为激光ICF基本原理与概念的建立奠定了重要的基础。

美国是国际ICF研究的领先者，其近中期目标是在实验室条件下开展高能量密度物理研究，远期目标是探索可控热核聚变能源技术。ICF研究初期，美国主要关注直接驱动方式；1976年以后主要研究力量转入间接驱动方式。40余年来，美国在ICF研究方面投入了巨额经费，在理论、实验、诊断、制靶和驱动器方面取得了许多重要进展。

20世纪70年代中至80年代初，美国在地下核试验中，抽取少量核爆产生的辐射能，改造成为实验室条件下的ICF辐射场，用其驱动内装氘氚小球内爆压缩，获得了高增益热核聚变能，证明了ICF的科学可行性。1985年开始，美国在精密NOVA激光装置上开展了一系列物理研究。

1995年，美国开始研制输出波长0.35μm、输出总能量1.8MJ、192束的激光装置——

国家点火装置（简称“NIF”），用于演示热核聚变点火，2009 年 3 月建成。

2009 年 7 月至今，美国利用 NIF 装置开展了靶物理实验和点火物理实验，虽还未实现热核聚变点火，但取得了重要的物理成果[11-13]。根据 NIF 点火物理实验，各单项指标已经基本达到设计要求，但是在一发实验中，各项指标未能同时达到设计要求；通过高熵实验实现了核反应产能大于燃料吸能；氘氚等离子体的压力达到 2000 亿大气压左右。从 NIF 物理实验和实验的分析可以看出，美国对点火物理的基本认识并没有出现大的问题；只是为了在低驱动能量条件下实现聚变点火，点火靶物理设计过于“精巧”，对各种非理想因素的影响估计不足，在驱动能量利用效率、内爆压缩不对称和流体力学不稳定性增长等问题上过于乐观。

（三）惯性约束核聚变面临的主要问题

要实现聚变点火和燃烧，需要等离子体压力很高。高密度需要高度对称的高收缩比压缩；同时只有高度对称的压缩物质的惯性（动能）才能有效地转化为氘氚等离子体的内能，同时达到点火需要的温度和密度。

从 NIF 装置点火物理实验分析看，制约实现点火的两大原因是内爆不对称和混合严重。为此，NIF 装置采用提高内爆过程中的熵增来控制流体力学不稳定性增长、降低混合。目前判断，研究辐射驱动源的对称性应该从两个方面着手：一是黑腔等离子体对激光传输的堵塞和散射[14]，二是激光束的几何排布。

驱动器能量是制约激光聚变研究的一个重要因素。如果驱动器能量能够提高，则实现激光聚变点火的难度将会实质性地下降。更有效的点火技术途径也是需要重点关注的探索研究之一。

（四）各国的发展策略

美国的 ICF 是国家层面的计划，吸纳了国内外众多的研究机构和企业参与，集成世界之人力、技术和力量。法国的 ICF 也是国家层面的计划，并且得到了美国的帮助和支持，其发展基本是跟随策略，也就是充分借鉴美国 ICF 的经验和教训。日本 ICF 曾经在国际上有比较大的影响，提出过以快点火为技术途径的研究计划。俄罗斯等国的 ICF 比较松散，还未看到实质性的国家层面的布局。

（五）我国的发展趋势和对策

充分利用神光 III 装置和其他装置开展系统、深入的物理研究是当前和今后一段时间我国 ICF 研究的工作重点。研制更大规模、更大能量、更稳定运行的驱动器也是当前和今后一段时间我国 ICF 研究的重要任务。

我国 ICF 研究将主要集中在两大方面。一是以实现 ICF 热核点火为目标，理论、实验、诊断、制靶和驱动器“五位一体”协同攻关。二是充分利用已经建成的装置，开展黑腔物理、内爆物理和辐射流体力学等高能密度物理研究，开展实验室天体物理、激光核物理等前沿基础科学探索。

我国已经建立了比较完整的、独立自主的ICF研究体系，拥有了一支科学搭配比较合理、创新能力较强的研究队伍。可以期待，用10年或稍长一点时间，我国ICF研究将处于整体国际先进、局部国际领先的水平。

四、结束语

我国的核聚变研究与发达国家同时开始。经过五十多年的努力，已经形成独立自主、内容基本完整的技术体系和水平较高、年龄结构合理的研究队伍。虽然总体水平与发达国家还有不小的差距，但有的方面已经进入世界前列。

实现受控核聚变需要长期的科学和技术的积累、大量的人力和财力投入，以及多种高技术及基础工业的支持。所以，广泛的国际合作已成为当今世界开发聚变能的最佳选择。ITER是人类聚变能开发进程中最重要的里程碑。其成功将直接指导聚变演示电站的建造，最终实现聚变能商用。通过参加ITER的建造和运行，全面掌握相关的知识和技术，有可能使我国磁约束聚变研究用最短的时间赶上世界先进水平。

另一方面，除了积极参与ITER计划，我国应对后ITER的发展凝聚共识，积极、扎实、稳妥地推进核聚变科学和工程技术的发展，争取早日实现聚变能的和平利用，造福人类，造福子孙后代。

惯性约束聚变研究的最主要目标是实现热核聚变点火。同时，惯性约束聚变研究中所创造的高能量密度状态为开展极端条件下的科学研究提供了非常宝贵的机会。这方面的研究无疑会带动基础科学和应用科学的发展，为国家安全、国家科学技术进步做出更大的贡献。

— 大事记 —

2008年1月13日，胡锦涛总书记视察中国科学院等离子体物理研究所（简称等离子体所）的EAST全超导托卡马克装置，发表了重要讲话。

2009年1月9日，在国家科学技术奖励大会上，等离子体所的“全超导非圆截面托卡马克核聚变实验装置（EAST）研制”项目被授予2008年度国家科学技术进步奖一等奖。

2009年4月18日，核工业西南物理研究院（简称核西物院）中国环流器二号A（HL-2A）装置在国内首次实现高约束模式运行。

2009年11月29日，中共中央政治局常委、国务院副总理李克强视察EAST装置，发表了重要讲话。

2010 年 5 月 26 日，核西物院被国家科学技术部授予“国际科技合作基地”称号。

2010 年 11 月 29 日，核西物院“中国环流器二号 A（HL-2A）装置高温等离子体诊断系统研制”项目荣获国家科学技术进步奖二等奖。

2011 年 4 月 9 日，中共中央政治局常委、中央书记处书记、国家副主席习近平视察 EAST 装置，发表了重要讲话

2012 年 1 月 8 日，核西物院托卡马克等离子若干重大物理问题的实验研究项目荣获中核集团公司“科技特等奖”。

2012 年 2 月 21 日，ITER 组织总干事本岛修一行访问核西物院，并参观了中国环流器二号 A（HL-2A）装置。

2012 年 5 月 28 日，EAST 获得稳定重复超过 30 秒的高约束等离子体放电，是国际上最长时间的高约束等离子体放电。

2012 年 6 月 27 日，EAST 获得超过 400 秒的两千万度高参数偏滤器等离子体，是国际上最长时间的高温偏滤器等离子体放电。

2013 年 9 月 24 日，英国原子能机构主席 Roger CASHMORE 先生一行访问核西物院，并参观了中国环流器二号 A 装置。

2013 年 12 月 4 日，英国大学与科学国务大臣戴维·威利茨一行访问核西物院，并参观了中国环流器二号 A 装置。

2013 年 10 月 23 日，俄罗斯总理梅德韦杰夫访问等离子体所。

2013 年 12 月 25 日，超导托卡马克创新团队荣获 2013 年度国家科学技术进步奖。

2014 年 12 月 23 日，国际热核聚变实验堆 ITER 计划总干事本岛修访问等离子体所，并参观了 EAST 装置。

—— 参考文献 ——

[1] 中国国际核聚变能源计划执行中心，核工业西南物理研究院．国际核聚变能源研究现状与前景［M］．北京：中国原子能出版社，2015.

[2] X. R. Duan，J. Q. Dong，L. W. Yan，et al. Preliminary results of ELMy H-mode experiments on the HL-2A tokamak［J］．Nucl. Fusion，2010，50（9），095011.

[3] BaonianWan，Jiangang Li，Houyang Guo，et al. Progress of long pulse and H-mode experiments in EAST［J］．Nucl. Fusion，2013，53（10），104006.

[4] J. Li，H. Y. Guo，B. N.Wan，et al. A long-pulse high-confinement plasma regime in the Experimental Advanced Superconducting Tokamak［J］．Nature Phys. 2013，9（12），817.

[5] 董家齐．托卡马克高约束运行模式和磁约束受控核聚变［J］．物理，2010，39（6），400.

[6] J. Cheng，J. Q. Dong，K. Itoh，et al. Dynamics of Low- Intermediate - High Confinement Transitions in Toroidal Plasmas［J］．Phys. Rev. Lett.，2013，110（26），265002.

[7] H. Q. Wang，G. S. Xu，B. N. Wan，et al. New Edge Coherent Mode Providing Continuous Transport in Long-Pulse

H-mode Plasmas［J］. Phys. Rev. Lett. 2014，112（18），185004.

［8］W. Chen，X.T. Ding，Q.W. Yang，et al. Beta-induced Alfv é n Eigenmodes Destabilized by Energetic Electrons in a Tokamak Plasma［J］. Phys. Rev. Lett. 2010，105（18），185004.

［9］K.M. Feng，G.S. Zhang，G.Y. Zheng，et al. Conceptual Design Study of Fusion DEMO Plant at SWIP［J］. Fusion Engineering and Design，2009，84，2109.

［10］裴文兵，朱少平. 激光聚变中的科学计算［J］. 物理，2009，38（8），559.

［11］John Lindl，Otto Landen，John Edwards, et al. Review of the National Ignition Campaign 2009-2012［J］. Phys. Plasmas，2014，21（2），020501.

［12］M. J. Edwards P. K. Patel，J. D. Lindl, et al. Progress towards ignition on the National Ignition Facility［J］. Physics of Plasmas 2013，20（7），070501.

［13］O. A. Hurricane，D. A. Callahan，D. T. Casey, et al. Fuel gain exceeding unity in an inertially confined fusion implosion［J］. Nature，2014，506（7488），343.

［14］R. Paul Drake. High-Energy-Density Physics：Fundamentals，Inertial Fusion，and Experimental Astrophysics［M］. Springer-Verlag Berlin Heidelberg，2006.

撰稿人：董家齐　丁玄同　朱少平　冯开明

审阅人：王　龙　郁明阳

铀矿地质

一、引言

铀资源是军民两用的重要战略资源。发展铀矿地质学科，对确保铀资源的供应保障能力，支撑国家拥有足够的核威慑力量和加快核能发展都具有重要意义。近 5 年来，我国砂岩型铀矿地质理论得到了显著的创新和发展，热液型铀矿地质理论得到进一步完善和提升，铀矿勘查技术在“天 – 空 – 地 – 深一体化”和“攻深找盲”方面取得显著进步，铀矿勘查深度已全面进入 500 ~ 1500m 深度的“第二找矿空间”，以探明一批大型、特大型铀矿床为新的标志性成果，地质理论和找矿实践都进一步证明我国是铀资源较为丰富的国家[1]。深化研究铀成矿理论，进一步提高探深能力，实现智能化预测评价，自主研发先进的找矿仪器设备等领域仍然是今后铀矿地质学科发展的主要任务[2]。

二、我国铀矿地质学科发展的新进展

（一）铀成矿理论研究

1. 砂岩型铀矿

基本形成了反映中国地质背景的砂岩型铀矿成矿理论体系[3]，构建了多种构造背景下沉积盆地的铀成矿模式，主要有伊犁式、吐哈式、鄂尔多斯盆地皂火壕式、磁窑堡式、二连盆地努和廷式、巴彦乌拉式、松辽盆地钱家店式等；建立了多种区域预测模式，发展了预测要素，主要有大地构造、构造体制、基底成熟度、古气候、岩相古地理、铀源、水文地质、新构造运动、区域性氧化还原作用等。在借鉴国际砂岩型铀矿地质理论的基础上，总结了我国北方沉积盆地砂岩型铀矿成矿机制和时空分布的基本规律[4-5]，认为：我国北方砂岩铀成矿省是经历了容矿主岩沉积期的弱伸展和容矿主岩成矿期的弱挤压地质构造体制，东、西部区域成矿构造背景存在较明显的差异，东部地区在伸展构造背景下形成有利沉积建造，具有盆地隆起区向盆地中心迁移的含铀含氧流体与从盆地深部向上迁移的油气或热流体的双重叠加成矿的特点；西部则主要表现为弱伸展背景下形成有利沉积建造，挤压构造环境下成矿。砂岩型铀矿的空间分布还受成熟古陆块的控制，使铀在层间水中还原并发生沉淀，富集多种成因来源的还原性气体。容矿主岩成岩期的铀预富集常常是矿床形成的重要物质基础，我国不少砂岩型铀矿在沉积成岩阶段已经形成工业铀矿床。北方中新生代沉积盆地砂岩型铀矿矿化年龄具有西部偏新、中东部偏老的趋势，含矿层位则出现西部偏老、中东部偏新的趋势，从西部到中东部，含矿岩系由侏罗系到新近系。上述地质理论有效指导了北方铀矿找矿的突破。

2. 热液型铀矿

创新发展了热液型铀矿的“幔汁成矿”、“热点成矿”和“深源成矿”等理论，提出了“幔汁氢化迁移律”、“壳幔岩石中氧离子不用动原理”[6-7]、“幔汁成矿机制演化链”、“中国东部含矿火山盆地‘三层楼’成矿新模式”等新认识，建立了我国南方典型铀矿田（地区）的热点作用识别标志和热点铀成矿模式[8]。通过“中国铀矿床研究评价”项目的实施，全面总结了我国各大工业类型铀矿成矿规律，论证了新的铀矿找矿方向和资源增长方向，出版了5卷10册780万字《中国铀矿床研究评价》和全国铀矿建模工作的专著，为我国中长期铀矿勘查部署提供了重要依据[5]。

对我国中新生代铀成矿作用开展了系统性的研究，认为中新生代三期岩石圈伸展减薄作用、特别是燕山晚期在地壳加厚背景下发生的岩石圈伸展减薄作用是铀矿床形成的主要动力学背景，而岩石圈伸展减薄产生的壳幔岩浆－构造－流体作用是中国东部热液型铀矿床形成的必要条件。华东南花岗岩研究取得新进展，提出印支期花岗岩与铀成矿有密切关系，燕山晚期构造－岩浆热事件可能为成矿提供了热源、矿化剂和流体运移动力。

3. 铀成矿区带划分和全国铀矿资源潜力预测评价

完成了新一轮全国铀矿资源潜力预测评价，把我国铀矿成矿单元划分为4个铀成矿域、11个铀成矿省和49个铀成矿区（带），并通过对典型矿床的解剖，构建了75个铀矿床式及111个典型铀矿床成矿模式。在此基础上，充分利用地、物、化、遥异常信息建立了相应的预测评价模型，优选出340多个预测区，首次定位、定深、定量、定型预测出全国铀矿资源总量超过210万吨（未包括非常规铀资源）和各预测区资源量，圈定万吨至10万吨级的远景区40多个[2]。

4. 深部铀矿科学探测

铀矿找矿正向500～1500m深度的“第二找矿空间”推进，并见到很好的富矿。2013年在江西相山铀矿田完成了中国铀矿第一科学深钻工程，终孔深度首次突破2800m，全孔岩矿心编录采用了高光谱技术，建立了多种热液蚀变矿物光谱库，实现了高光谱异常信息提取。基于对相山火山盆地高精度“地质CT扫描”，提出新的结构模型，扩大了找矿空间。该深钻在 1500 ~ 2818m 深度发现了多处好的多金属矿化，表明在 1500m 以下可能仍有具较大潜力的“第三找矿空间”。

（二）铀矿勘查技术研究

1. 航空物探技术

对 GR-820 航测系统配套应用软件进行了升级和功能扩展，成功研制了 ARCN 航空数据预处理应用软件和具有自主知识产权的 AGRSS-15 型适合直升机装载的小型化航空伽玛能谱、航磁测量系统，解决了航空伽玛能谱测量的抗振、多信号控制、可存储、系统集成、测试等多项关键技术难题。通过引进消化吸收和再创新，航空伽玛能谱和航磁测量仪器设备以及技术水平达到了国际先进水平。

2. 地面物化探技术

可控源音频大地电磁法、音频大地电磁法、瞬变电磁法、激发极化法和高精度磁法等深部探测技术，在 1000m 以浅已取得较明显的效果；浅层地震勘探技术在推断地层层序、断裂构造、沉积相、岩性划分等方面发挥了重要作用；利用高精度磁测定位氧化带前锋线的技术取得重要进展。研发了大地电磁测深抗高压线干扰技术、车载伽玛能谱测量数据降噪技术和复杂地形条件下的地震反射波采集技术。

建立了四大类型铀矿典型元素地球化学异常模型，研发了铀分量化探方法、热液型铀矿新的同位素示踪技术和铅同位素打靶方法、铅同位素向量特征值法。建立了铀成矿元素原生晕模型及元素组合标志。地电化学勘查法、土壤电导率技术在北方沉积盆地铀矿找矿中取得较好应用效果。研制了泡塑负载试剂和地电化学装置，地气测量技术得到初步应用。

3. 高光谱遥感技术

开发了一套铀成矿要素卫星高空间分辨率遥感信息增强、解译、分析技术方法，包括砂岩型铀成矿褪色蚀变高空间分辨率遥感增强技术，地质构造高空间分辨率遥感解译与分析方法等。基本建立了航空高光谱遥感地质勘查技术体系，包括航空高光谱遥感数据获取与预处理技术、航空热红外高光谱数据温度与发射率分离技术、航空高光谱遥感矿物填图技术、航空高光谱遥感矿物分析与找矿技术、以航空高光谱遥感信息为主的多源地学信息综合分析方法、测量等。初步建立了一套适用于钻孔岩心和地面大比例尺矿物填图的地面成像光谱技术方法。

4. 水文地质技术

发展了沉积盆地铀成矿古水文地质条件恢复技术，基本建立了水 - 岩作用痕迹识别技术和强构造背景下铀成矿古水文地质建模技术、大型中新生代盆地古构造古水动力系统恢复技术和构造 - 水动力变异带的识别方法，并较系统地重塑了二连盆地、鄂尔多斯盆地中新生代主要发展阶段的古构造古水动力系统格局。

5. 钻探和测井技术

松散岩层取心方面，基本解决了松散砂岩的取心难题，采取率从最初不足 30% 提高到 85% 以上。在取心钻头研制方面，开发出了适应不同地层（包括卵砾石层）条件钻进专用系列钻头，钻探台月效率从最初的 600 余米提高到 1600m 左右。砂岩含矿含水段采用空气泡沫钻进技术，水文孔成井后洗井时间由原来的 48 ~ 72 小时缩短到近 6 小时。在地浸采铀工艺钻孔采用高压喷射钻井技术，成孔周期缩短 20%。突破了 3000m 级别的大深度测井技术，系统解决了高精度、自动化、高温、高压、探管供电、数据快速传输等一系列技术难点。

6. 分析测试技术

核地质分析测试技术总体上已居于国际先进水平，并进一步向“精细精确、省量省时、微区原位”的方向发展。建立和完善了矿石样品重选、磁选和浮选分离技术及激光粒度分析方法、基于 X 射线荧光光谱分析技术为主线的主量元素分析和基于电感耦合等离子体质谱技术的微量元素分析技术（检出限达到 10^{-12}）、擦拭样品中铀同位素整体分析技术和含铀微粒铀同位素粒子分析技术、微粒铀矿物及颗粒锆石 U–Pb 定年的测试方法、样品中 H、C、N、O、S、Si、He、Ne、Ar 等元素的同位素分析测试技术等。核素分析技术从核地质扩大到辐射环境监测领域，研制了新型 PC–2000 和 PC–2100 镭氡分析仪，研发了水中氚测定电解浓缩装置、野外铀快速分析测试技术及装置，建立了 X 射线衍射全岩物相和黏土矿物定量分析方法及微区原位分析方法、铀矿物电子探针定年技术等。发现了 3 种新矿物——栾锂云母、氧钠细晶石、冕宁铀矿，并得到了国际矿物协会新矿物和矿物命名委员会批准。

7. 综合预测评价技术

集成构建了我国大型层间氧化带型砂岩铀矿预测评价技术体系，实现了由传统人工定性向数字化定量预测的转变，提升了铀成矿预测速度和精度。利用 GIS 技术构建了一套从资料收集与综合分析、典型矿床研究与建模、区域铀矿成矿地质特征研究、物化遥信息综合应用到模型区与预测区信息关联、实现预测区圈定、优选及铀资源量估算于一体的全国铀矿资源潜力预测评价技术体系。

8. 找矿仪器研发

成功研制了激光（热）电离飞行时间质谱仪，并已应用于核材料诊断分析，可以对化学元素周期表中 Li 至 U 元素及其化合物进行快速全谱测定，实现了质谱仪器从完全依赖进口到自主研制的跨越。成功研制了 AGS–863 全数字化航空伽玛能谱仪及其勘查系统软件，实现了多项关键性技术突破。在 2004 年研制并批量生产出 HD4002 型综合测井仪基础上，2010 年、2013 年先后研制出拥有自主知识产权的适用于复杂地形条件下搬运的小口径、单芯电缆测井系统（HD4002A 型）和适用于 3000m 深度的综合测井仪（HD4002B 型）。为准确测定铀、钍混合型矿床铀含量，研发出了 BGO 晶体的伽玛能谱探管。研发了瞬发裂变中子测井系统，并成功进行了测井试验。

上述铀矿地质理论和勘查技术的进步和创新，促进了我国铀矿找矿走向更深层次和更广阔的空间，全面进入到 500 ~ 1500m 深度的“第二找矿空间阶段”。地质理论和找矿实践都进一步证明我国是铀资源较为丰富的国家。区域上，从“十一五”之前10多个铀成矿区带，现在发展到49个铀成矿区带；沉积盆地找矿，从边缘向腹部延伸，从稳定构造环境向中度构造变形环境发展；热液型铀矿找矿，进一步打破花岗岩型与火山岩型、碳硅泥岩型的空间界限，更多考虑构造背景、重大地质事件、岩浆演化和热液活动的综合作用。北方新发现和探明了努和廷、蒙其古尔、皂火壕、纳岭沟、巴－赛－齐、大营、十红滩、塔木素、钱家店等一批万吨至数万吨规模的大型、特大型砂岩型铀矿床，成为了近期我国铀矿找矿重大突破的主要标志，新疆、内蒙古探明的铀资源量由2000年只占全国的10.8%，到2014年提高到41%，我国铀资源的开发也由原来以南方为主，转变为南北方并举的新格局。

三、国外发展趋势和我国铀矿地质学科发展存在的主要问题

国外部分铀矿床规模大、品位高，地质预测研究水平先进，深部勘探开采超过国内，大型金属矿山开采深度超过1500m的约有115座[9]，南非的金矿勘探最深达到5424m，开采深度已到4800m，美国金矿勘探最深达到5071m，俄罗斯安泰铀矿床勘探达到2182.5m。我国金矿勘探最大深度是4006.17m，铀矿床勘查深度在1200m之内，科学深钻到了2818m。国外航空物探技术发展迅速，加拿大GR-820航空伽玛能谱仪仍然是世界上最先进的能谱仪；最新研制了先进的航空时间域电磁勘查系统（VTEM），探测深度可达800m；高分辨率航空重力梯度仪（Gedex HD-AGG）能够探测到12km深处的固体矿产、石油和天然气。英国成功研制了超导航空重力梯度测量系统，使测量精度提高10倍。国外物化探仪器制造和深部探测技术向高精度、大深度方向发展，加拿大推出了V5-2000型和V8阵列式大地电磁系统，美国相继推出了GDP-16、GDP-32多功能电磁测量系统、EH-4电磁测量系统、MT-24阵列式大地电磁测量系统。现代遥感技术实现遥感（RS）、全球定位系统（GPS）、地理信息系统（GIS）、智能系统（IS）和多媒体系统（MMS）的5S技术联合应用。美国、澳大利亚、加拿大等相继开展了铀矿勘查高光谱分辨率、高空间分辨率遥感对地观测新技术研究，重点推进三维矿物填图。发达国家继续深入实施矿产资源潜力评价计划，美国统一使用“三部式”法评价，澳大利亚实施“玻璃地球计划”（Glass Earth）及以新的地质省尺度创建全国性GIS图层，加拿大正在用现代地质方法推进北极区能源与矿产资源填图计划，欧盟正在组织实施泛欧矿产资源预测评价，开发4D矿化带综合地质可视化模型。

相比之下，我国铀矿地质学科发展还存在一些差距，主要存在以下问题：

（1）铀矿地质基础研究还较为薄弱。对影响今后找矿的重大地质问题需要进一步梳理，指导找矿的铀矿地质理论需要进一步深化和创新。

（2）探深技术水平尚有较大差距。物化探、遥感、航测等技术受复杂地形和植被的制约，1000m以深的探测技术和解译技术与国际先进技术存有较大差距，亟待提高。

（3）受投入的影响，铀成矿区带预测评价工作滞后。多数铀成矿区带的大中比例尺资源潜力评价和具体靶区的预测及圈定工作极为有限，影响进一步勘查部署。

（4）铀矿田 / 矿化集中区还缺少精细评价，潜力不清，其深部和外围找矿的“三维四定”预测研究极为不够，深钻（1000m 以深）大多几乎空白，对深部成矿环境了解甚少，攻深找盲技术需要进一步完善提高。

（5）找矿仪器研发能力不足。高端物探仪器、分析测试仪器大多依赖进口，不仅仪器研发核心技术受制于人，而且直接影响到相应的软件开发应用及仪器功能的开发。

四、我国铀矿地质学科发展趋势与对策

我国铀矿地质学科发展将大体上与国外同步，总体发展趋势是：创新铀矿地质理论，积极探索新的找矿类型；攻深找盲技术手段更加多元化、数字化和集成化，三维模型指导找矿的成功率将不断提高；对海量地质数据的处理效率不断提高或用大数据进行预测，“玻璃地球”、“数字地球”等新概念的应用将更加深入，深部探测逐步实现三维精细化；钻探工艺设备进一步向自动化、智能化、信息化方向发展；分析测试技术不断向微区原位、精细精确、省时省力、快速高效方向发展。高精度放射性找矿仪器设备向数字化、轻便化、智能化方向发展；“互联网 +”、“智能化 +X”将步入铀矿勘查领域。

（一）铀矿基础地质研究

应开展纳米地学探索性研究，揭示地质体中纳米物质的地质作用机理和效应，建立纳米测试技术。深化成矿流体与铀成矿作用研究，建立恢复或反演古流体系统的技术。加强成矿地质体、成矿构造和成矿结构面、成矿作用特征标志等研究，构建“三位一体”找矿预测模型。加强铀超常富集机理研究，查明我国砂岩型、热液型铀矿超常富集机理与富集模式，总结综合识别标志，推动更多富大铀矿的发现。开展铀成矿系统研究，重点深入开展沉积盆地铀 – 煤 – 油 – 气成（藏）成矿系统、铀多金属成矿系统等研究。

（二）铀矿勘查技术研究

应发展无人机航空物探测量技术，开发弱小致矿信息的识别和提取技术。发展智能化成矿预测技术，引入建模器，研发铀成矿预测信息系统软件，减少人为因素干扰，使靶区和铀资源量预测在数字化、定量化的基础上逐步实现智能化。加强三维地质填图技术及其应用研究，开展遥感、深部地球物理测量和反演，继续实施科学深钻工程，开发三维地质填图软件系统，建立三维地质填图示范。创新发展高光谱遥感技术并实现推广应用。大力发展高精度、高效率深部探测技术，重点发展时间域航空瞬变电磁测量技术、高精度三维电磁和地震勘探技术、井中瞬变电磁测量技术、多参数组合测井和中子测井技术、深穿透地球化学技术、高效、智能化钻探工艺技术。发展精准快速的分析测试技术，重点开发

全元素快速分析技术、高精密度在线和原位同位素分析技术、高灵敏度放射性核素分析技术、高准确度有机分析技术、高分辨微区分析技术以及基于互联网的实验室信息智能处理技术等。

（三）重点铀成矿区带和矿田 / 矿化集中区潜在资源精细化预测

重点铀成矿区带的预测属中比例尺预测，应以基础数据库和成果数据库更新维护为基础，跟踪铀矿勘查最新进展及铀矿科研成果，动态维护铀矿资源潜力数据库；采用三维探测、铀矿资源潜力评价等技术有效综合多元信息和资料，实现潜在铀资源的动态精细化预测评价。

矿田 / 矿化集中区的预测属大比例尺预测，应开展矿田（矿床）构造对铀矿床、铀矿体的控制规律研究，查明矿床（体）的空间分布规律，运用定量预测手段进行远景资源量的估算，尤其要加强矿田构造分析、矿化成矿系列分带研究、新的深部勘探技术方法应用及定量统计预测，从而为重点铀成矿区带勘查工作部署和铀矿基地建设提供科学依据。

（四）非常规铀资源和钍资源的研究与评价

研发非常规铀资源的提取技术也是为远期从海水中提取铀资源做技术储备。含铀黑色岩系型、含铀磷块岩型、盐湖型铀资源为我国大陆非常规铀资源的主要类型[10]。需建立预测评价技术体系，进一步研究不同类型非常规铀资源的富集环境、形成条件、富集因素、时空分布规律。

钍是一种潜在核能资源，我国钍资源相对丰富，应加强钍资源预测、调查和评价，为钍资源的勘查及开发利用提供依据。

（五）铀成矿模拟试验研究

微生物铀成矿作用模拟实验为成矿模拟实验领域的重要发展方向。模拟砂岩型铀成矿的物理 – 化学条件，实验研究厌氧菌和喜氧菌富集铀的机制，将是今后砂岩型铀成矿模拟实验研究的主要热点。通过实验模拟深部流体上升过程中铀的搬运形式、物理 – 化学条件、沉淀富集机制也将是今后热液型铀矿成矿模拟实验的重点和难点。

（六）找矿仪器研发

重点突破一批适用于我国铀矿勘查的仪器设备研发，打破核心设备过度依赖进口的局面。需重点研制无人机载航空物探测量设备，新一代高精度、高灵敏度便携式放射性测量仪器，新一代中子测井仪，低成本、低损耗钻头，核质谱仪等。

—— 大事记 ——

2008 年 1 月 8 日，在国家科学技术奖励大会上，核工业二一六大队“新疆伊犁盆地南缘可地浸砂岩型铀矿勘查研究及资源评价”项目获 2007 年度国家科学技术进步奖一等奖。

2009 年 4 月 21 日，在工信部副部长兼国防科工局局长、国家原子能机构主任陈求发陪同下，国际原子能机构总干事巴拉迪一行访问了核工业北京地质研究院。

2010 年 8 月 23 日，中共中央政治局委员、国务院副总理张德江为中核集团在二连盆地新探明努和廷超大型铀矿床作出重要批示：“探明努和廷超大型铀矿床是一大喜讯，要抓紧做好后续工作。同时，要加强规划管理，严禁私采滥挖，破坏和浪费宝贵的资源。”

2011 年 7 月 12 日至 7 月 21 日，中共中央政治局常委、国务院副总理李克强，中共中央政治局委员、国务院副总理回良玉、张德江、王岐山，国务委员兼国防部长梁光烈、国务委员兼国务院秘书长马凯等观看国土资源调查评价成果展——中国核工业地质局铀矿成果展位，对铀资源调查评价成果给予特别关注和充分肯定。

2012 年 12 月 19 日，核工业北京地质研究院“地浸砂岩型铀矿快速评价技术及应用”项目荣获国家科学技术进步奖二等奖。

2013 年 5 月 3 日，中国铀矿地质第一科学深钻在江西相山矿田顺利终孔，孔深达到 2818.88m，从而使我国铀矿钻探首次突破 2800m 深度，取得超深放射性测井、全孔岩心高光谱编录等多项科研成果，并于当年被中国地质学会评选为“全国十大地质科技进展”，被中国核学会评选为“全国十大核科技进展”。

—— 参考文献 ——

［1］张金带，李子颖，徐高中，等. 我国铀矿勘查的重大进展和突破——进入新世纪以来新发现和探明的铀矿床实例［M］. 北京：地质出版社，2015.

［2］张金带，李子颖，蔡煜琦，等. 全国铀矿资源潜力评价工作进展与主要成果［J］. 铀矿地质，2012，28（6）：321-326.

［3］张金带，简晓飞，郭庆银，等. 中国北方中新生代沉积盆地铀矿资源调查评价（2000—2010）［M］. 北京：地质出版社，2013.

［4］秦明宽，李子颖，田华，等. 我国地浸砂岩型铀矿研究现状及发展方向［M］// 核地质科技论文集 . 北京：地质出版社，2009.

［5］杜乐天，黄静白，陈祖伊，等. 中国铀矿床研究评价（第一卷—第五卷）［M］. 北京：中国核工业地质局，核工业北京地质研究院，2013.

［6］杜乐天. 氢的地球化学——幔汁氢化迁移律［J］. 铀矿地质，2014，30（2）：65-77.

［7］杜乐天. 氧的地球化学——壳幔岩石中氧离子（O^{2-}）不用动原理［J］. 铀矿地质，2015，31（1）：65–77.
［8］李子颖，黄志章，李秀珍，等. 南岭贵东岩浆岩及铀成矿作用［M］. 北京：地质出版社，2010.
［9］张生辉，薛迎喜，蔺志勇. 国外深部找矿技术发展趋势及对我国的启示［J］. 国外地学动态，2013.9（总40）.
［10］漆富成，张字龙，李治兴，等. 中国非常规铀资源［J］. 铀矿地质，2011，27（4）：193–199.

负责人：张金带

撰稿人：张金带　李子颖　李怀渊　程纪星　郭冬发　叶发旺　刘晓阳　付　锦

审稿人：于恒旭　余水泉

铀矿采冶

一、引言

铀矿采冶是核燃料循环产业的重要组成部分，铀矿采冶过程是将有工业价值的铀矿石开采出来，经选矿分离富集（必要时），再采用化工过程提取精制，加工成重铀酸盐、三碳酸铀酰盐等产品，为进一步制备各种类型核燃料提供原料[1]。

我国铀矿采冶工业始建于1956年，先后建立了几十座铀矿山、铀水冶厂、铀矿采冶联合企业，以及配套的铀矿采冶研究设计院所、设备修造厂、专业建安公司，形成了完整的铀矿采冶工业体系；铀矿采冶生产技术也形成了适合我国铀矿资源特点的常规采冶、地浸采铀、堆浸和原地破碎浸出并驾齐驱的格局，成为全世界铀矿采冶工艺技术最齐全的国家。

我国铀矿采冶技术的发展经历了矿山开采方式以地下采掘为主，矿石加工采用常规水冶工艺的创立阶段（1958—1984年），地浸采铀、堆浸提铀和原地破碎浸出采铀等新工艺技术试验研究的创新阶段（1985—2000年），以及地浸采铀、堆浸提铀等新工艺技术全面推广应用的发展阶段（2001—2014年）。近年来，我国铀矿采冶工业得到了较快发展，铀多金属矿选冶综合回收技术取得突破；地浸采铀工艺实现了全流程的自动控制，CO_2+O_2地浸技术得到大规模工业应用；浓酸熟化-高铁淋滤浸出、酸法制粒堆浸、渗滤浸出和细菌氧化助浸等堆浸提铀新技术得到应用；原地破碎浸出的分层扇形深孔挤压爆破筑堆技术大大提高了爆破筑堆效率[2]。

二、我国铀矿采冶学科发展新进展

（一）铀矿开采技术

我国铀矿矿井主要为竖井和斜井开拓，以充填采矿法为主，空场法、留矿法、全面法也有应用；回采损失率一般为3% ~ 5%，回采贫化率10% ~ 20%，掘进直接工效< 0.15m/工班，采矿直接工效< 2.5t/ 工班；采掘设备以中小型为主[1]。

近年来，无底柱分段崩落开采技术、无轨采矿技术在部分矿井得到应用；采场充填由干式废石充填、堆浸尾渣充填发展到堆浸尾渣水力管道输送充填，减少地表固体污染源和降低采矿成本；对低品位团块状厚大矿体采用了深孔落矿和放矿工艺，提高采矿效率> 100%，成本降低 30%。

（二）常规水冶技术

常规水冶工艺是我国铀矿采冶工业创立阶段的主导工艺，先后开发了花岗岩型矿石酸浸清液萃取流程、火山岩型矿石酸法淋萃流程、碳硅泥岩型矿石酸浸离子交换流程、碳酸盐型矿石加压——加温碱法浸出流程、含铀煤型矿石低温燃烧发电——煤灰酸浸矿浆萃取流程[3]。

近年来，研制了清液吸附的固定床离子交换设备，采用多塔串联吸附和多塔串联淋洗工艺，以适应铀浓度变化大的浸出液处理；密实移动床饱和再吸附工艺结合了固定床和流化床的特点，实现了树脂转型、淋洗剂返回利用；处理低品位矿石的新型淋萃工艺流程，实现了工艺水循环利用。

从浸出液中直接沉淀铀的新两步沉淀工艺和从淋洗合格液中沉淀铀的浆体循环沉淀工艺，显著降低了产品含水量，提高了产品质量；研制的新型离子交换树脂，提高了铀的吸附容量；开发了用于产品沉淀的流态化沉淀器和多功能沉淀槽。

（三）铀多金属矿选冶技术

随着核电事业的快速发展，大量品位低、伴生元素多的铀资源逐渐成为开发利用的主体，铀多金属矿选冶综合回收技术研究取得突破。

凤城含铀硼铁矿采用磁选—重选—分级的联合工艺，获得品位为 61% 的铁精矿、品位为 0.2% 的铀精矿和品位为 13% 的硼精矿，铀精矿石水冶加工成重铀酸盐[4]。

沽源铀钼共生矿采用露天开采、搅拌浸出、钼铀分步萃取技术，制备出四钼酸铵和重铀酸钠产品[5]。

若尔盖铀多金属矿先用浮选法选出有机物和硫化物（精矿），再采用常压酸浸—热压氧浸，铀、钼、镍、锌的浸出率可分别达到 98%、88%、98%、98%；碳酸盐矿物（尾矿）用碱法浸出，铀、钼的浸出率可分别达到 85%、80% 以上。

华阳川低品位铀多金属矿采用多种选矿工艺，得到品位为 0.3% 的铀铌精矿、品位为 40% 的铅精矿和品位为 60% 的铁精矿；再将铀铌精矿酸化焙烧后浸出，取得较好效果。

（四）堆浸提铀技术

堆浸提铀技术是我国铀资源开发的主工艺之一，浓酸熟化 - 高铁淋滤浸出技术、低渗透性铀矿石酸法制粒堆浸技术、细粒级串联堆浸技术等新技术在我国铀矿采冶工业得到广泛应用，整体水平处于国际领先水平。

开发了细粒级矿石堆浸技术，解决了矿堆浸出周期长，浸出率低的难题；多堆串联堆浸技术提高浸出液铀浓度 2 ~ 3 倍，降低浸出过程材料消耗约 20% ~ 30%；泥、粉矿石酸法制粒堆浸技术，矿石浸出率达 95% 以上，浸出周期缩短 70%，浸出液铀浓度提高 50% 以上[3]。

拌酸熟化 - 高铁淋滤堆浸技术，使高品位铀矿石的浸出周期缩短至 60 ~ 100 天，浸出液铀浓度达 7 ~ 9g/L；细菌氧化堆浸技术，降低硫酸消耗 12.5%，缩短时间 25% ~ 45%；渗滤浸出工艺，避免了矿堆板结，铀浸出率从 60% 左右提高到了 90% 以上；堆浸尾渣拌酸强化浸出技术，大幅降低尾渣品位（< 0.01%）；矿石分级 - 堆冶联合浸出工艺既提高了高品位粉矿铀的浸出率，又提高了粗粒级矿石堆浸的渗透性，提高了铀资源利用率。

（五）原地浸出采铀技术

原地浸出采铀（简称地浸采铀）是将配制的浸出剂通过钻孔工程注入地下矿层，浸出剂在渗流过程中与矿层中的铀矿物发生反应，溶解出矿石中的铀，再经过钻孔抽送至地表水冶厂进行加工处理，而不使矿石产生位移的集采、冶一体的铀矿采冶工艺[2]（见图 1）。

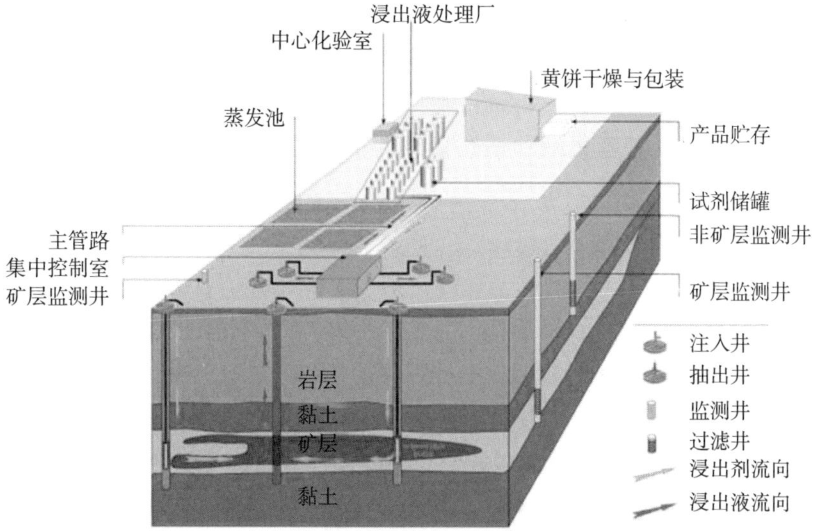

图 1　地浸采铀工艺流程示意图

经过 30 年的发展，形成了以地浸铀资源评价、钻孔结构与成井工艺、抽注系统的优化、浸出剂配制与使用，溶浸范围控制、浸出液处理工艺和和自动化控制为主体的完整技术体系。CO_2+O_2 地浸采铀技术的工业应用，使我国成为世界上唯一同时拥有酸法与 CO_2+O_2 地浸采铀技术的国家，也标志着我国地浸采铀技术已跻身世界先进水平。

地浸工艺钻孔施工与成井技术有了长足发展，改进和完善了填砾式钻孔结构和施工工艺，开发了泡沫负压钻进和清水负压钻进技术，有效保护了矿层的渗透性，提高了钻孔抽注液量；大口径钻进工艺和矿层局部扩井技术使地浸钻孔抽注液能力提高 10% ~ 20%；大深度钻孔成井技术为大埋深砂岩型铀矿地浸开采奠定了基础；分层填砾、套管切割和二次钻进成井技术解决了同一钻孔分层建造过滤器的难题。

溶浸范围控制技术，减少了溶浸液的稀释和“溶浸死角”的面积，溶浸剂覆盖率大于 90%，提高资源回收率 2% ~ 3%；厚砂体薄矿层地浸开采技术进一步拓展了地浸采铀技术的应用范围；钻孔注水帷幕、抬升地下水位的技术，解决了疏干砂岩型铀矿地浸开采的世界性难题。

酸法地浸工艺的密实移动床和饱和再吸附技术，提高了合格液铀浓度；大直径高流速固定床、反渗透处理高浓度转型废水以及沉淀母液再生淋洗剂技术、高压水力溶氧装置和二氧化碳气化溶解装置等得到广泛应用；地浸采铀工艺全流程自动控制技术，提高了地浸矿山现代化管理的水平。

（六）原地破碎浸出采铀技术

原地破碎浸出采铀技术是在井下采场低品位矿石浅孔落矿筑堆浸出基础上发展起来的。该技术减少矿石出窿量 70% 以上，采冶综合成本降低 30% 左右，降低了地表放射性污染水平。“上向分段扇形深孔毫秒延时挤压爆破落矿筑堆”、“井下非电毫秒延时控制爆破”等新技术，使爆破落矿筑堆矿石块度得到有效控制，矿石微细裂隙发育，矿石浸出率 $> 65\%$；喷淋布液、滴灌布液及钻孔注液等溶液分配技术，消除了矿堆浸出的“死角”；井巷集液和钻孔集液的工程优化技术，有效地防止了浸出液的渗漏流失[8]。

（七）铀矿采冶安全环保技术

制定、颁布了《铀矿冶辐射防护规定》《铀矿冶辐射环境监测规定》《铀矿通风技术要求》《铀水冶厂尾矿库安全设计规定》等一系列标准规范，为矿井通风系统的建立和铀矿井下辐射状况的改善提供了技术支持；系列氡子体个人测量仪在铀矿冶企业广泛应用[3]。

石灰乳中和法处理废水、软锰矿或氯化钡除镭、氯化钡 – 循环污渣 – 分步中和法处理酸性矿坑水、反渗透处理碱法地浸废水等废水处理工艺，确保了铀矿采冶过程中的废水得到有效处理，放射性核素排放浓度满足标准要求；地（堆）浸工艺废水循环利用率达到 70% 以上，部分矿井水实现重复利用。

铀尾矿库与废石堆氡析出规律研究及覆盖降氡治理技术、铀矿井水封堵技术等，为我国铀矿冶设施的退役治理提供了技术支撑，已退役铀矿冶设施的放射性废物被有效隔离，地表生态环境得到恢复，满足了铀矿冶设施退役后对公众剂量管理限值的要求。

三、国内外铀矿采冶学科发展对比

世界铀矿资源的开发利用已有200多年的历史。到2012年，世界上仍有21个国家50多座铀矿山在生产运行，铀总产量为58816t/a，其中露天开采占19.9%，地下开采占26.2%，地浸占44.9%，副产品占6.6%，堆浸占1.7%，其他占0.7%[10]。由此可见，世界铀矿采冶技术以常规采冶工艺和地浸采铀工艺为主，堆浸和原地破碎浸出工艺主要用于处理低品位铀矿石。

（一）国外铀矿采冶学科发展现状

1. 常规采冶技术

铀矿的常规采冶技术在国外一直占据主导地位。世界主要产铀国，如加拿大、澳大利亚、纳米比亚、尼日尔、俄罗斯和南非等由于得天独厚的铀资源条件，大都以常规的露天开采和地下开采为主，矿石的水冶加工工艺以“矿石破磨—搅拌浸出—固液分离—浓缩纯化”常规流程为主。

国外铀矿常规开采采用了先进的开采技术和设备，采掘装运设备向大型化、液压化、多功能和高效化发展，尾砂充填技术及自动控制技术也得到广泛应用[9]。加拿大的西加湖（Cigar Lake）铀矿采用了远距离遥控设备进行采掘；加拿大德尼森铀矿采用无轨设备和房柱法开采；非洲纳米比亚的罗辛（Rossing）铀矿采用露天开采，年采剥矿石量达5200万吨，采用了电铲、前装机、铲运机、载重170t的自卸汽车等大型设备；法国年产12万吨的赛里尔铀矿，采用了2.5m^3的液压铲；加拿大年产3～5万吨的依格尔铀矿，也采用了3m^3前装机和载重20t的自卸汽车[1]。

国外常规铀水冶大都采用萃取和离子交换技术，美国、加拿大、澳大利亚及法国的萃取提铀工艺，采用胺类萃取剂和各种改进萃取剂，较少用磷类萃取剂；加拿大、俄罗斯对矿浆萃取工艺进行过研究，加拿大用脉冲塔进行矿浆萃取，萃取剂是叔胺，但设备庞大，反应慢[7]。

2. 堆浸提铀技术

铀矿堆浸技术在国外已有50年历史，该技术目前在国外主要是用来处理低品位（品位$<$0.1%）铀矿石，且堆浸的规模大，一般是几万吨至几十万吨；其主要技术水平表现在筑堆的机械化程度高，生产能力大，浸出工艺主要采用酸法浸出（H_2SO_4）和碱法浸出（Na_2CO_3）；细菌浸出只进行过一些试验，没有大规模的工业应用。

3. 原地破碎浸出采铀技术

国外从上个世纪60年代开始，就进行了原地爆破浸出采铀的工业性试验，并获得成功；此后，在美国、法国、加拿大和苏联等主要铀生产国的部分铜、铀矿山得到应用。原地爆破浸出采铀技术目前在世界主要铀生产国是用于矿床低品位（品位< 0.1%）矿块（体）的开采，如：加拿大阿格纽湖（Agnew Lake）铀矿和俄罗斯赤塔列斯特列夫措铀矿。国外原地爆破浸出采铀多采用中深孔爆破筑堆，阶段高度 20 ~ 40m，爆破技术采用毫秒微差挤压爆破，破碎矿石平均块度< 200mm；炮孔钻进设备轻便先进，效率高；矿堆以淹没法布液、酸法浸出为主[8]。

4. 原地浸出采铀技术

在原地浸出采铀技术的研究应用方面，美国和独联体国家走在前列。美国地浸采铀主要采用 CO_2+O_2 浸出工艺，已形成了一整套完善的地浸采铀钻孔施工技术、浸出剂的选择与使用技术、地下流体的监测与控制技术、地下水污染治理技术等；并开发出专用钻探设备、综合物探井设备和专门的钻孔井口装置[6]。

哈萨克斯坦和乌兹别克斯坦等国家主要采用酸法浸出工艺，是全球主要地浸采铀国。先后开发出地浸铀矿山快速高效的专用钻探设备及钻进技术、综合物探测井设备与技术。哈萨克斯坦用地浸法开采了平均埋深达 550m 的砂岩型铀矿；乌兹别克斯坦的中性“无试剂”浸出工艺已在生产中应用。

澳大利亚 Honeymoon 地浸矿山，采用地下水加 H_2SO_4 和氧化剂浸出，因地下水氯浓度超过 7g/L，铀水冶采用了溶剂萃取工艺；Beverley 地浸矿山，采用弱酸和氧化剂浸出，铀水冶采用离子交换—淋洗—过氧化氢沉淀—脱水和干燥工艺，生产过氧化铀产品（$UO_4 \cdot 2H_2O$）。

5. 铀矿采冶安全环保技术

为减少铀资源开发对环境的影响，世界主要铀资源开采国加大了铀矿采冶安全环保技术的研究与开发。如：澳大利亚重视铀矿山通风防护技术研究，Jabiluka 铀矿山矿工个人有效剂量降至 3.5mSv/a，Olympic Dam 铀矿山矿工个人有效剂量降到了 1mSv/a；加拿大研究开发了地下铀矿井辐射场的模拟技术，对品位高达 10% 以上铀矿床的开采，采用了遥控无人开采设备以减少辐射对人体的伤害；美国铀矿井通风降氡计算机模拟技术在通风安全与辐射防护领域里得到了广泛的应用。

美国对铀矿采冶固体废物采用了防渗透 / 氡阻隔层、衬垫层和防冲刷层的三层覆盖技术；美国、德国等国家建立了退役尾矿库地下水污染三维数值模拟及抽出—处理和可渗透反应墙治理技术；美国地浸铀矿对地下水治理采用了抽除→反渗透或电渗析→再注入或外排的循环治理方法；德国 PÖhla 矿山采用建造氧化池、生物池、厌氧沉淀池的湿地处理技术去除 Fe、As、Mn、Ra 和 U。

（二）与国外的主要差距

1. 铀矿采冶基础研究薄弱

未来大量低品位、开采条件差、矿性复杂、难处理的铀资源逐渐成为开发利用的主体，许多采冶关键技术亟待突破。我国铀矿采冶科研以满足产能建设的应用研究为主，忽视了铀矿采冶的基础研究。

2. 地下采矿技术相对落后

我国铀矿地下开采矿井生产规模小，开采难度大。铀矿采矿技术落后，采掘作业机械化水平低，采矿工班效率低，损失贫化大；对亟待解决的难采薄矿体、松软矿体、破碎矿体的安全高效开采技术、深部矿体开采和无废开采技术等没有开展研究。

3. 地浸技术配套研究不够

尽管我国地浸采铀技术已跻身世界先进水平，但是，地浸采铀矿山生产规模小、劳动生产率低，地浸基础理论研究、分散吸附集中淋洗工艺、采区溶浸范围控制和地下水恢复治理等技术研究刚刚起步，尤其是高效钻井设备和钻孔施工与成井技术落后，部分地浸钻孔成井关键技术没有完全掌握。

4. 水冶关键设备研究缺乏

我国常规水冶工艺流程长、试剂消耗大、自动化程度低。尤其是矿石破磨、搅拌浸出、固液分离、萃取等关键工序的设备，不但能耗高、效率低，而且实现自动化控制难度大。

5. 安全环保技术研究滞后

铀矿冶环保技术研究落后于采冶技术的发展，与无轨开采、原地爆破浸出、无底柱分段崩落采矿、堆浸尾渣水力充填等采矿技术相适应的通风降氡技术研究尚未开展。铀矿采冶的废物最小化技术、人工湿地处理技术、深井灌注技术、膜处理技术、生物处理技术等尚未涉及或未进行深入研究。

6. 数字化矿山技术尚未起步

数字化矿山技术是一个跨学科、复杂的系统工程，是信息时代与知识经济的必然产物。虽然我国地浸采铀矿山实现了全流程的自动控制，但真正意义上的信息化与数字化矿山技术研究在我国铀矿采冶科技体系中属于空白。

四、发展趋势与建议

（一）井下安全高效采矿技术

开展深部铀矿安全高效采矿技术，松软铀矿光面爆破、锚喷支护技术，一次成井技术及支护技术，疏松泥质砂岩铀矿钻孔水力采矿技术，破碎矿体中深孔爆破落矿、无底柱分段崩落、高阶段充填法开采技术，薄矿脉高效采矿技术及采掘设备配套研究等，有效降低贫化损失，提高采矿效率和安全性。

（二）复杂砂岩铀矿地浸技术

针对地下水矿化度高、厚砂体薄矿层矿床，大埋深、低渗透性矿床，多层矿体叠加矿床，重点解决大埋深矿床高效钻孔成井、低渗透性矿床解堵增渗、厚砂体矿床隔水层建造及控制溶浸液流向等关键技术研究，强化地浸浸出机理、溶液运移的基础理论、专用设备和材料研究，提高原地浸出采铀技术水平。

（三）堆冶联合工艺技术与设备

开展低品位、高酸耗、难处理铀矿石堆冶工艺，高效浸矿微生物选育及生物浸出工艺流程优化，难处理矿石高效浸出、固液分离技术及设备等研究，解决常规水冶工艺流程长，材料消耗大，生产成本高的问题；针对矿性复杂、难浸出铀矿，重点开展矿石破磨、加压浸出、固液分离等常规水冶工艺关键技术及工艺设备的研究；针对碳硅泥岩型铀矿、含碳酸盐铀矿等矿石，开展常规碱法水冶工艺关键技术研究和关键设备的研制。

（四）铀矿采冶安全环保技术

重点开展铀矿采冶废物最小化技术，废渣处置及干渣堆坝技术，矿井高效通风降氡技术，工艺水循环利用技术，地浸矿山地下水污染控制技术和地下水修复技术，矿区土壤环境修复技术研究，减少环境污染，确保可持续发展。

（五）铀多金属矿综合回收技术

针对低品位铀多金属矿，开发新型的选冶综合回收技术，不仅可提高铀多金属矿的资源综合利用率，而且可以提高铀矿采冶企业的经济效益。

（六）非常规铀资源提取技术

非矿石铀资源中盐湖、海洋等高盐低铀水系是最具应用前景的铀资源，开展高盐低铀水系铀资源提取技术研究，重点研究选择性强、高效吸附材料和高效吸附提铀装置。

（七）数字化铀矿山技术

研究信息化技术，建立硬岩矿山井下提升系统、通风系统、排水系统、供电系统、爆破物品管理系统等，实现地表破碎系统、浸出系统、溶液回收系统、污水处理系统、环境监测系统等的实时管理；不断完善地浸矿山井场和水冶生产管理系统。

总之，我国铀矿采冶工业经过近 60 年的发展，形成了完整的工业技术体系，为我国核工业发展做出了重大贡献。我国已探明的铀矿资源地质水文地质条件复杂，开采难度大，矿性复杂，伴生组分多，是我国铀矿采冶技术发展面临的难题。因此，应加大对我国铀矿采冶技术的研发投入，开展提高资源采收率的科技攻关，提升我国铀矿采冶技术水平和生产能力，满足我国核电发展对天然铀的需求。

— 大事记 —

2015年1月，“CO_2+O_2原地浸出采铀工艺技术研究与工程应用”获得2014年国家科技进步奖二等奖。

— 参考文献 —

[1] 王鉴. 中国铀矿开采［M］. 北京：原子能出版社，1997.
[2] 王海峰，谭亚辉，杜运斌，等. 原地浸出采铀井场工艺［M］. 北京：冶金工业出版社，2002.
[3] 牛学军，谭亚辉，等. 我国铀矿采冶技术发展方向和重点任务［J］. 铀矿冶，2013，32（1）：22-26.
[4] 张涛，梁海军，薛向欣. 辽宁凤城含铀硼铁复合矿分选研究［J］. 材料与冶金学报，2009，8（4）：242-245.
[5] 孟晋，王洪明，陈儒庆，等. 用离子法从某铀钼矿浸出液中回收与分离铀钼的研究［J］. 铀矿冶，2008，24（4）：173-176.
[6] 王海峰，苏学斌，刘乃忠，等. 美国地浸铀矿山钻孔成井工艺及井场运行［J］. 铀矿冶，2010，29（3）：113-118.
[7] 李伟才，张飞凤，曾毅君. 世界铀水冶技术进展介绍［J］. 铀矿冶，2003，22（3）：25-33.
[8] 全爱国. 原地爆破浸出采铀工艺技术研究及应用前景［J］. 铀矿冶，1998，17（1）：1-6.
[9] IAEA. Uranium 2009：Resources，Production and demand［Z］. 2010.
[10] 中国国家原子能机构. 铀资源、生产与需求（2014）［Z］. 2014.

负责人：苏艳茹
撰稿人：苏艳茹　谭亚辉　李　秦　李建华　王海峰　赵凤岐　李培佑　李先杰
审核人：张金带　郑仕忠

核燃料元件制造

一、引言

2008年以来，我国核燃料元件制造技术得到了快速发展，主要表现为：核燃料元件产业规模的不断扩大，推动了核燃料元件制造技术的快速发展；核级锆材产业体系的建成，加速了自主品牌核电燃料元件研发的进程；核燃料元件制造重大装备的研制成功，提升了核燃料元件制造整体技术水平；自主品牌核电燃料元件的研发，促进了中国核电走出去战略的实施。核电作为清洁能源已成为现代能源的重要组成部分，按照国家核电规划，到2020年核电装机容量将建成5800万千瓦，在建3000万千瓦。届时核电燃料元件的需求量将达到2200多吨（铀），产能将达到2500吨（铀）以上。随着我国核能事业的快速发展和国家核电走出去战略的实施，核燃料元件的产业规模会进一步扩大，核燃料元件制造技术也迎来了一个新的发展机遇期。核燃料元件是核反应堆将核能转化为热能的核心部件，也是核电站安全运行的首要屏障。核燃料元件制造技术的发展主要体现在新型核燃料芯体材料、新型包壳材料和新型核燃料元件的研发以及制造工艺技术和制造装备的发展。

二、总体发展概述

“十一五”以来，伴随着核科学技术和核电产业的发展，我国核电燃料元件制造的产业能力快速提升。压水堆核电燃料元件的制造能力从2008年的年产400吨（铀）提高到2015年的年产1400吨（铀），增加了2.5倍。产业能力的增长，带动了核燃料元件制造技术的不断升级。

一方面，我国核燃料元件的制造技术和产品质量达到了国际先进水平，核级锆材的制造形成了完整的产业体系。近些年来，我国在消化、吸收引进国际先进核燃料元件制造技术的基础上，通过持续的自主创新，新建的核燃料元件生产线的工艺装备水平得到大幅提升，关键重要设备基本上实现了国产化，工艺开发取得了一系列重要成果。年产 1500 吨核级海绵锆以及锆合金、各种锆型材生产线的建成，具备了核级锆材从原材料到产品的全面国产化的能力，打破了长期以来核级锆材主要依赖进口的局面。同时，极大地推进了我国自主品牌核级锆合金的研发，进而促进了我国大型核电站自主品牌核电燃料元件的研发速度。

另一方面，我国核电燃料元件的自主化研发快速发展。高温气冷堆示范堆球形燃料元件完成了工程化辐照考验，年产 30 万个燃料球的生产线建成即将投入生产，设备国产化率近 100%。“华龙一号”CF3 燃料元件先导组件入堆开始工程化辐照考验，为我国核电走向世界创造了条件。CANDU 堆利用回收铀完成了元件研制和辐照考验，全堆芯应用工作开始实施。CAP1400 自主化燃料元件研制全面展开。快堆 MOX 燃料的研制取得实质性进展。自主化新锆合金和结构材料的研发进入了工程化阶段。核燃料元件制造重大设备的自主化研发取得丰硕成果，自动化、数字化和信息化水平不断提高。这些成果标志着我国核电燃料元件制造技术得到空前的发展。

我国核电燃料元件新技术的预先研究呈现出蓬勃发展的势头。福岛核事故后，提高核电站预防和缓解严重事故的能力，特别是提高燃料元件在严重事故工况下的性能，有效降低事故后果，已成为业界关注的重点。事故容错燃料（Accident Tolerant Fuel，简称 ATF）概念的提出，为新型核燃料元件的研发明确了新的目标和主攻方向，即：提高燃料芯体的导热性，降低运行温度；提高包壳材料的耐高温性能，消除锆水反应。这为提高核燃料元件的抗事故能力，实质性消除大规模放射性物质的泄露与扩散，从根本上解决核电站安全性的问题提供了新的可行性途径。ATF 燃料已成为国际上核燃料元件发展的新方向，代表了先进核能系统的发展趋势和技术前沿，引领着核燃料新技术的发展。但同时也对核燃料元件的制造技术提出了新的挑战。ATF 燃料的研发得到我国主管部门和核工业界的重视，并积极推动国际合作和相关研发工作。

三、学科主要发展

（一）核燃料元件的发展

我国核电的快速发展，强有力地促进了以核电燃料元件为主的核燃料元件设计、制造和实验等相关技术和能力的大幅提升。一方面以消化吸收引进技术为主的核燃料元件实现了本地化制造。一方面自主品牌核电燃料元件的研发成果丰硕。

1. AP1000 和 CAP1400 燃料元件

AP1000 燃料元件是从美国西屋公司引进的三代核电站燃料元件。其主要技术特点是：① 17×17 结构，活性区长度 4267mm，燃料棒两端设有再生区，燃料组件平均燃耗 60GWd/tU，18 个月换料；②所用锆材为 ZIRLO 合金，端部格架和保护格架材料为因科镍

718 合金；③一体化可燃吸收体（IFBA）燃料棒实心芯块表面涂覆 ZrB_2；④燃料棒下端有抗磨蚀氧化层，导向管采用管中管结构，管座采用精密铸造工艺。与 AFA3G 燃料组件相比，AP1000 燃料组件结构复杂，材料种类多，燃料芯块富集度多，工艺路线长，制造难度大。AP1000 燃料组件制造引入了多项新技术新工艺，如一体化可燃吸收体燃料（IFBA）涂覆技术、骨架胀接技术、包壳管氧化技术、格架条带弹簧一体化冲制技术、管座精密铸造技术等。我国于 2015 年建成了世界上第一条 AP1000 燃料组件生产线，年产 400 吨（铀）燃料组件，实现了 AP1000 燃料组件的本地化制造。

CAP1400 燃料元件是国家核电公司在消化吸收 AP1000 技术的基础上，自主研发的三代核电燃料元件。该燃料元件借鉴了国内外核燃料元件的先进技术和国内压水堆燃料元件的生产制造经验，在燃料组件的设计、材料研发、制造工艺、堆内外实验、性能评价和标准制定等方面完全由我国科研技术人员自主创新完成。该燃料元件采用国家核电自主品牌的锆材，对燃料棒、导向管、格架和管座等四大部件进行了创新设计。燃料组件设计燃耗为 60GWd/tU，18 个月换料。目前燃料组件的初步设计已经完成，组件研制将全面展开。

2. 高温气冷堆燃料元件

高温气冷堆球形燃料元件是由清华大学研发的具有四代核能系统特征的新型核燃料元件。从二氧化铀核芯制备、包覆颗粒（TRISO）制备到球形元件制造的全部技术和工艺装备拥有完全的自主知识产权。在 10MW 实验高温气冷堆燃料元件技术的基础上，又进一步开发出了 200MW 示范堆球形燃料元件。元件设计最高燃耗限值为 100GWd/tU，在堆内循环 15 次，平均停留时间（有效满功率天）1057 天。该元件已完成堆内辐照考验，达到了设计目标值。与此同时，200MW 示范堆球形燃料元件生产线已建成，工艺装备的国产化率接近 100%，实现了包覆颗粒球形燃料的制造技术的工程化应用。这是世界上第一条球形燃料元件工业化生产线，它标志着我国包覆颗粒燃料制造技术上走在了世界前列，为高温气冷堆的进一步商业化并走向世界创造了条件，也为超高温气冷堆燃料元件的研发奠定了基础。

3. CF 系列燃料元件

CF 系列燃料元件是中国核工业集团公司自主研发的压水堆核电燃料元件，目前包括 CF1、CF2、CF3 三个型号。CF1 燃料元件是 20 世纪 80 年代研制的 30 万千瓦核电站燃料元件，采用 15×15 结构。这是我国唯一在用的自主品牌压水堆核电燃料元件，并已出口到巴基斯坦。CF2 燃料元件是一个过渡型号，设计燃耗为 42GWd/tU，满足 12 个月换料要求。包壳采用改进型 Zr-4 合金，导向管为管中管结构，格架的结构略有变化。CF2 先导组件正在秦山二期 2 号堆内进行第三个循环的辐照考验，到目前运行正常。CF3 燃料元件是为“华龙一号”研发的燃料组件。CF3 沿用了典型的 17×17 结构，包壳材料为中核集团自主品牌的 N36 锆合金，燃料组件采用自主创新的格架、导向管和管座并用国产材料制造。燃料组件设计燃耗为 52GWd/tU，满足 18 个月换料要求。CF3 先导组件已于 2014 年 7 月装入秦山二期 2 号堆进行工程化辐照考验。中广核集团正在以同样的方式研发自主品牌的压水堆燃料元件，组件性能与法国的 AFA3G 相当，样品组件正在进行堆外试验，特征组件计划于 2016 年入堆辐照考验。

4. 环形燃料元件

环形燃料元件是中国原子能科学研究院正在研发的一种新型燃料元件。芯体材料和包壳材料沿用二氧化铀和锆合金。燃料芯块为薄壁环形芯块，内外双包壳，冷却剂从内外两个表面对燃料棒进行冷却。其本质是从结构上改进了 UO_2 陶瓷的传热条件，大幅降低燃料芯块运行温度，减少裂变气体的释放量和燃料芯块的储能，提升燃料元件的功率密度，增加同等规模堆芯的输出功率，以达到提升核电厂的安全性和经济性的目的。研究表明：压水堆核电厂使用环形燃料可提升功率密度 20% ~ 50%。

我国环形燃料元件的研究，已完成了“环形燃料元件基础技术研究”项目。针对环形元件特殊的物理和热工水力特性，开展了 13 × 13 压水堆环形燃料组件的概念设计和性能分析研究，完成了环形燃料经济性、制造可行性等应用可行性分析，论证了我国百万千瓦级压水堆核电厂应用环形燃料的可行性。开展了环形燃料棒制造工艺的研究。目前正在开展环形燃料组件的初步设计和制造技术开发，计划到 2020 年完成环形燃料堆外相关试验验证，先导组件入商用压水堆进行随堆辐照试验。

（二）核燃料元件材料的发展

核燃料元件所用材料种类有限，其核心材料是可裂变材料——铀。铀材料有各种形态，包括铀金属及其合金，铀的氧化物、碳化物、氮化物、氢化物、硅化物等。无论是什么形态，在核燃料元件中铀材料被统称为燃料相或芯体材料。核燃料元件的芯体可分为金属型芯体、弥散型芯体和陶瓷型芯体。核燃料元件结构形式多样，有棒状、棒束状、管状、套管状、叠片状、球形和棱柱形等多种结构形式。采用何种材料形态和何种结构形状，取决于核燃料元件的核物理能效、反应堆运行环境和核安全要求。为避免核燃料与反应堆冷却介质发生化学反应，包容放射性物质，燃料芯体必须包覆在传热材料中。普遍使用的包覆材料有铝材、锆材和不锈钢，均为中子吸收截面低的材料。选用哪种包壳材料取决于反应堆运行对燃料元件安全性的要求。

1. 核燃料芯体材料技术

（1）二氧化铀陶瓷芯体。

二氧化铀陶瓷芯体是目前核电燃料元件普遍采用的芯体材料，其制备技术是制粒、成型、烧结、磨削等粉末冶金技术。我国二氧化铀陶瓷芯块制备技术是成熟的。福岛事故后，提高芯体的导热性能成为二氧化铀陶瓷燃料研发的焦点。这是由于二氧化铀芯块导热性能差，在反应堆正常运行工况下，芯块外表温度可控制在 300℃左右，中心温度却高达 1600℃左右。在失水事故下，芯块中心储蓄的热量会快速释放，使燃料元件的锆合金包壳温度升高到 1000℃以上，从而引发锆水反应或使包壳熔毁。提高二氧化铀芯块的导热性能主要有两种技术途径：一是改变二氧化铀芯块的结构，如环形芯块，以降低芯块中心温度和储能；二是研发高导热率的二氧化铀芯块。目前国内开展研发的高热导率芯块主要有：铀铍氧化物芯块、二氧化铀微球弥散体芯块和二氧化铀单晶弥散体芯块。铀铍氧化物芯块是在二氧化铀颗粒表面包裹少量的氧化铍，氧化铍具有良好的导热性，在芯块制备时使氧化铍形成一个导热网络将热导出，以降低芯块中心的储能，可使芯块的中心温度降低到 1000℃以下甚至更低。二氧化铀微球弥散体芯块类似于高温气冷堆球形包覆颗粒燃料元件。将 TRISO 工艺制备的核芯颗粒弥散在锆粉或碳化硅粉末等耐高温、导热性高的基体材料中压制烧结成芯块。由于微球的热容量小，加之基体导热性好，芯块的运行温度会大幅度降低。二氧化铀单晶弥散体芯块是将二氧化铀制成单晶体颗粒。二氧化铀单晶是各向异性材料，在某些晶体学方向导热率很高。在单晶体颗粒表面涂覆导热性好的材料，再压制烧结成芯块，芯块的导热性能也会大幅度提高。这些芯体材料的研究工作在国外已开展多年，取得了很大进展，但没有达到工程化应用的条件。目前我国已开始了这些方面的研究工作。

（2）非氧化物陶瓷芯体。

非氧化物陶瓷芯体材料包括 U_3Si_2、UN 和 UC 燃料等。纯 U_3Si_2 燃料具有高铀密度、高熔点、高热导率、与水相容性好的优点。U_3Si_2 燃料已广泛用于研究试验堆燃料元件。新型的 U_3Si_2 燃料芯块可使燃料元件铀装量提高 17%，热导率提高 5 倍，是可能的压水堆替代燃料。UN 燃料具有铀密度高、热导率高、热膨胀系数低、辐照稳定性好、裂变气体释放率低、与液态金属冷却剂相容性好、中子谱硬等优点，是最有希望的高性能陶瓷燃料。在高温气冷堆和快中子堆中，UN 燃料具有明显优势。在事故容错燃料（ATF）研发项目中，U_3Si_2 和 UN 燃料研发都是可选择的芯体材料。

（3）MOX 燃料芯体。

MOX 燃料是铀、钚混合氧化物 Mixed OXide 燃料的缩写，即 UO_2+PuO_2。发展 MOX 燃料的意义在于：①提高铀资源利用率；②发挥钚的经济效益；③保护环境和防止核扩散。MOX 燃料采用 UO_2 和 PuO_2 两种粉末作原料，机械混合后压制烧结成 MOX 芯块。MOX 燃料制造技术是一项技术十分复杂、安全要求极高、研发周期较长、投入较高的新型燃料技术。我国研发 MOX 燃料当前主要是针对快堆。年产 500kgMOX 燃料芯块的实验线已建成，实验快堆 MOX 燃料芯块已研制出样品。MOX 燃料元件实验线计划在 2016 年建成，2017 年左右研制出考验用的实验快堆 MOX 燃料组件。这为我国商业快 MOX 堆燃料制造技术的发展奠定了基础。

（4）金属燃料芯体。

金属燃料相比于氧化物陶瓷燃料有以下优点：①没有寄生吸收原子，中子经济性更好；②密度高，可提高堆芯燃料装载量；③热导率远大于氧化铀陶瓷芯块，可显著降低燃料芯体的运行温度。金属燃料是下一代钠冷快堆技术的发展方向，也是当前先进轻水堆燃料的研发方向之一，国外已进入工程应用阶段。我国在铀钼合金燃料芯体和铀锆合金燃料芯体的研发方面开展了长期的研究工作，为未来金属燃料芯体替代氧化物陶瓷芯块积累了技术，同时促进了我国铀冶金技术、铀金属压力加工技术和铀相变热处理和形变热处理技术的发展。

2. 核燃料包壳材料技术

长期以来，我国核电燃料元件所用锆材主要依赖进口，极大地制约了我国核燃料元件技术的发展。这些年我国在实现核级锆材国产化、自主化的道路上取得了一系列重大成果，具备了向核电燃料元件制造提供本地化生产锆材的能力。自主品牌新锆合金正在实施工业化应用，为我国实现核电燃料元件完全自主化奠定了坚实的基础。

（1）核级海绵锆的国产化。

国核宝钛锆业股份公司通过 AP1000 核电技术转让项目，与美国西屋公司合资成立公司，采用甲异丁酮——硫氰酸盐萃取法（即 MIBK 法）锆铪分离技术，建成了一条年产 1500 吨核级海绵锆的生产线，实现了核级海绵锆的国产化。产品已用于核级锆材的国产化和自主品牌锆材的研发，并持续向西屋公司供货。与此同时，核级海绵锆的自主化技术也在发展，广东东方锆业自主开发的核级海绵锆技术也具备了年产 100 吨的能力。核级海绵锆的国产化和自主化，解决了长期以来我国核级海绵锆依赖进口的问题，为进一步实现核级锆材国产化、自主化奠定了原材料基础。

（2）核级锆合金材料的国产化。

目前，我国核电燃料元件使用的核级锆材主要有 ZIRLO 合金、E110 合金、M5 合金以及 Zr-4 合金等进口锆材。经过多年的努力，上述国际品牌的锆合金材料通过技术引进逐步实现了本地化生产，建成了从海绵锆到各种锆合金型材的核级锆材产业体系。国家核电通过技术转让，完成了核级海绵锆、锆合金及其型材生产线的建设，取得了西屋公司 ZIRLO 合金及其型材（含管、棒、带材）产品的合格性鉴定证书，具备了向 AP1000 核电站供货的能力。同时取得了俄罗斯 TEVEL 公司 E110 合金产品鉴定证书以及加拿大 ZTI 公司 Zr-2.5Nb、Zr-4 合金产品鉴定证书。上海高泰与法国合资成立的锆管厂完成管坯至成品管材的 M5 合金产品鉴定，开始向我国二代加核电站提供该合金管材。

（3）自主品牌核级锆合金材料研发。

中核集团近几年重点开展了自主品牌 N36 锆合金的工程化应用研究，工业化规模的 N36 合金及管棒材制造工艺优化工作已经完成，制备的 N36 合金管棒材正在进行堆内辐照考验。以 N36 合金为包壳材料的 CF3 先导组件已于 2014 年 7 月入堆开始辐照考验。中广核集团开发的自主品牌锆合金为 CZ 系列锆合金，两种锆合金成分已取得专利，中试规模的包壳管和端塞棒的试制件的已完成制备，正在开展堆外性能试验。上述锆合金材料将用于“华龙一号”核电站燃料元件，并有望代替外国品牌的锆合金材料。国家核电技术公司为 CAP1400 核电燃料元件自主研发的锆合金为 SZA 系列合金，两种合金成分取得了发明专利，正在开展中试规模的合金型材加工工艺研究和堆外应用性能试验。

（4）新型包壳材料的研发。

SiC 复合材料与锆合金相比，具有更高的熔点、优良的高温力学性能、优秀的辐照稳定性和低的辐照活度、在高温蒸汽中抗氧化性远远优于锆合金。SiC 复合材料包壳在高温、高腐蚀性以及严重事故工况下的卓越性能，极有希望成为新一代核燃料元件包壳材料。我国中核集团、中广核和国家核电等单位在国家有关部门的支持下，联合高等院校和科研院所都在积极地开展 SiC 复合材料包壳的预先研究。并在严重事故分析程序的开发和新型核燃料材料粒子注入、性能表征、模拟辐照及材料性能分析方面已取得了一些成果。三代 SiC 纤维已初步研制成功，已制备出薄壁 SiC 管材短试样。可以预期，在今后几年内，SiC 包壳材料的研发将会取得突破性进展。

MAX 相材料是一种新型的三元陶瓷材料，其宏观特性兼具结构陶瓷和金属材料的性能优势，如高熔点、高弹性模量、耐热震性、耐高温氧化、耐酸碱腐蚀、高导电导热和易机加工特性等。我国在 MAX 相核材料领域研究还处于起步阶段，中科院和相关院校等单位对 MAX 相材料非常重视，在核级 MAX 相材料及涂层制备、管型材料的成型、核电环境水腐蚀、MAX 相材料的核级焊接等方面展开了相关研究并取得了一系列进展。

3. 核燃料元件制造技术

近年来，核燃料元件制造技术得到快速的发展，传统工艺不断改进，先进制造技术得到广泛应用，自动化和数字化制造水平不断提高。

（1）铀化工转化技术。

芯体材料制备首先是将铀化合物原料转化为满足燃料芯体制备需要的化合物形态。通常情况下，原料的化学形态为铀 –235 浓缩后的六氟化铀，需要经过化工转化为二氧化铀或四氟化铀，用于制备二氧化铀陶瓷芯体或金属铀。

近年来，除在湿法制备铀氧化物的 ADU 工艺流程中，对连续沉淀、批次沉淀和萃取等传统工艺进行改进优化外，重点发展了一体化干法制备（IDR）铀氧化物工艺。IDR 工艺的特点是：工艺流程短，生产效率高，不产生含铀废水；工艺装置结构紧凑，没有废水处理装置，自动化程度高。IDR 工艺的关键技术是一体化转化装置，该装置的核心是反应器及其控制系统。我国科研人员经过多年的努力，成功研发出了年产 100 吨（铀）和年产 200 吨（铀）的 IDR 一体化转化装置，并成功用于新建核燃料元件生产线，替代了传统的 ADU 工艺。该装置的研制成功填补了国内空白，打破了外国对该项技术的垄断，是我国核燃料元件制造技术的重大进步。

（2）燃料芯体制备技术。

核电燃料元件燃料芯体普遍采用二氧化铀陶瓷芯块，我国二氧化铀陶瓷芯块的制备技术是成熟的，并经几十年的生产实践和不断的技术改进，达到了世界先进水平。芯体制备技术的发展主要集中在关键工艺装备的国产化和自主化研制上。经过多年的努力，旋转成型压机、连续烧结炉、IFBA（一体化可燃吸收体燃料）涂覆装置等大型装备相继研制成功，性能达到了国际同类产品的水平，填补了国内空白。与此同时，芯块自动装盘、芯块自动转运、芯块缺陷自动检测等一系列装置研发成功，使二氧化铀芯块生产线的自动化水平不断提高。

（3）元件密封包覆技术。

将燃料芯体用包壳材料密封包覆起来，使之与传热介质隔离，是燃料元件制造的关键工艺，是核燃料元件制造技术关注的焦点。

密封包覆技术按照燃料元件结构形式有不同的方式。对于板型元件和管型元件采用复合轧制和复合共挤压的密封包覆技术，主要用于研究试验堆元件的制造。核电燃料元件采用的是焊接密封的包覆技术，是将燃料芯体装入包壳内，在芯体和包壳中间填充气体或液态金属等中间介质，然后焊接密封。焊接方式包括真空电子束焊、TIG 焊、压力电阻焊和激光焊等。压力电阻焊是近几年新建燃料元件生产线引进的新技术。主要特点是：焊接效率高、焊接缺陷少、焊缝检测简单，但焊接工艺是针对特定产品开发的，研发的难度较大。CANDU 型、AFA3G 型和 VVER 型燃料元件均采用这种焊接方式。高温气冷堆球型燃料元件采用的是核芯颗粒包覆、颗粒穿衣和压球等多层包覆技术。

（4）组件组装技术。

近年来，我国核燃料元件组件制造技术得到长足的发展。一方面是结构部件的加工能力和水平不断提升。一是格架条带冲制生产线建成，结束了格架条带主要靠进口的局面。AP1000 格架条带冲制生产线在是没有转让技术的情况下，自主设计模具、自主开发工艺、用国产带材研制并建造的生产线。不仅满足 AP1000 燃料组件的生产，也为自主化燃料组件的研发创造了条件。另外，通过技术引进也建成了 AFA3G 格架条带冲制生产线。二是自主化格架焊机研发成功，实现了国产化。由于格架是燃料组件的核心部件，格架制造能力提高，是核燃料元件制造技术重大进步。三是自主开发了燃料组件管座精密铸造技术，开辟了管座制造新的技术途径。

另一方面，组件组装设备的研发取得显著成绩。骨架是燃料组件的承重结构件，由导向管、格架和管座组合而成。骨架制造有焊接和胀接之分，制造设备均为专用设备，过去都是进口的。近几年，双工位自动骨架焊机和多管自动骨架胀接机相继研制成功，实现了国产化。我国燃料组件组装设备已具备自主研制的能力。高温气冷堆球形燃料元件的制造设备全部是自主研制的。

四、未来发展趋势

（一）压水堆燃料的发展

压水堆核电站仍然是未来核电发展的主体，以氧化物陶瓷芯块加锆合金包壳为特征的核燃料元件仍然是未来相当长一个时期核电燃料元件发展的主体。提高氧化物芯体导热性能并提高锆包壳抗事故能力仍然是核燃料元件制造技术研究的主要方向。在这一时期，以氧化物芯块、锆合金包壳为特征的核燃料元件会加快改进，推出新型号，如铀铍氧化物芯块、环形燃料等。

与此同时，ATF 燃料的研发也会加快步伐。当前，ATF 燃料只是描绘出了燃料元件的基本特征，并没有给出具体的材料、结构和标准，因而符合 ATF 燃料特征的芯体材料就有多种选择。可选择的燃料相有：UO_2 微球、U_3Si_2 粉末、UO_2 单晶颗粒、UN 和 UC 粉末等，其中 UO_2 微球和 U_3Si_2 粉末最为成熟。可选择的基体材料有：SiC、Zr 粉、石墨粉等，都是高熔点、高热导材料。这样可以组合出许多种芯体材料供燃料元件设计人员和研究人员选择。ATF 燃料的包壳材料也有多种选择，主要有 SiC/SiC 纤维复合包壳管和 FCrAl 不锈钢，这已成为目前研发重点。ATF 燃料的研发是今后压水堆核电燃料元件发展的主导方向，但还需经过一个漫长的过程。

（二）MOX 燃料的发展

随着我国快中子堆技术的发展，MOX 燃料的研发将会成为今后一个时期国内核燃料元件制造技术发展的重点之一。MOX 燃料元件制造的工艺路线与制造 UO_2 燃料基本相同，但由于钚中 Pu-241 的衰变产物 Am-241 发射低能 g 射线，Pu-240 发射大量自发裂变中子，而且化学毒性大，制造 MOX 燃料工艺难度大、设备复杂、制造成本高。关键是要解决工艺装备的国产化和自动化问题。这包括 MOX 燃料芯块、MOX 燃料棒和 MOX 燃料组件等制造设备。MOX 燃料国产装备的研制必将带动核燃料元件制造装备自动化技术的发展。同时，MOX 燃料不锈钢包壳材料的研发也将成为核燃料元件制造技术的重要组成部分，并将推动后处理技术的发展。

（三）包覆颗粒燃料的发展

包覆颗粒燃料不仅用于高温气冷堆，将来还会扩展到压水堆燃料和钍基燃料。所包覆的燃料相不仅是 UO_2 微球，也可以是 UCO 或 UN、UC 核芯，关键是发展 TRISO 包覆技术。超高温气冷堆要求燃料元件在更高温度和更高燃耗的条件下运行，用 UCO 核芯代替 UO_2 核芯颗粒，用 ZrC 涂层或者 ZrC/SiC 复合涂层代替 SiC 涂层正成为四代核能系统新型包覆颗粒燃料研究的重点。新型包覆颗粒燃料可以适应多种反应堆型，如高温气冷堆、超高温气冷堆、气冷快堆以及压水堆等。全陶瓷包覆颗粒弥散体燃料（FCM）就是新型轻水堆燃料研究的主要方向之一，被设计来代替 UO_2-Zr 合金燃料。这种燃料采用 UO_2 或 UN、U（N\C）核芯，TRISO 包覆技术，SiC 弥散体芯块等。FCM 具有以下优势：①良好的导热性能；②基体材料和冷却剂之间具有良好的相容性；③阻挡裂变产物的能力强；④事故状态下具有较大的安全裕度。在这种燃料中 SiC 起着关键作用，包壳不再是裂变产物释放的第一屏障，裂变产物保留在燃料颗粒内，无燃料棒增压和间隙热导率恶化现象。FCM 燃料的概念会进一步延伸，引领新一代核燃料元件制造技术发展方向。

大事记

2008 年

8 月 13 日，高温气冷堆核电站示范工程燃料元件生产线可行性研究报告通过评审。

11 月 18 日，中核北方核燃料元件有限公司 AFA3G 核电燃料元件生产线试生产启动。

11 月 23 日，中核包头核燃料元件股份有限公司成立。公司由中核北方核燃料元件有限公司、国家核电技术有限公司和中核建中核燃料元件有限公司共同出资组建，中核北方公司控股。

2009 年

4 月 15 日，高温气冷堆核电站示范工程燃料元件生产线厂址安分、环评报告通过评审。

8 月 8 日，AP1000 核级锆材生产线在国核宝钛锆业股份公司奠基。

2010 年

1 月 10 日，国家能源核级锆材研发中心在国核宝钛锆业股份公司授牌。

3 月 22 日，秦山三核回收铀燃料示范试验入堆，标志着回收铀利用技术进入工程应用阶段。

4 月 2 日，中核建中核燃料元件有限公司 VVER-1000 燃料元件生产线通过合格性鉴定，具备正式生产条件。

4 月 28 日，国家核安全局向中核北方核燃料元件有限公司颁发投料许可证，标志着我国第二条 AFA3G 核电燃料元件生产线正式投产。

2011 年

7 月 22 日，中核北方核燃料元件有限公司首批 AFA3G 核电燃料元件产品顺利交验。

2012 年

3 月 28 日，我国第一条 AP1000 核电燃料元件生产线在中核北方核燃料元件有限公司开工建设。

4 月，国核宝钛锆业股份公司核级锆材生产线竣工验收。

8 月 4 日，中核北方核燃料元件有限公司 CANDU 型重水堆核电燃料元件第 10 万个棒束下线。

10 月 9 日，我国自主研制的 200 吨干法化工转化装置在中核建中核燃料元件有限公司通过合格性鉴定，转入正式生产。

2013 年

3 月 16 日，我国首条高温气冷堆燃料元件生产线在中核北方核燃料元件有限公司开工建设，计划 2014 年建成，2015 年下半年投入生产。

11 月 8 日，中核建中核燃料元件有限公司通过 TVS-2M 燃料组件合格性鉴定，获得

TVS-2M 燃料组件制造技术使用权证书，具备正式生产条件。

2014 年

3 月，国家能源局批复“CAP1400 燃料元件制造技术研究”项目立项。

7 月 2 日，中核建中核燃料元件有限公司核燃料元件生产线 400 吨扩建工程正式投料生产。

7 月 12 日，CF3 先导组件入堆辐照考验，标志着 CF3 组件研发进入工程验证阶段。

9 月 13 日，首个国产 AP1000 模拟燃料组件在中核北方核燃料元件有限公司制造完成，标志着我国第一条 AP1000 燃料元件生产线建成。

9 月 26 日，中核北方核燃料元件有限公司承担的国家科技重大专项——大型先进压水堆核电站“AP1000 核燃料元件制造技术”课题通过国家能源局的验收。

12 月，高温气冷堆燃料元件生产线开始调试和生产线合格性鉴定。

12 月 24 日，AP1000 核级锆材生产线通过产品合格性鉴定，具备正式生产条件。TVS-2M 燃料组件在中核建中核燃料元件有限公司投入生产。

—— 参考文献 ——

[1] 李冠兴，武胜．核燃料［M］．北京：化学工业出版社，2007.
[2] 中国核学会．核科学技术发展报告：2007—2008［M］．北京：中国科学技术出版社，2008.
[3] ZHANG Zuoyi. Toward success of the world first Modular High Temperature Gas-cooled Reactor demonstration plant［C］// 7th International Topical Meeting on High Temperature Reactor Technology，2014.
[4] 吴宜灿．ADS 铅基反应堆与材料研究进展［C］// 中国核材料学会 2014 年专题研讨会．2014.
[5] 詹文龙．中科院核能研究现状与展望［C］// 中国核材料学会 2014 年专题研讨会．2014.
[6] 周跃民．事故容错燃料（ATF）研究现状［C］// 中国核材料学会 2014 年专题研讨会．2014.
[7] 黄庆．第四代核裂变反应堆用结构材料［C］// 中国核材料学会 2014 年专题研讨会．2014.

撰稿人：任永岗　杨启法　袁改焕

核燃料后处理技术

一、引言

核燃料后处理是对乏燃料有效管理，实现核燃料闭式循环的关键环节之一，它是从辐照后的核燃料（乏燃料）中分离提取铀、钚（或钍）及其他有价值元素的过程。通过后处理，不仅可以回收、复用核燃料中剩余和新生成的易裂变材料，提高铀资源利用率；同时还可以大大减少高放废物的量，并将地质处置库的安全监管年限从 10 万年以上缩短至千年以内，因而后处理对于充分利用铀资源、确保核能可持续发展具有重要意义。

与此同时，后处理作为典型的军民两用技术，多年来一直是国际军控与核不扩散重点关注的技术。

按照工业应用先后划分，后处理技术发展大致可分为四个阶段，如图 1 所示[1, 2]。在其起始阶段，主要是为了提取原子弹装料——军用钚，可称之为第一代后处理技术。最早采用的是沉淀法，20 世纪 50 年代发展了以 TBP（磷酸三丁酯）为萃取剂的 Purex（Plutonium & Uranium Recover by Extraction，用萃取法回收钚和铀）流程。

早期的 Purex 流程经改进后可用于核电站乏燃料后处理，为目前商业后处理厂普遍采用，称之为第二代后处理技术，产品一般是二氧化钚（PuO_2）和三氧化铀（UO_3）。由于核电站燃料燃耗大大提高（从生产堆的不到 1000MWd/tU 提高到数万 MWd/tU），裂变产物和超铀元素含量以及乏燃料辐射水平大大提高（放射性和中子水平提高约 1 ~ 2 个数量级），因此虽然仍然采用 Purex 流程，但铀、钚分离及净化系数亦随之提高；很多工艺参数等均有改变，属各自的技术诀窍；同时在人员的辐射防护和环境保护、核安全、工艺过程稳定性、经济性等方面，所采取的技术手段和工程措施也均有很大改进。

第三代和第四代后处理技术目前仍处于研发阶段，处理的乏燃料燃耗进一步提高，除铀、钚外，还进一步回收次锕系元素（指镎、镅和锔）和长寿命裂变产物核素（Tc-99 和

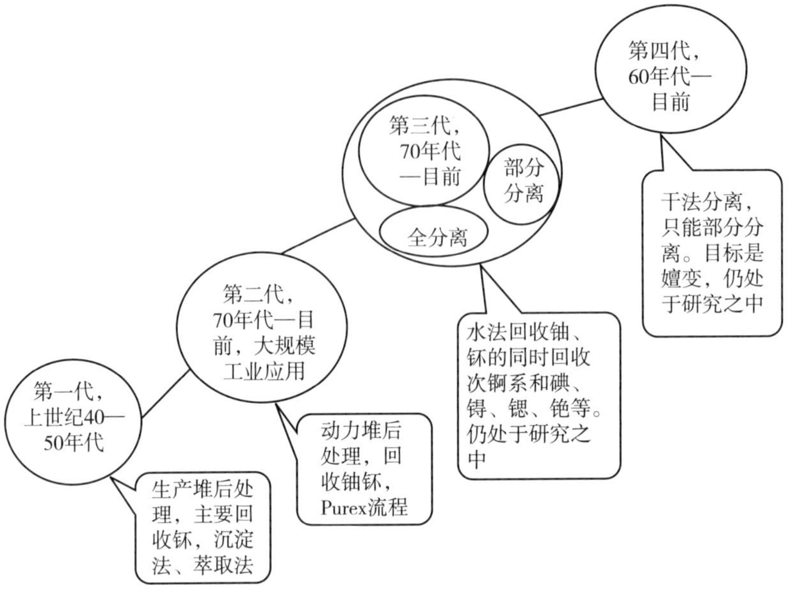

图 1　后处理技术发展

I–129）以及高释热核素（Cs–137 和 Sr–90）。

后处理对象复杂（除铀、钚外，还含有裂变产物、活化产物及次锕系，共 45 种典型元素，200 余种核素），组分含量差别大，化学行为复杂，铀 / 钚分离和对杂质净化要求高；临界安全问题突出；运行可靠性和自动化需求水平高。因此后处理是高技术的结晶，是一个国家科技与工业水平的体现。后处理技术必须经过实验室原理研究、冷实验放大研究、中间规模热试验考验、工程应用等若干环节，研发周期长、难度大。

我国于上世纪 70 年代开始核潜艇动力堆乏燃料后处理技术研究。1983 年 6 月，国务院科技领导小组主持召开了“核电站辐照燃料后处理技术论证会”，经过对我国核电发展远景、国内外铀资源情况、国内后处理技术水平、后处理的安全性和经济性等诸多方面论证，做出了我国“发展核电必须相应发展后处理”的决策。于 1986 年启动了我国核电站乏燃料后处理中试厂的立项工作。但由于国际及社会影响和经济条件的限制，八九十年代后处理任务大大萎缩，一些原来参与研发的单位纷纷转行或解体。几十年来，依靠非常有限的预研经费和中试厂项目带动，维持了一支人数不多的设计、工艺研究和运行队伍。

进入新世纪以来，随着我国核电的进一步发展，后处理事业迎来了新的发展机遇。2008 年商用后处理厂技术研发纳入国家核电科技重大专项，并开展了前期研究；2010 年底，后处理中试厂完成热调试；2014 年 9 月建成核燃料后处理与放射化学实验设施；规划了商用后处理厂项目，并启动了中法合作。我国后处理技术发展正逐步驶入快车道。

二、国际发展现状

截至 2014 年，全世界累计卸出各类乏燃料约 38 万吨，已经后处理的约 10 万吨，尚有约 28 万吨暂存在各类贮存设施中[3]。法国在 UP2-400 基础上，在阿格建成 UP3 和 UP2-800 两座后处理厂，处理能力 1700 吨 / 年，运行良好。俄罗斯由军用改为商用的 RT1 厂处理能力 400 吨 / 年，其停建的 RT2 厂计划改造成为集分离与元件制造为一体的先进技术研究中心。英国于 1967 年建成的塞拉菲尔德二厂年处理能力为 1500 吨 / 年（计划于 2016 年处理完 Magnox 燃料，2020 年关闭）；1994 年建成投运的 Thorp 厂（1200 吨 / 年）自 2001 年溶解液泄漏事故以后，一直停运至今。日本东海村后处理中试厂一直在运行，但远未达设计负荷（210 吨 / 年）；六个所后处理厂建成并完成热调试（800 吨 / 年）后因高放废液玻璃固化故障，尚未投运。印度则建有多座小型后处理厂，尚未商业化。

截至上世纪 70 年代，美国建设了世界上后处理能力最大的系列生产厂，1977 年卡特政府出于防扩散目的终止了商业后处理活动。虽然 2002 年美国政府提出了先进核燃料循环计划，2006 年面对乏燃料安全管理的压力，又提出了全球核能合作倡议（Global Nuclear Energy Partnership，GNEP），但其目的均非现有后处理技术改进和能力恢复，而是着眼乏燃料长期暂存以后的部分分离技术基础研究，以便为将来决策提供技术支持。2010 年又因环境和技术方面的争议，宣布进行多年的尤卡山地质处置库项目无限期推迟。美国目前采取乏燃料长期暂存的决策，实际上是把乏燃料安全管理的责任转移给了后代。

法国一直坚持后处理，遵循核燃料闭式循环技术路线。截至 2008 年，UP1 厂（1998 年关闭）、UP2-800 和 UP3 厂共处理了 4 万余吨乏燃料（其中 1 万吨来自其他国家）。后两个工厂运行业绩好，废物量逐年减少，工作人员平均受照剂量从 1980 年的 3mSv/a 降到 2005 年的 0.073mSv/a，大大低于欧盟的限值（20mSv/a）；环境辐射影响降至欧盟对普通公众 1mSv/a 限值的 1% 以下[3]。目前法国阿海珐（Areva）公司与中国核工业集团公司就中国“核燃料再循环工厂”的合作正进行谈判，双方就法方提出的 Coex 流程进行了数年的讨论[4]，2015 年上半年达成一致。

第三代和第四代后处理技术是目前研究的热点[5, 6]。研究的新方法和流程可以分为两类：全分离与部分分离。

全分离技术的要点是改进 Purex 流程，除了分离铀、钚外，同时分离镎、锝、碘，然后进一步分离高放废液中剩余的铀、钚和次锕系元素以及锶、铯，分别得到上述元素的单个产品。部分分离指分别得到铀和铀 / 钚（或铀 / 超铀）混合产品。部分分离由于得到锕系混合物，只能用于均匀嬗变。干法后处理中钚与其他锕系元素一般难以分开，属于部分分离。

部分分离由于不能得到“纯钚”，可以防“扩散”，因而近年来在国际上较热门。但从工程可行性、快堆嬗变需要多次循环的物料衔接角度考虑，全分离流程适应性更强。

需要指出的是，俄、法、日、印、韩等国均规划了快堆发展计划，积极开发先进后处理 - 快堆嬗变（也可增殖）核燃料循环技术。2008—2012 年，欧洲 12 个国家发起了由 34 个研究机构参与的 ACSEPT（Actinide reCycling by SEParation and Transmutation，分离 - 嬗变使锕系再循环）计划，主要开展水法和干法先进分离技术研究[6, 7]。在新萃取剂合成、组分离、锕 / 镧分离和锔 / 铯分离流程开发以及干法分离等方面均取得了阶段进展。韩国在干法后处理研究中取得了较大进展，2012 年完成了干法后处理示范设施建设（PyRoprocess Integrated Inactive Demonstration Facility，PRIDE），目前正在开展干法流程铀试[8]；日、法等则在快堆嬗变次锕系的元件制造和干法后处理等方面开展了大量研究工作[9]。

三、我国后处理技术发展现状

1. 完成后处理中试厂热调试，基本掌握动力堆后处理工程技术

动力堆元件后处理中间试验工厂（以下简称中试厂）是我国第一座动力堆乏燃料后处理厂。1986 年国家计委批准项目建议书，1993 年 6 月完成初步设计。中试厂的处理对象为燃耗 33000MWd/tU 的动力堆核电站乏燃料，采用改进型 Purex 流程工艺（图 2），设计能力为 300kg 铀 / 天。其任务是：通过试验性生产，验证工艺流程和操作参数，验证主要工艺设备、检修设备及仪器仪表的实用性、可靠性和安全性，为以后设计、建造工业规模的动力堆乏燃料后处理厂提供设计依据和运行经验，并培训人员。

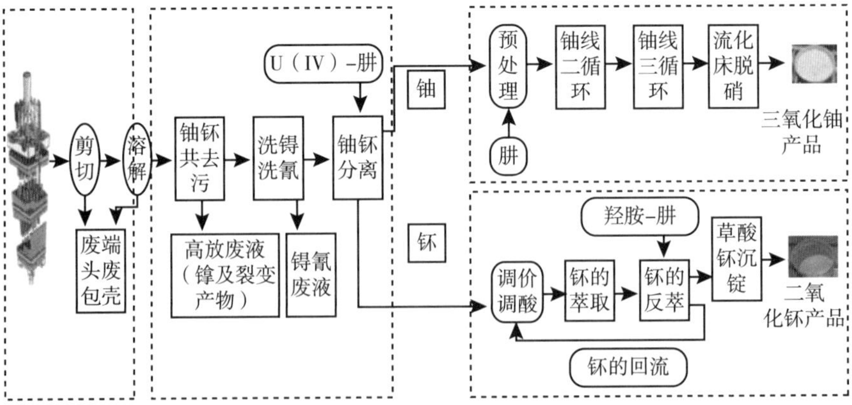

图 2　中试厂工艺示意图

中试厂于 2008 年建成，随后经过水试、酸试、冷铀试，于 2010 年 12 月成功完成了热调试。其中乏燃料贮存水池于 2003 年开始接收大亚湾核电站乏燃料，现已安全运行 12 年。

中试厂的初步设计以 20 余年的实验室工艺研究成果为基础，工程开展后，又先后补充开展了镎的走向控制、全流程温实验、热试验，特别是钚线工艺研究等，经过 30 余年

的研究，突破了铀钚分离、镅对铀/钚分离干扰、氚的高效去除和镎的走向控制等多项关键技术。技术特点是：乏燃料溶解采用亚沸腾间歇溶解，溶解液经过澄清过滤调制后作为料液；萃取工艺过程分为共去污分离循环、铀线第二循环及铀线第三循环、钚线第二循环；最后分别得到 UO_3 和 PuO_2 产品。

中试厂厂房采用 H 型设备室布置方式，箱、室衔接合理，采用动态和静态封闭相结合的技术措施，实现了四区布置原则和合理的人流、物流及通风气流组织，满足了对放射性物质包容的要求。

攻克了一批关键设备（如立式送料剪切机、批式溶解器、沉降离心机、折流板和喷嘴板脉冲萃取柱、大流比混合澄清槽、α 密封技术及设备、免维修流体输送设备、放射性样品取样及送样系统等）的设计、制造技术。自主研制和完全国产化的非接触式测量仪表和 DCS 系统（Digital Control System，数控系统）应用效果良好，在国内首次使用了核级吹气测量装置，自主研发的收发器、换向器、启盖器等气动送样系统的运行可靠，实现了放射性样品气动输送系统的国产化。

应用国际先进的核安全设计理念，建立了应用确定论的事故分析方法，以及建（构）筑物、系统和部件的安全分级、抗震分类和质量分级体系与技术要求，通过质量、浓度、几何尺寸、添加中子毒物等严格的安全措施满足了临界安全设计要求。在辐射防护方面采用了最优化原则，采取纵深防御和多道实体屏障等措施。满足了安全分析和环境评价等法规要求。

中试厂（放化大楼也类似）厂房复杂、工程量大、隐蔽工程多，在建造过程中精细组织，通过优化普通混凝土和重混凝土的配比并采用分层浇筑等技术手段，解决在不利温度工况下的均匀性和密实性以及两种混凝土的结合等问题。在关键设备、工艺管道、检测设备安装等方面也都采用了相应的特殊技术措施。

经过中试厂的设计与建设，形成了一批行业标准。例如：核燃料后处理厂安全设计准则，建筑物、系统和部件的分级准则等总体类标准；乏燃料溶解系统安全设计准则、放射性废物管理技术规定等关键工艺标准。

中试厂的调试成功，表明我国在动力堆乏燃料后处理技术研发和工程应用方面取得了重要进展，为放大设计建造工业规模动力堆乏燃料后处理厂提供了宝贵的经验，具有里程碑意义。

2. 建成放化大楼，使我国后处理实验研究手段达到国际先进水平

中国原子能科学研究院的“核燃料后处理放化实验设施”（简称“放化大楼”）是重要的后处理先进技术与核材料提取技术研究设施。该项目于 2003 年获批复，2014 年建成并通过国家国防科工局的验收。2015 年 9 月放化大楼开展首次热实验。放化大楼投入运行后，作为后处理实验和锕系元素化学研究的先进研发平台，将为我国后处理厂的建设、国防科研项目的开展、核能可持续发展发挥重要作用（图 3）。

放化大楼项目是一个典型的科技工程，集中反映了先进后处理工艺与装备的研究成果。

图 3 放化大楼外景与热室和温室后区图

放化大楼以原子能院近 20 年来自主开发的先进无盐两循环流程—APOR（Advanced Purex based on Organic Reductants，基于有机还原剂的先进 Purex 工艺）和荚醚（TODGA，N，N，N'，N'－四辛基－3－氧戊二酰胺）高放废液分离工艺[10]（二者合称为"先进无盐全分离流程"，见图 4）为基础设计（由中国核电工程公司设计），且经过全流程温实验验证。该设施满足环境评价与安全分析要求，掌握了一批关键设备的设计、制造技术，例如：广泛应用确保转运过程无放射性泄漏的双盖（门）密封技术、台架式热室和台架转运箱、移动式维修气闸、穿地式阀门检修容器、废物转运装置、热样品自动分样和多路分岔的气动送样装置等。

为了完成放化大楼热试验工艺研究需要，自主开发了一系列实验装备和技术：耐腐蚀、抗辐照的微型混合澄清槽；用于热样品的自动分样装置；液体物料输送装置（精度由 3% 提高到了 0.5%）；在线液体质量流量计（大大提高了料液流量的测量精度）等。

此外，根据放化大楼热试验研究和中试厂运行的需要，多年来，研究开发了 30 多种新分析检测方法，实现了工艺控制分析、产品分析和衡算分析目标，为工艺研究和中试厂热调试等的顺利进行发挥了重要作用。研制了混合 K– 边界密度计和 L– 边密度计、石墨晶体预衍射 –X 射线荧光分析仪、自发 X 射线铀钚浓度仪等先进分析仪器，为工艺过程监测提供了重要保障。

放化大楼满足三个典型源项——高燃耗（62000 MWd/tU）动力堆乏燃料、超铀元素制备和钚的处理操作要求。除主化学工艺系统外，还设有五个辅助系统：含高放废液分离的废液暂存与处理系统，含废包壳去污的固体废物整备系统，放射性废气净化系统，辐射防护监测系统，实物保护与监控系统。设施内共布置了 9 个热室、5 个温室、5 个屏蔽小室、40 余个工作箱，其中 4 个热室按 10 万居里级动力堆乏燃料放射性强度设防。其采取的工程措施满足放化大楼今后很长一个时期的使用，具有实用性和前瞻性。

3. 在多年研究基础上，已提出和部分开展带有第三代技术特点的商用后处理厂技术研究项目，并列入国家核电科技重大专项

自上世纪 90 年代开始，国内即开展先进后处理技术研究，主要包括先进无盐 Purex

两循环流程研究、高放废液分离研究等。在此基础上，提出了拥有自主知识产权、具有第三代后处理技术特点的先进无盐全分离流程，如图 4 所示。

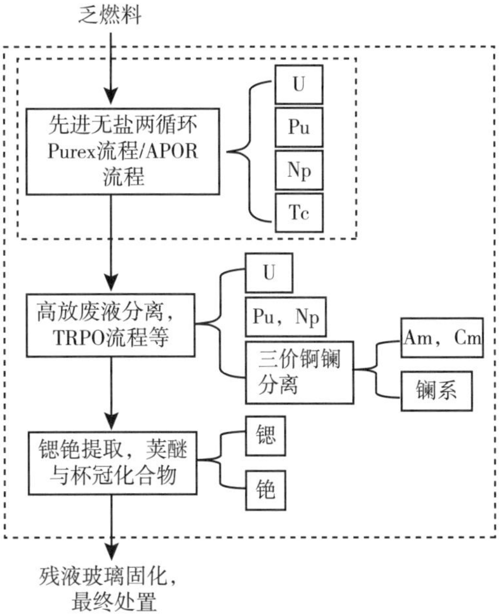

图 4　我国研发中的第三代后处理流程框图

该流程中的先进无盐两循环 APOR 流程，进行了 10 多次全流程台架温试验验证与改进，结果表明，APOR 流程具有良好的适应性，适宜高燃耗乏燃料处理。铀钚分离使用的二甲基羟胺还原剂和单甲基肼支持还原剂具有良好稳定性。APOR 流程将原三个循环的 Purex 流程缩短为两个循环，采用高酸进料，使 80% 以上的镎进入有机相，镎、锝主要进入钚液流，为从钚线同时提取镎创造了非常有利的条件。

围绕先进无盐两循环后处理流程研究，系统研究了 10 余种无盐试剂与镎、钚的氧化还原动力学与热力学问题。“十一五”期间，还突破了催化电化学溶解二氧化钚、钚中试规模纯化循环试验、亚硝气调价工艺等系列关键工艺技术。

2009 年在中核四〇四有限公司用生产堆燃料后处理高放废液进行了 TRPO（三烷基氧膦）分离流程连续运行 160 小时的热试验，下一步将开展动力堆燃料后处理高放废液分离研究。该流程由清华大学于上世纪 80 年代开发，经国内外多次热实验成功，现已具备进行中间规模试验的条件。

对于锕系与镧系元素的分离，清华大学在上世纪 90 年代自主研发了 CYANEX301 萃取流程[11]，发现二烷基二硫代膦酸（CYANEX301 的主要成分）在合适条件下对镅 / 锔与镧系元素有很高的分离能力。实验证明，经不多级数的分馏萃取即可使产品达到嬗变的要求。

对于锶的分离，清华大学和原子能院分别研究、开发了冠醚（二环己基 18 冠 -6，DCH18C-6）和荚醚（四辛基荚醚，TODGA）萃取分离流程，后者可以在 3mol/L 硝酸浓度下有效萃取锶。清华大学在原来使用亚铁氰化钛钾离子交换树脂提取铯的基础上，研究并合成了异丙基杯［4］冠 -6（iPr-C［4］C-6）萃取剂，取得很好的结果[12]。

此外还开展了计算机模拟工艺过程研究，制备了 ^{238}Pu 液体源，开展了无盐试剂和萃取剂的 α 辐解研究，以及离子液体、超临界萃取用于铀的分离等探索研究等。

2006 年 1 月，国务院发布《国家中长期科学和技术发展规划纲要（2006—2020 年）》，将“大型先进压水堆及高温气冷堆核电站”列为国家科技重大专项。2007 年 9 月国务院召开核电科技重大专项领导小组第三次会议，确定将大型商用乏燃料后处理厂科研列入该专项，以自主建设 800 吨 / 年后处理大厂为目标，并于 2008 年提前启动部分项目。

在后处理科技重大专项中，将上述工艺流程作为主攻方向。除此之外，还按照工程科研要求设立了：废物整备技术、关键设备与材料、分析检测和自控、核与辐射安全、设计技术等研究。

目前乏燃料卧式剪切机、连续溶解器、钚尾端连续过滤 – 沉淀 – 煅烧等关键设备以及计算机模拟工艺过程等研究课题都已取得阶段成果。

4. 第四代后处理技术研究取得良好开端

我国的干法后处理技术研究始于上世纪 60 年代，相继开展了氟化挥发技术和熔盐 / 金属还原萃取技术的基础研究，后因设备腐蚀严重、工程放大方面存在较多问题，研究工作未能继续。上世纪 90 年代初期，开展了熔盐电化学分离技术的基础研究。进入新世纪，我国干法后处理技术的研究得到了较快的发展，针对快堆乏燃料、ADS 嬗变靶和熔盐堆燃料的后处理开展了相关前期研究。

原子能院已初步建立每批次千克级铀电解精炼研究平台，金属电解精炼流程已经百克量级冷铀实验验证。

高能所和原子能院分别开展了氯化铝熔解 –Al 合金化和氟化物熔解 – 电解分离法研究，以实现在同一电解槽中直接由氧化物到金属 / 合金的转变，简化传统熔盐电解过程。

上海应用物理研究所提出钍基熔盐堆（TMSR）燃料处理流程，采用在线 – 离线结合、干法 – 水法互补原则进行技术攻关。建立了高温氟化反应实验装置，确定了梯度冷凝的产物收集和铀氟化挥发过程中红外在线分析监测技术，铀回收率超过 95%；并进行千克级 FLiNaK 减压蒸馏实验验证，还初步验证了该熔盐中电解分离 U 与稀土的可行性。

四、近中期主要任务与建议

1. 近中期主要任务

（1）继续进行中试厂热调试以考验工艺和设备，完善高放废液处理等配套设施，形成生产能力，进而实现稳定运行并逐步积累一定量工业钚供快堆装料。

（2）在中试厂的基础上，进行工艺改进研究并对部分设备做放大和验证工作，为今后后处理厂的可能应用做好准备。

（3）按照国家核电科技重大专项后处理分项总体实施方案，积极开展工艺、关键设备与材料、分析检测、核与辐射安全、设计等技术攻关，为自主建设商业后处理大厂奠定基础。

（4）继续推进干法后处理技术研发。近期要建立配套完整的实验设施，开展快堆和 ADS 乏燃料干法后处理研究，逐步明确我国干法后处理技术发展的路线。2030 年建立中间规模试验设施，并结合嬗变开展分离工艺研究。

2. 抓住关键，加快推进后处理技术的工程应用

后处理技术研发要以后处理厂的安全、稳定、经济运行为目标，同时降低环境影响、减少废物量。检验技术研究成功与否应以工程应用作为衡量标准，主要表现在两个方面：一是工艺适应性强，即可适应不同燃耗和组成的燃料以及工艺参数的波动；二是关键设备，如材料、自控、检测与分析、远距离维修或免维修等，其中具有连续处理功能的系列关键设备和材料是重点。同时由于处理对象是水溶液，其中含有易裂变材料和裂变产物，因此核与辐射安全，特别是临界安全技术研究尤为重要。

因此，后处理技术研发需以工艺和关键设备研究为重点，整体推进安全、材料、自控和分析检测等研究。近期需要加快工程设计研发中心和临界实验室的立项和建设，依托放化大楼进行工艺改进研究，并通过中试厂积累运行经验。

为加快推进商用后处理厂建设，可在自主研发的同时，开展国际合作。在与法国就流程的敏感问题达成一致的基础上，继续推进谈判。如果合作成功，可以结合后处理科技重大专项的研究成果，在此基础上改进建设新的（更大规模）商业后处理厂。

3. 建议

（1）我国核能发展规模大，乏燃料安全管理问题突出，需要根据我国核能发展、铀资源的现状，并综合考虑社会、经济效益，及时制定并发布相应的核燃料循环产业发展规划，使后处理与元件制造、快堆等协调发展。

（2）需尽快批复后处理科技重大专项实施方案，制定乏燃料基金管理和使用办法，落实各设施建设和运行资金。

（3）推进我国商用后处理厂的立项，尽快确定厂址。

（4）加快制定适应核电站需求并与后处理配套的乏燃料公路、海洋、铁路联合运输和乏燃料离堆贮存的规划与建设。

致谢：中国核电工程有限公司李思凡、中核集团四〇四有限公司王建、清华大学陈靖、高能物理研究所石伟群、上海应用物理研究所李晴暖、中国原子能科学研究院常志远、欧阳应庚、唐洪彬、周贤明、晏太红等分别整理、提供相关材料。

— 大事记 —

2008 年，大型商用乏燃料后处理厂科研作为分项之一，纳入国家“大型先进压水堆及高温气冷堆核电站科技重大专项”，部分内容获得提前启动。

2009 年，清华大学与中核四〇四有限公司合作完成生产堆高放废液的 TRPO 分离流程热试验。

2010 年 12 月，动力堆核燃料后处理中试厂完成热调试，获得合格铀、钚产品。

2011 年，中国科学院启动“未来先进核裂变能”战略先导科技专项，分别设立了“钍基熔盐核能系统（TMSR）”和“加速器驱动次临界堆嬗变系统（ADS）”两大研究项目，TMSR 项目中包含钍基熔盐干法后处理技术研究，ADS 项目中包含嬗变靶的熔盐电解后处理基础研究。

2012 年，中国原子能科学研究院与中核四〇四有限公司合作完成“无盐试剂用于钚线纯化循环”的中间规模热试验。

2014 年 9 月，中国原子能科学研究院的“核燃料后处理放化实验设施”通过国家国防科工局组织的竣工验收。2015 年 9 月开始热试验。

参考文献

[1] Dominique Warin（CEA / Nuclear Energy Direction）. An integrated approach to partitioning research Challenges left on the way to industrial applications［R］. FISA 2006，Luxembourg.

[2] 叶国安，张虎. 核燃料后处理技术发展及其放射化学问题［J］. 化学进展，2011，23（7）.

[3] Spent Fuel Reprocessing Options［R］. IAEA-TECDOC-1587，2008.

[4] 叶国安，何辉，欧阳应庚，等. COEX 流程评析［J］. 乏燃料管理及后处理，2008（5）.

[5] IAEA. Implications of Partitioning and Transmutation in Radioactive Waste Management［R］. Technical Report Series No.435，2004.

[6] Robin Tailoy. Reprocessing and Recycling of Spent Nuclear Fuel［M］. Woodhead Publishing，2015.

[7] Stephan Bourg，Christophe Poinssot，Andres Geist, et al. Advanced Reprocessing Developments in Europe Status on European projects ACSEPT and ACTINET-I3［C］// Atlante 2012 International Conference on Nuclear Chemistry for Sustainable Fuel Cycles，2012.

[8] Kiho Kim，B.Park，J.Lee，et al. Demonstration Facility for Engineering-scale Integrated Pyroprocessing at Korea Atomic Energy Research Institute［R］. ANUP2014.

[9] Toshikazu TAKEDA，Shin USAMI，Koji，FUJIMURA，et al. Development of a Fast Reactor for Minor Actinides Transmutation（1）Overview and Method Development［R］. 2015.

[10] Ye Guoan，He Hui，Lin Rushan，et al. R&D activities on Actinide Separation in Chhina［C］// Atlante 2012 International Conference on Nuclear Chemistry for Sustainable Fuel Cycles，2012.

[11] Chen J，Tian G X，Jiao R Z，et al. A Hot Test for Separating Americium from Fission Product Lanthanides by Purified Cyanex301 Extraction in Centrifugal Contactors［J］. J Nucl Sci Technol，2002，S3.

[12] Wang Jianchen，Zhu Xiaowen，Song Chongli. Extracting Performance of Cesium by 25，27-Bis（2-Propyloxy）Calix［4］-26，28-Crown-6（iPrC-［4］C-6）inn-octanol［J］. Separation Science and Technology，2005，40.

撰稿人：叶国安

审校：蒋云清　齐占顺

放射性废物处理与处置

人类的生产和生活动均会产生废物，核能开发、核技术利用和核燃料循环过程不可避免会产生放射性废物。放射性废物的安全处理与处置不仅对确保人体健康、生态环境安全，而且对促进核能开发和核技术利用的可持续发展，有着十分重要的意义。

放射性废物的治理相对其他废物来说，有更完善的法规和标准[1-3]。目前，针对低、中放废物的处理与处置，我国已建立了一套满足安全要求的工艺技术和管理规程[4]；对于高放废物的安全处置，正在逐步推进研发工作。

《中华人民共和国放射性污染防治法》规定，“国家鼓励、支持放射性污染防治的研究和开发利用，推广先进的放射性污染防治技术。国家支持开展放射性污染防治的国际交流与合作”。这为发展放射性废物处理与处置科学技术，奠定了法律保障基础。

一、放射性废物的处理

现在，国内外低、中放射性废液的处理工艺大致分为两类，即传统处理工艺和革新处理工艺。传统处理工艺就是常说的“老三段”：沉淀、蒸发和离子交换；革新处理工艺为膜分离为主的复合工艺技术。

由于蒸发具有净化系数高、浓度倍数大的优点，使用最为广泛。为实现节能减排，热泵蒸发技术受到人们青睐。热泵蒸发利用蒸汽压缩机把蒸发器蒸出的二次蒸汽加压升温后，送回蒸发器的加热室，作为加热蒸汽使用，这样既减少了蒸发过程需要的能源，又节省了冷却过程需要的冷却水，节能可达 60% ~ 80%，是一种有推广应用前景的技术。

中国原子能科学研究院（以下简称原子能院）建立了一套处理能力为 1t/h 的热泵蒸发装置，已成功处理了 400 多立方米低、中放废液，验证了废液净化效果及节能效果。原子能院还在研制一套处理能力为 0.5t/h 车载式热泵蒸发装置，净化系数为 10^4 ~ 10^5，对于

β 放射性低于 4×10^5Bq/L 的放射性废液，处理后可达到低于 40Bq/L。

在革新的废液处理工艺方面，美国开发了“化学絮凝 + 活性炭处理 + 离子交换”处理技术，拟用于 AP1000 核电站。该技术向被处理废液中注入高分子絮凝剂，改变废液中胶体颗粒的电性，随后将废液通过活性炭床，胶体颗粒很容易被活性炭吸附，然后再通过离子交换床去除废液中溶解的离子，对核电站废水中的 ^{60}Co、^{110m}Ag、^{59}Fe、^{137}Cs、^{90}Sr 等核素有较高的去污系数。

中核集团公司为实现 AP1000 核电自主知识产权的最大化，委托原子能院进行化学絮凝处理的研究，向核电废水中添加少量自制的高分子絮凝剂与废液混合均匀，使得“胶体”变成大分子悬浮物，然后经过活性炭拦截除去超过 99% 的“胶体”，并去除部分放射性核素，最后用自制的 Cs 吸附剂和 Sr 吸附剂及自己设计的改性沸石装填吸附柱，深度去除放射性核素。经过该工艺处理后，流出物的总 β 放射性可降低到约 10Bq/L（氚和碳 -14 除外）。现在已经研制成了一套 360L/h 的废水处理样机，完成了放射性验证试验。此外，原子能院与海军工程大学合作开发了“化学絮凝 + 活性炭沸石吸附 + 离子交换 + 反渗透”废水处理系统，处理能力 360L/h，处理后放射性废水的活度浓度（除氚外）降到≤ 30Bq/L，硼浓度从 500ppm 降到＜ 100ppm。

膜净化处理（包括超滤、微滤、纳滤）工艺设备相对简单，具有可建成移动式处理装置等优点，在非核工业和家庭用水处理方面已广泛使用，但核工程应用还只是初始阶段。清华大学核研院研发的放射性废液膜处理装置选用特定的碟管式反渗透膜，克服了一般反渗透系统在处理渗滤液时容易堵塞的缺点，该装置运行稳定、费用低。冷试设备处理能力 400L/h，去污因子可达 10^4，浓缩倍数超 50。

焚烧处理放射性废物有很好的减容、减重效果，可大大减少废物贮存和处置场地以及运输、贮存和处置的费用。放射性废物焚烧炉的炉型很多，各有优缺点。放射性废物焚烧处理在国外应用相当广泛，一些大型核电厂、核设施和核研究中心都建有焚烧炉。中核四川环保工程有限公司和四〇四环保工程公司近年都新建了放射性废物热解焚烧炉，中核四川环保工程有限公司还建了焚烧 TBP/ 煤油的焚烧炉。

中科华核电技术研究院开发的等离子体焚烧炉具有炉温高、可烧多种废物的特点。中科华用它试验了废石棉玻璃固化。石棉过去被广泛用作保温材料，业已证明石棉是一种致癌物，对废石棉需要安全的处理和处置。石棉的主要成分是硅，压水堆核电厂含硼废液中含有高量的硼。利用含硼废液中的硼和废石棉制造玻璃固化体，可使制造硼硅酸盐玻璃固化体少加或不加添加剂，这种“以废治废”工艺具有发展前景。

水泥固化仍是目前国际上普遍应用的固化技术，为提高废物包容量和降低核素浸出率，适应固化废树脂和焚烧灰等特种废物，清华大学核能研院和中国辐射防护研究院做了许多改进工作和配方研究。

高放废物通常指乏燃料后处理产生的高放废液及其固化体，以及决定直接处置的乏燃料。从反应堆中卸出来的乏燃料，不仅含有核反应产生的钚，还有一部分没用完的易裂变

核素铀 -235 以及许多可转变为易裂变核素 ^{239}Pu 的铀 -238，这些都是宝贵的财富。经后处理回收的铀和钚可制造 MOX 燃料用来继续发电。所以，为了充分利用铀资源，后处理路线（也称闭路循环路线）被不少国家采纳。英国、法国、俄罗斯、日本、印度和我国均采取后处理路线。

后处理产生的高放废液放射性强、释热率高，不能采用水泥固化、沥青固化和塑料固化。成熟的高放废液处理工艺是玻璃固化。自上世纪 50 年代以来，玻璃固化开发了罐式法、回转炉煅烧＋感应炉熔融两步法、焦耳加热陶瓷熔炉法（也称电熔炉法）、冷坩埚法等四种工艺。高放废物放射性强、毒性大，但数量相对少。按照法国的经验，1t 乏燃料后处理产生约 $0.5m^3$ 高放固化体。这就是说，一年 1 座百万吨级压水堆核电站产生 10 ~ $12.5m^3$ 高放固化体。可以相信，随着科学技术的发展，这个数值还会逐步减小。我国 821 厂的高放废液玻璃固化采用德国引进的电熔炉技术，正在建设工程处理装置。四〇四厂的高放废液玻璃固化正在积极筹划，冷坩埚玻璃固化技术原子能院也在研发中。

二、放射性废物的处置

国际原子能机构（IAEA）新发布的固体放射性废物分类标准[5]，将固体放射性废物分为：极短寿命废物、极低放废物、低放废物、中放废物和高放废物。不同类别的废物需要用不同的方法处置。极短寿命废物主要为含半衰期短于 100 天的短寿命放射性核素（研究和医疗常用）的废物，衰变贮存至多几年时间，就能够不受控制的处置、排放或解控使用。

极低放废物放射性水平很低，只需要简单包装和简易填埋处置，可在有限监管控制的浅地表填埋场处置（国外也有送入经批准的工业垃圾填埋场处置的情况）。这类废物的典型代表是低放射性污染土和建筑垃圾。极低放废物的处置费用约为低、中放废物处置费用的 1/10。分出极低放废物可节省处置费用和减轻低、中放废物处置场负担，促进核电、核工业和核技术的发展。法国、西班牙考虑今后 30 年核电站退役会产生大量的极低放废物，专建了极低放废物填埋场，集中处置极低放废物。中核四川环保工程有限公司和四〇四环保工程公司近年已建了极低放废物填埋场，中国工程物理研究院和核动力院也获准在其核设施场址范围内建设专用的填埋场。

低、中放废物安全处置要考虑的主要核素是 ^{60}Co 和 ^{137}Cs、^{90}Sr，一般隔离 300 ~ 500 年就可达到环境允许的水平，国际上较多采用近地表处置。低、中放废物处置场（库）场址难觅，不少国家因地制宜，选择满足处置条件的场址，如法国芒什和奥布近地表处置库、日本的六个所村近地表处置库、德国莫斯莱本废盐矿处置库、瑞典和芬兰的滨海海下处置库、韩国月城地下处置库等。有的建在浅地下，有的建在半地下或地面上，有的建在滨海海底花岗岩中，有的利用山丘的洞穴处置（如捷克），有的还利用核爆坑处置废物（如美国）。我国现在有甘肃西北处置库和广东北龙处置库在运行，四川飞凤山处置库在建设中，预期不久就可投入试运行。含长寿命核素多的低、中放废物（如含 ^{14}C 的石墨废物、含镭废物等），要按长寿命核素的含量进行安全分析和环境影响评价，采取中等深度处置，我国正在编制相关标准和导则。

对于高放废物的安全处置，自上世纪 50 年代以来已提出多种设想，其中被人们普遍接受的方案是深地质处置。高放废物深地质处置是涉及多学科的系统工程[6]。实现高放废物的安全处置需要地质科学、工程科学、环境科学、伦理学、社会科学等很多学科的联合支持和攻关。目前，国际上完成选址并得到国家批准的只有瑞典和芬兰两个国家，其他不少国家在场址初选或地下实验室建设阶段。各国场址选择按本国地质条件进行，研究较多的是花岗岩、黏土岩、盐岩、凝灰岩和玄武岩。

地下实验室是为支持高放废物地质处置活动而建的地下研究设施。地下实验室处于接近实际处置条件的地质环境，为建造高放废物处置库提供设计参数、实践经验、人员培训以及与公众沟通和国际合作的平台；为高放废物处置库的设计、建造、运行和关闭的可行性论证和优化方案选择等准备条件。国外现已建设了 26 个地下实验室（2014 年底统计数），有的建在花岗岩中（如瑞典、加拿大、日本、韩国、芬兰、印度、捷克等），有的建在黏土岩中（如比利时、法国、瑞士等），还有的建在岩盐中（如德国、美国）。

我国高放废物地质处置库的选址，从上世纪 80 年代以来，进行了全国六大预选区比选，在甘肃北山地区打了 19 个深钻孔井，确定了甘肃北山为我国高放废物处置库首选预选区，已为建设地下实验室奠定了基础。我国规划在本世纪中建成高放废物深地质处置库。

三、退役废物的治理

核设施退役是为解除核设施的部分或全部监管控制所采取的行政和技术活动。退役的最终目标是无限制开放或利用场址[7]。核设施类型繁多，其规模大小、复杂程度、场址条件、运行状况有很大差别。世界核能协会估算，全世界有 250 多座研究堆、90 多座商业核电堆、100 多座铀矿冶设施和 50 多座核燃料设施已经退出运行，有的已经成功完成了退役，许多正在退役。核设施退役工程涉及技术、经济、环境、社会、公众等诸多因素，尤其是大型核设施（如核电站）的退役，可能要延续几十年的时间。美国冷战时期遗留的军工核设施涉及 100 多个场址和 7000 多个设施，退役环境整治和修复，计划要花 75 年时间，预计要花费 3500 亿美元。

废物管理是涉及整个退役环节的重要活动，废物管理成本是整个退役成本的重要部分。制订退役计划时，要对废物量做出估算，对废物的处理和处置做好安排；退役过程中，对系统和设备进行切割与拆卸，要作妥当的包装和整备；退役终了，要做场址清污与环境整治，要进行检测是否达到预定的终态目标；竣工验收时，要检查废物是否作了安全的处理与处置。

核设施退役产生各类放射性废物，大部分活度较低，经过监测，有的可以解除审管控制，有的经过适当去污之后就可达到解控水平，可无限制或有限制使用，或者作为极低放废物填埋处置，如果放射性核素活度或活度浓度高于解控释放水平，必须作放射性废物处置。退役废物中存在的非放射性危险废物，必须按危险废物相关规定处理和处置[8]。

我国青海省海晏县金银滩上的核武器研究基地，经多个单位协同作战，对产生的污土进行了填埋处置，装桶的放射性废物运出去做了安全处置，成功完成了退役，1993 年通过了国家验收，实现无限制开放使用。新世纪所做的回访监测和评估表明，其退役终态目标是圆满达到的。近年，我国成功完成了北京平谷和吉林长春的城市放射性废物库的退役、上海微型中子源反应堆和济南微型中子源反应堆的退役。中核四川环保工程有限公司和四〇四环保工程公司承担的许多核设施退役工程项目正在进行中，重点放在各类废液的固化。不少铀采冶场址覆土植被和固坝护坡等整治，降低了氡的析出和安全风险。

四、废物最小化

废物最小化是使废物量和活度合理可达到的尽可能的低，是放射性废物管理基本原则。实现废物最小化有以下三大好处：①减少废物产生量，降低废物处置负担，降低核能和核技术开发利用的成本，具有重大的经济效益；②减少公众受照剂量和环境影响，保护人类健康和生态环境，有重要的环境效益和社会效益；③促进企业科学管理，提高文明生产水平，有利于核事业持续发展。

国际上，许多国家和地区的放射性废物处置场难以解决，影响了核能和核技术利用的发展，迫使人们重视废物最小化，由被动到主动，废物最小化获得了推进。实现废物最小化有许多措施，概括起来可分为：①优化管理减少源项；②再循环 / 再利用；③废物减容三大方面。传统的废物治理是对产生了的废物进行处理和处置。通过实践，人们认识到废物管理首要的是应该从源头抓起，控制和减少废物的产生，废物最小化是一个系统的、连续的过程，是一项需要持续研发的任务，这是管理水平和安全文化素质提高的结果。对于核电厂的废物最小化，现在已经发展了许多有效措施[9]。

美国压水堆单台机组固体废物产生量从 1990 年的 $500m^3$/（GW · a）降至现在的约 $20m^3$/（GW · a）水平。在我国，废物最小化也已开始受到重视，一些新建的核电站从设计就开始了关注废物最小化，对新建的核电机组和已在运行的核电机组规定了年固体废物量的管理目标值，例如阳江 3 号机组的固体废物产生量，预期要达到接近 $50m^3/a$ 的先进水平。

五、学科发展促废物管理技术进步

放射性废物处理与处置是一门新兴交叉学科，放射性废物处理与处置技术的进步有赖于多学科的协调发展和促进。

我国正在研发膜技术处理放射性废液技术。膜技术净化机理和去污效果受很多物理化学作用的影响。提高膜技术组合装置的处理能力和净化系数、扩大适用范围、延长膜使用寿命、降低成本、发展车载式装置，需要材料科学、化工机械、辐射防护、有机化学等多学科的配合和协调发展。

焚烧处理放射性废物不仅要求“燃烧完全”和“清洁燃烧”，而且要求减少维修和延长炉子寿命。通常燃烧的废物中往往夹带有塑料、橡胶、有机溶剂等物项，燃烧过程会生成致癌的二噁英类物质，这是不能允许的。通过工程热物理学和化学环境学结合的研究，发现采用急骤冷却的办法，从 900℃急速冷却到 200℃，可避免二噁英的生成。又如废钢铁的熔炼，为减少放射性核素进入浇注成的钢锭和尾气中，而使更多核素进入炉渣，选好助熔剂非常重要。为此，人们正在结合材料科学、化工设备、辐射防护和辐射监测等多学科进行研究。

高整体容器（HIC）的使用可免去固化处理，减少固体废物的体积与贮存和处置库的容积，是一种先进技术。但是，HIC 的密封和耐久性是否能满足三五百年寿期的要求，必须加强选材、制造和监测等科学技术的研究。

放射性污染的去污，有物理法、化学法、电化学法、熔融法、生物法等。随着科学技术的发展，不断研发出新去污剂和去污新技术，例如：集萃取、溶解、络合作用为一体的化学溶胶去污、凝胶去污、可剥离膜去污；集高温熔融和爆裂作用的微波去污、激光去污；将水加热到 300 多摄氏度和加压到 20 ~ 30MPa，使水处于超临界状态，用超临界水氧化分解有机物（如废机油和废树脂）的超临界水氧化去污等。这些新去污方法我国都在研发，需要综合考虑去污因子、二次废物、受照剂量和环境影响等因素，提出优选的去污工艺技术。

放射性废物安全处置的关键因素是核素迁移速率和迁移途径。放射性核素在多介质、多层次、多元动态系统环境中的迁移行为与其本身的形态、价态、结构，与沿途可能发生的吸附、沉淀、络合、氧化还原反应等许多因素有关，计算在漫长时间和巨大空间尺度下的这种迁移行为难度很大、不确定因素很多，需从实验和数学模型两方面着力，由单因素研究到多因素耦合作用的研究，逐渐接近实际。中核地质研究院建立了膨润土的温度场（T）—渗流场（H）—应力场（M）—化学场（C）四因素耦合作用影响研究装置，达到了先进水平。但解决实际应用问题，尚需加入辐射场（R）和生物场（B）耦合作用影响的研究。高放废物处置学科的发展方兴未艾，国际交流与合作活动十分活跃。

六、展望与建议

我国放射性废物整治任务重，主要表现在：积存废液量多，安全风险大；固体废物分类差，从废物贮存库中回取困难；设备老化严重，安全隐患多；源项不清，有的地方难于进入调查和实施退役。应以优先开展废液固化为重点，消除安全隐患为主攻目标，加快核设施退役和废物治理。

1. 加速废液固化处理

放射性废液不能长期槽罐贮存，美国汉福特于上世纪四五十年代建的149个碳钢单壁贮槽，到1992年就已有67个发生了泄漏。我国废液贮存槽罐多数超期服役，系统老化；高放废液中含高硫和高钠；有的中放废液中含有较高浓度的 α 核素或长寿命核素；有的废液槽罐的底部存在着泥浆、残渣沉淀物，回取和清洗困难；槽罐排空后的处置困难大，有的体积很大，达到上千立方米，若水淹地下室会发生排空罐的漂罐事故，造成污染扩散。在恶劣气象频发的今天，加速废液固化处理和研究安全处理排空槽罐方案，应该看作重中之重、当务之急的任务。

2. 攻克石墨废物处理与处置难关

反应堆中的石墨砌块和石墨套管被中子活化，产生长寿命核素 ^{14}C 和 ^{36}Cl。对于大量高密度和高强度的放射性废石墨的安全处理与处置，是一个世界性难题，英国、美国、法国都还没有解决。我国也存有不少废石墨，现在提出了许多处理方案，自蔓延高温合成固化技术（SHS）受到支持，正在原子能院开发研究。SHS要达到工程应用，制造出均匀、致密的固化产品和确保工艺过程的安全，需要做很多开发研究和验证实验。

3. 加强 α 废物分类和整备

α 废物毒性大，半衰期长，要求深地质（500 ~ 1000m深地下）处置，治理难度大、代价高，必须严格区分。现在经常发生两种情况：一是把 α 废物扩大化，误把非 α 废物当作 α 废物，增加现在和将来的负担与花费；二是把 α 废物当成非 α 废物对待，增加潜在危害性。现在国际上除美国在新墨西哥州建了废物隔离验证设施（WIPP）外，都只是作中间贮存。α 废物的中间贮存对整备要求高，必须选用耐蚀和密封性好的包装容器，防止 α 气溶胶污染扩散，还应考虑贮存容器因氦积存而引发的过压问题。我国虽已成功开发了多种 α 废物检测仪，但应用尚不普遍。

4. 加快低、中放废物处置库（场）建设

按2015年7月的统计，我国有25台核电机组在运行，运行的核电机组数占世界第5位；有26台机组在建设中，建设中的核电机组占世界第1位。但是，我国放射性废物处置库（场）的建设严重滞后，与核电发展不相适应。据不完全统计，到2013年，全国核电站已产生近 $10000m^3$ 低、中放废物。现在我国东部沿海地区仅有广东北龙一个处置场在运行，各核电站的废物主要暂存在自己的废物库中。早期建设的核电站，废物贮存已超过20年。在沿海地区潮湿、多雨、海风笼罩的气候环境条件下，钢桶、钢箱不可避免地要出现腐蚀泄漏，所以，加快建设低、中放废物处置场（库）非常迫切。我国《放射性污染防治法》和《放射性废物安全管理条例》对放射性废物处置库（场）的建设已做了明确规定。国际经验表明，按法规标准要求，因地制宜选址，是解决场址难觅的切实可行的办法；取得公众和地方政府的支持，是低、中放废物处置库（场）顺利选址、建设和运行的关键[10]。

大事记

2012 年 11 月 5 日，中核四〇四有限公司极低放废物填埋场获准运行。

2014 年 6 月 27 日，中核四川环保工程有限责任公司高放废液玻璃固化工程获准建设，6 月 30 日正式动工。

参考文献

［1］IAEA. Fundamental Safety Principles［R］. IAEA，SF-1，2006.

［2］中华人民共和国放射性污染防治法，2003 年 10 月 1 日起始行 .

［3］放射性废物安全管理条例，2012 年 3 月 1 日起始行 .

［4］罗上庚. 放射性废物处理与处置［M］. 北京：环境科学出版社，2007.

［5］IAEA.Classification of Radioactive Waste［R］. No. GSG-1，2009.

［6］罗上庚. 高放废物的安全处置［M］//21 世纪 100 个交叉科学难题. 北京：科学出版社，2005.

［7］IAEA. Decommissioning of Facilities Using Radioactive Material［R］. IAEA Safety Requirements，No. WS-R-5，2006.

［8］罗上庚，张振涛，张华. 核设施与辐射设施的退役［M］. 北京：环境科学出版社，2010.

［9］张志银，等. 核电厂放射性废物最小化［M］. 北京：原子能出版社，2013.

［10］M. Finster，S. Kambol. International low level waste disposal practice and facilities［R］. ANL-FCT-324，2011.

撰稿人：罗上庚

审稿人：王显德　张振涛

放射性同位素技术

一、引言

放射性同位素技术是以核物理、放射化学和相关学科为理论基础，研究放射性核素（含制品）特性、制备、鉴定和应用的一门综合性高技术。

目前，放射性同位素技术水平正在提高、能力正在提升、队伍正在壮大、应用正在拓展、成效正在显现，建立了包括反应堆、加速器、放射性同位素研究生产设施、放射性三废处理设施等在内的放射性同位素研制与生产平台，组建了科技部国家同位素工程技术研究中心、发改委国家核技术工业应用工程技术中心、放射性药物教育部重点实验室、科工局放射化学与辐射化学国防重点学科实验室、中核集团同位素工程技术研究中心等研究团队，拥有由多名院士领衔的近万人科研生产队伍。

自 2008 年以来，放射性同位素技术取得了以下主要进展：

（1）掌握了百万居里级 ^{60}Co 同位素制备技术，建成了居里级 ^{123}I 气体靶制备系统，正在攻克公斤级 ^{238}Pu 制备工艺，开始研究利用低浓铀制备千居里级裂变 ^{99}Mo 和间歇循环回路制备百居里级 ^{125}I 技术。

（2）掌握了万居里 ^{60}Co 源制备技术，形成了百万居里级 ^{60}Co 源生产能力；攻克了放射源安全性设计及仿真分析技术、放射源安全性验证技术等。

（3）在放射性药物化学和药物研究中取得了可喜成绩，以 ^{99}Tc^{m}（CO）$_3$（MIBI）$_3^+$ 新心肌灌注显像剂和正电子药物为代表的部分成果处于国际先进水平。

（4）放射性同位素在月球探测、工业测控、无损检测、辐射加工与资源勘探等领域以及核医学、核农学等学科中得到广泛应用。

（5）一批青年人才成长起来，10 位年轻人分获了同位素分会颁发的两届肖伦青年科技奖。成员单位承担了大量的国家课题，获得了数十项发明专利，一批科研成果获得了省部级奖励。

二、国内最新研究进展

自 2008 年以来，我国的放射性同位素技术获得了迅猛发展，在制备和应用两个方面都取得了巨大成绩。制备包括放射性同位素和制品的制备，应用包括医学、农学、工业等领域的应用。

1. 放射性同位素及制品制备进展

（1）放射性同位素制备。

建立了利用 CANDU 堆制备百万居里级 ^{60}Co 同位素及万居里级 ^{60}Co 辐照源的设计、制靶、辐照、运输、制源和检验技术，获得国家发明及实用新型专利 30 项，形成了年产 600 万居里 ^{60}Co 辐照源的能力，成果获得了 2013 年度国防科学技术进步奖一等奖。

重新建成高浓铀制备裂变同位素 ^{99}Mo 的平台，形成从靶制备、辐照、溶解和提取分离的全流程能力，能够小规模生产 ^{99}Mo、^{131}I 等裂变核素。

在 CIAE–Cyclone–30 加速器上建立了气体靶制备满足放射性药物研制要求的 ^{123}I 系统，形成批产 2 居里的能力。

依托引进的近百台医用回旋加速器为满足临床需要大量制备了 ^{18}F、^{11}C 同位素。

正在研究建立制备公斤级 ^{238}Pu 的工艺流程，包括从乏燃料提取 ^{237}Np、制备 ^{237}Np 靶、反应堆辐照 ^{237}Np 靶以及 $^{237}Np/^{238}Pu$ 分离多个步骤的关键技术。

开始研究用低浓铀制备千居里级医用裂变 ^{99}Mo 和用循环回路制备百居里级 ^{125}I 的工艺，以满足国内对主要医用同位素的需求，缓解由于国际短缺对国内医学临床的影响。

依托反应堆和加速器建立了制备 ^{177}Lu、^{64}Cu 和 ^{68}Ge 以及 ^{211}At 的工艺，形成一定生产能力，质量满足后续使用需要。

（2）放射源制备。

掌握了放射源安全性设计及仿真分析技术、高活度 α 源源芯制备技术、金属材料高温焊接技术、放射源安全性验证技术等。

建立了医用 ^{125}I 种子源制备工艺，生产的产品在临床上得到广泛应用，其中原子能院/原子高科的 ^{125}I 种子源制备技术获得了国防科技进步奖二等奖。原子高科开发的 ^{125}I–^{103}Pd 复合源，解决了复合源芯制备、密封、表观活度和剂量分布测定等一系列关键技术、共性技术。

开展了 ^{68}Ge 医用校正源的源芯制备、密封、表观活度和剂量分布测定等一系列关键技术攻关，完善了制备工艺，并建立了生产线，技术指标达到国外同类产品水平，取得实用新型专利 2 项。

在原子能院 $^{90}Sr/^{90}Y$ 前列腺增生治疗源的基础上研制了 β 粒子痔疮与腋臭治疗仪，完成了治疗源的研制、治疗仪的设计定型及治疗剂量的研究；研制了 ^{125}I 眼科粒子敷贴器，完成了敷贴器的设计定型、剂量分布、动物实验等临床前研究。

（3）放射性药物制备[1]。

基于 fac-［$^{99}Tc^{m}$（CO）$_3$］$^+$ 发展了心肌灌注显像剂 $^{99}Tc^{m}$（CO）$_3$（MIBI）$_3^+$，其心/肝比明显高于传统心肌显像剂 $^{99}Tc^{m}$（MIBI）$_6^+$，是我国放射性药物化学领域取得的重要进展。

针对羰基锝核心，还开展了 α 取代的 2，3- 二氨基丙酸衍生物、环戊二烯衍生物两种新型双功能连接剂的研究。利用逆 Diels-Alder 反应在水相合成了含有 CpM(CO)$_3$(M=Re，^{99m}Tc ）单元的环戊二烯类有机金属化合物。

在 Aβ 斑块的老年痴呆显像方面取得了可喜成果，如 ^{99m}Tc 标记的硫黄素 T 类似物及 ^{125}I 标记的苯并噻唑类似物；还以黄酮类化合物为先导化合物进行结构改造和优化，并使用 Re（CO）$_3$/^{99m}Tc（CO）$_3$ 标记，体内外研究发现，^{99m}Tc（CO）$_3^-$ 黄酮类化合物有望成为新型的斑块显像剂。

在肿瘤显像剂方面，发展了一种葡萄糖代谢显像剂，^{99m}TcO-DGDTC。该配合物体外可以稳定存在 6 小时以上，体外细胞实验发现：细胞内聚集可能与 D- 葡萄糖摄取相关。与其他已经报道的 ^{99m}Tc 标记的葡萄糖衍生物相比，^{99m}TcO-DGDTC 具有最高的瘤血比和瘤肉比，SPECT 显像也表明肿瘤部位有显著的聚集。

近年来也发展了 ^{99m}TcN 核标记的抗生素药物，成功地应用感染显像研究。

在新型乏氧组织显像剂方面，使用 ^{131}I、^{125}I、^{99m}Tc、^{64}Cu 等多种核素进行标记研究，发展了可以穿过血脑屏障的放射性碘标记的 2NUBTA 等脑乏氧显像剂；随着第二个生物还原基团被引入乏氧显像剂分子，其乏氧细胞摄取、动物分布更加理想、显像性能也同时大大提高。这些都是乏氧显像剂领域近年来取得的重要进展。

在靶向整合素放射性药物方面，对 ^{99m}Tc 标记的 RGD 多肽进行了系统研究。在 RGD 环肽二聚体之间插入两个 PEG4 基团（即 3PRGD2），发现 ^{99m}Tc-3PRGD2 性能最好，已经进入临床前试验。

随着 ^{123}I 核素制备形成批生产能力，开展了 ^{123}I- 诊断胶囊及无载体 ^{123}I-MIBG 药物的研制工作，已完成无载体 ^{123}I-MIBG 药物标记前体化合物的合成、标记工艺的完善及标记化合物的体内外生物学评价等。

在正电子放射性药物制备方面，建立了高效、快速、通用的基于点击化学的标记技术，实现了 ^{18}F 对多肽、胆汁酸类化合物、核苷酸、叶酸、生物素以及十几种模型分子的标记，其中小分子化合物的标记率大部分可达 90% 以上，^{18}F 标记的多肽类化合物的总放化产率可达 60% ~ 70%，较传统的 SFB 法提高一倍以上。

2006 年国家药监局批准医疗机构可以在备案后自行制备 12 个正电子放射性药物，其中 ^{11}C-Choline 和 ^{11}C-CFT，当时美国 FDA 还没有没有批准，该方面我国处于国际先进水平（2012 年美国 FDA 才批准将 ^{11}C-Choline 应用于前列腺癌的 PET 显像）。

开展了采用 ^{18}F（Al）标记 RGD、Octreotide 等多肽药物的技术研发工作，解决了标记物药盒化的关键技术，完善了 ^{18}F（Al）标记 RGD 药盒的制备工艺，形成了批生产能力。

治疗药物方面：碘［^{131}I］肝癌细胞膜单克隆抗体和碘［^{131}I］肿瘤细胞核人鼠嵌合单抗注射液成为获批的一类放射性治疗药物，使我国的核素治疗药物增加了新的品种。

完成了用于缓解肿瘤骨转移疼痛的铼［^{188}Re］依替膦酸盐注射液临床 I 期试验，并经 SFDA 批准开展 II 期临床试验。完成了 ^{131}I 治疗胶囊和诊断用 ^{131}I-MIBG 的生产工艺、临床前药学、药理等实验研究。开展了 ^{177}Lu-EDTMP、^{177}Lu-DOTA-SP、^{177}Lu 标记单克隆抗体等药物的标记工艺、标记物生物学评价等工作。

开展了生物分子（多肽、抗体 / 受体、氨基酸等）为核心的诊断和治疗药物的研发。$^{99}Tc^{m}$、$^{117}Sn^{m}$ 标记的骨骼系统诊疗药物在科技部重大新药创制资助下正在进行临床前评价。$^{186,188}Re$ 标记肝肿瘤治疗药物肿瘤内有效半衰期可达 12h，介入注射 8d 后肿瘤明显抑制。多模式肿瘤治疗药物 ^{131}I- 卟啉、富勒烯衍生物的荷瘤动物模型研究表明协同治疗作用明确。上述结果已获得国家专利。

（4）标记化合物制备。

在国家“新药创制”重大专项的支持下，恢复了 ^{3}H、^{14}C 标记化合物的研究平台，重新开始为国内科研提供所需的标记物并进行标记服务。

（5）放射免疫药盒制备。

通过亲和层析技术纯化第二抗体，将亲和层析纯的第二抗体包被到固相管上，实现了由液相 RIA 向固相 RIA 的转变，简化了实验分析程序，易于实现自动化操作。

在放射性标记物制备分离中采用高效液相色谱分离技术，大大提高了标记物的纯度，使最大结合率和分析灵敏度都有所提高。

在放射免疫分析中引入生物素 - 亲合素技术，可使分析方法的灵敏度提高 5 ~ 10 倍，特别适合于超微量活性物质的分析测定。

利用放射性核素标记的抗体与生物芯片技术相结合开展肿瘤标志物体外检测的研究，与传统的检测手段相比，大幅提高了灵敏度，其检测限可达到 10^{-21}mol。

研制出了放免自动化实验样机。

2. 放射性同位素应用技术进展

探月工程二期在“嫦娥三号”着陆器和“玉兔号”巡视器上使用了 ^{238}Pu 热源提供热量，以保证各种设备在月面的低温下存活。研制出微型辐伏电池样机，能量转换效率达 2.3%。

研究成功通过式 ^{60}Co 双视角立体辐射成像新技术，将射线透视技术与人眼仿生学相结合，实现了虚拟 3D 透视成像，可在线立体观测整列火车或载重集装箱车辆内的货物装载情况。该项技术已应用于海关口岸。

研发了针对大型客体的低活度 ^{60}Co 车辆快速通过式辐射成像检查技术，并实现产业化，大规模（超过 40 台套）应用于高速公路绿色通道检查，产生了巨大的经济社会效益。

研究了“^{60}Co+X 光机”多能段多模态组合式 DR/CT 成像技术，兼顾了高稳定性和高精度要求，并实现体数据获取和3D显像，应用于关键工业部件的无损检测，可探查微米级的细微缺陷和长时期内0.01%的微小质量厚度变化。

系统研究并掌握了基于^{241}Am、^{137}Cs、^{60}Co等同位素和X光机的厚度/板形测量技术，形成了适合各种不同板材轧制生产工艺的“高低端结合、冷热轧兼顾、厚度/板形具备”的成套测控技术方案，核测控精度可达到0.1%，尤其是多功能板形/凸度仪，突破了国外对大型高端工业核测控装备的垄断。

利用放射性核素示踪的方法，结合核医学分子影像平台的小动物成像设备，开展了纳米金、碳纳米材料、纳米四氧化三铁、脂质体等多种生物医用纳米材料在体内代谢过程的研究。通过建立不同放射性核素的标记方法，对材料在动物体内的分布、代谢过程进行分析。这种新的分析方法所得结果可以和荧光、质谱等传统分析手段得到的结果相互印证，为研究生物医用纳米材料代谢过程提供高灵敏、原位、定量的分析方法。

自行开发了系列正电子放射性药物自动化合成仪，填补了国内空白，多数产品达到了国际先进水平。

开展了用正电子核素示踪研究农作物生长过程的工作，证明了水稻和西红柿可以直接吸收^{18}F-FDG。

3. 其他进展

同位素分会2014年完成了换届，成立了第六届理事会。

国家同位素工程技术研究中心建立了两个分中心，扩大了中心的覆盖范围，将稳定性同位素拓展进了中心的范围，并开始建立放射性药物临床示范中心。国家同位素工程技术研究中心将加强与院所、高校、企业的合作，注重新技术、新项目的引进和孵化、扩散，建立有效的成果转化机制，加快科研成果产业化的转化力度，促进放射性同位素技术及其产业的发展。

一批青年人才成长起来，10位年轻科研工作者分获了同位素分会颁发的两届肖伦青年科技奖。

以中核集团牵头承担国家科技部“十二五”科技支撑计划项目“放射性同位素检测技术研究及应用开发”为代表，放射性同位素技术领域的单位承担了大量的国家课题（国家科技部、教育部、卫生部、自然基金委）及省市科技厅和企业自主投资的项目，获得了数十项发明专利。一批科研成果获得了省部级奖励。

三、国外发展现状

1. 放射性同位素制备进展

随着国际上几个主要的放射性同位素制备用反应堆接近寿期和对核不扩散的限制越来越重视，国际原子能机构和经合组织都在关注高浓铀生产裂变^{99}Mo的替代技术，包括用低浓铀生产、直接堆照生产和用加速器制造。目前，美国、荷兰、德国、澳大利亚、比利时、韩国、加拿大都在开展相关工作。

美国为满足航天用同位素电池制备需要，启动了恢复 ^{238}Pu 生产的项目，计划每年生产 5kg。

2. 放射性药物研究进展

（1）^{99m}Tc 放射性药物化学研究进展[2]。

近年来锝标记药物的研究得到了极大的关注，出现了一系列基于锝配合物的新型标记药物。①羰基锝标记。由于羰基锝优良的配位化学性能，越来越多的新奇配体和标记方法被用到与羰基锝的结合中，并用于放射性标记。在低于二聚体解聚的温度下，环戊二烯二聚体可以发生 retro Diels－Alder reaction 而解聚，并与羰基锝发生配位，形成环戊二烯羰基锝，通过这一方法将得到更具结构灵活性和特殊功能的羰基锝配合物。端基上修饰有其他配位基团（如氨基，羧基）的分子经过“点击”将形成结构类似于组氨酸的三齿位点，可与羰基锝很好配位。这种通过 click reaction 得到 1，2，3- 三氮唑螯合配体的方法称为“click-to-chelate”。

② Tc-99m 高价配合物。^{99m}Tc 放射性药物中 Tc 都处于低价态，该类配合物容易被氧化到高价态，从而具有一定的不稳定性。研究高价态锝的配位化学性质，发展高价态锝的配合物将能克服这些低价锝配合物的缺陷。Tc-99m 高价配合物是 Tc 的最高价态，其氧化还原稳定性高。如果能将 O＝Tc＝O 键与烯烃 C＝C 的“3+2”环加成成功用于生物分子的标记，将可以具备许多类似于“click chemistry”的优点，如无需新配体的引入，反应高效快速等。

（2）F-18 标记放射性药物的新方法[3]。

^{18}F-FDG 是研究最多的肿瘤显像剂，已广泛应用于临床。但临床上 ^{18}F 标记的显像剂种类仍然很少，^{18}F 标记往往步骤较多，导致合成的标记物放射性活度低。① ^{18}F 脱标识法（Detagging）。脱标识法是用目标分子结合标识物，依据标识物的性质进行纯化或检测，然后再将目标分子和标识物分离。传统的放射性标记脱标识法中，放射性标记和脱标识是分两步进行的。氟化本身就是一个脱标识过程，只有发生了氟化反应的化合物能够洗脱下来，得到高比活度标记化合物。② ^{18}F 标记多肽。^{18}F 标记多肽通常需要合成前体化合物，再经过标记、偶联、分离纯化等多个步骤。利用 ^{18}F-FDG 的醛基和氨氧基缩合反应形成肟基，合成出一种新的合成子［^{18}F］FDG-MHO（［^{18}F］FDG-maleimidehexyloxime），用于多肽和蛋白质的 ^{18}F 标记。［^{18}F］FDG-MHO 标记三肽 GSH 和蛋白质 anxA5（CYS315）的实验表明，［^{18}F］FDG-MHO 的化学选择性和标记效率有一定提高。将 ^{18}F-KF 和 $AlCl_3$ 反应形成 $Al^{18}F$，然后和连接在多肽上的 DOTA 配体形成标记物。这是一个两步、一锅（2-step，1-pot）的反应，在 45 分钟内，完成多肽化合物的 ^{18}F 标记和 HPLC 分离，标记产率可以达到 50%，是一种高效、快速的 ^{18}F 标记多肽的方法。③水溶液中 ^{18}F- 氟硼酸酯的标记。硼酸及其酯类化合物广泛应用在有机合成和生物有机化学研究中，也可用于 PET 显像剂前体的合成。和以往 C-F 键的形成方法不同，硼原子由于亲氟性能够直接将水溶

液中氟捕获成键。研究证实，当水溶液中存在氟化物时，芳基硼酸酯转变成相应的三氟硼酸盐。

3. 放射性药物进展

国际上核素治疗出现了发射 α 射线的核素，美国 FDA 批准 Ra-223 应用于晚期前列腺癌患者的治疗。

正电子放射性药品方面，FDA 批准了三个诊断 AD 的 ^{18}F 药品，其中 ^{18}F-AV45 比较成功，说明 CNS 退行性疾病是研究的热点。

PET/MR 是现今应用于临床的最高端分子影像设备，因此与其适应的放射性药物是将来发展方向之一，目前 PET/MR 在肿瘤和 CNS 上应用较多，多模态显像剂的研究应引起重视。

4. 放射免疫技术进展

国外检测品种多，临床检测项目达 200 余项。固相包被技术在 RIA 的应用占整个检测项目的 90% 左右。韩国和德国已实现从加样到测量的整个实验检测过程自动化。

5. 放射性同位素应用进展

目前，国际上同位素技术工业应用研究热点集中在 γ-CT 无损检测、辐射成像安全检查、新型核测控仪器仪表研发、环境污染监测与治理、辐射加工等方面。

6. 其他进展

美国正在重整或重组与同位素技术相关的组织机构和资源，提出了一系列的资助计划，提振同位素与辐射技术的研究与发展。

四、国内外发展比较

当前中国产业技术面临向高端取得突破的关键发展时期，放射性同位素技术有着很大市场。虽经不断努力，同位素与辐射技术产业发展仍明显滞后我国社会和经济发展的需求。我国放射性同位素技术领域大多数方面面临长期重视不足、差距扩大的问题。

整体上看，国内的放射性同位素领域与国外有明显的差距，特别是在放射性同位素的制备能力方面。

1. 放射性同位素

在主要医用放射性同位素（^{99}Mo）制备技术上比国外落后 10 年以上，部分（^{241}Am、^{238}Pu、^{90}Sr 等）甚至落后 30 年。除 ^{60}Co 和 ^{18}F 等有限的几种外，几乎所有国内使用的放射性同位素全部依靠进口。

2. 放射性药物[4]

研究领域国内外基本一致。国际放射性药物主要集中在肿瘤的诊治、脑显像和心肌显像方面。国内在脑放射性药物方面，主要针对阿尔茨海默病、帕金森病的早期诊断，尤其是针对 Aβ 斑块的老年痴呆显像做了大量工作；在肿瘤乏氧显像、肿瘤受体显像剂等方面也有很多研究，既有 ^{18}F 标记的药物，也有碘标、锝标的药物，还有一些 ^{188}Re、^{153}Sm 标记的诊疗药物；在心肌灌注显像剂方面，也取得了重要进展。

研究方法也基本一致，放射性药物正逐渐与纳米技术、点击化学、分子生物学技术等相结合，积极发展多模态、多功能、生物相容性好、高比活度、高靶向性的放射性标记物。

但在发展新的标记方法方面，尤其是 ^{18}F 相关的化学与技术，国内差距较大，很少有原创性的研究报道，这是今后我国应该努力发展的方向。

由于条件限制，国内治疗药物研究相对偏少。令人欣喜的是，^{64}Cu、^{177}Lu 等新型核素的研究在最近几年有了一些进展。但 α 核素药物仍有很大差距。

3. 放射免疫分析

国内 RIA 和 IRMA 产品仅有 100 余种，国外达到 200 余种。

国内固相法占比仅约 40%；而国外固相法占比约 90%。国内部分关键的原材料不能自给，仍需要进口。国内仅实现了自动化测量，但国外已实现全过程的自动化。

4. 放射性同位素应用

同位素与其他学科的交叉已发展成为多个应用领域的重要支撑，但差距明显。

在宇航探测中，我国首次使用了进口同位素热源，而美国 1961 年就在航天器上使用了同位素电池，所有深空飞行器都采用了 ^{238}Pu 电池。

国内工业过程控制和检测分析系统中使用放射源的范围正在大幅度缩小，仅在一些国外成套进口的设备中使用。而国外仍在大量使用放射源用于在线监测和控制。

五、我国发展趋势与对策

放射性同位素技术广泛应用于国防、工业、农业、地质、生命、材料、信息科学、环保和人类健康等科学研究和国民经济各个领域，在解决人类面临的基本问题上有着不可替代的作用。

放射性同位素技术是基础原理、技术手段及工程实施综合性很强的尖端学科。由于能在微观层次获取物质内部信息或改变物性，对其他技术难以解决的问题，放射性同位素技术具有独特优势，在辐射能利用、核医学示踪成像和工业无损检测、核测控系统、物质改性、遗传变异技术、辐照杀菌等领域大显身手，成为众多行业认识和解决问题的特效手段，发挥关键作用。

重点发展方向有：

1. 放射性同位素制备方面

利用低浓铀大规模制备裂变 ^{99}Mo 生产能力建设，钚 -238 生产能力建设；高比活度 ^{60}Co 制备；从乏燃料中提取放射性同位素 ^{90}Sr 和 ^{137}Cs 等；开展 ^{68}Ga、^{64}Cu、^{89}Zr、^{94}Tc 等正电子核素的制备研究，关注 ^{68}Ge/^{68}Ga，^{82}Sr/^{82}Rb 等正电子核素发生器的研制；开展单光子

核素 ^{123}I 制备新方法研究，提高产能；研究治疗用放射性核素 ^{177}Lu、^{211}At 等的制备方法。

2. 放射源制备方面

研制 γ 刀用 ^{60}Co 放射源；建立高活度 β 、γ 放射源生产设施；建立放射源质量控制中心。

3. 放射性药物制备方面[4]

开展放射性药物基础化学、配位化学研究；研究新的放射性标记技术以及快速合成分离方法；大力发展 PET 药物；建立已有临床正电子药品的质量标准；关注 ^{68}Ga，^{64}Cu，^{89}Zr，^{94}Tc，^{124}I 等正电子药物的发展；支持新的 Tc 核心放射性药物研究；发展 ^{123}I 标记的单光子显像药物；重点发展 ^{177}Lu、^{90}Y、^{64}Cu 和 α 核素放射性治疗药物。

4. 放射免疫试剂方面

增加检测品种；改进现有 RIA 产品，实现固相包被管分离；加强关键原料的研发；研制全自动分析测量设备，提高放射免疫分析的自动化程度。

5. 放射性同位素应用方面

开发乘用车 γ 射线成像安检技术；研究基于射线扫描的 3D 复印与 3D 打印原位检测技术；开发射线 3D 成像无损检测技术；开发先进工业在线核测控技术。

— 大事记 —

2008 年

北京师范大学的 ^{99m}Tc-CO-MIBI 药物研究居于国际先进水平。

原子能院和原子高科合作建成居里级 ^{123}I 制备气体靶系统。

2010 年

中国农业科学研究院与解放军总医院合作，采用 Micro PET/CT 技术，证实了农作物根系对葡萄糖的摄取和代谢。

清华大学研发了针对大型客体的低活度 ^{60}Co 车辆快速通过式辐射成像检查技术，并实现产业化。

2011 年

解放军总医院与派特（北京）科技有限公司合作，开发了氟 -18、碳 -11 多功能合成模块，能全自动合成 ^{11}C-choline 等几十种放射性药物。

2012 年

清华大学研究成功通过式 ^{60}Co 双视角立体辐射成像新技术，将射线透视技术与人眼仿生学相结合，实现了虚拟 3D 透视成像。

2013 年

“嫦娥三号”着陆器和“玉兔号”巡视器携带 ^{238}Pu 热源在月球着陆，这是中国首次在空间使用同位素能源。

中国同辐股份有限公司“利用核电重水堆生产 ^{60}Co 技术研发及产业化工程”项目获得 2013 年国防科学技术一等奖。

2014 年

国家同位素工程技术研究中心分别在中国同辐股份公司和上海化工院建立分中心。

中核集团牵头承担国家科技部“十二五”科技支撑计划项目“放射性同位素检测技术研究及应用开发”（2014—2016），包括放射性同位素制备技术研究、放射性药物研究、放射性同位素在作物育种和食品保藏中的应用技术研究、加速器技术及其应用研究等。

2015 年

原子能院和原子高科联合承担的军转民项目“石油工业先进放射性示踪技术开发”获得国防科技进步三等奖。

—— 参考文献 ——

[1] Hongmei Jia, Boli Liu. Radiopharmaceuticals in China: current status and prospects [J]. Radiochim. Acta, 2014, 102 (1-2): 53-67.

[2] 梅雷，褚泰伟. ^{99m}Tc 放射性药物化学研究进展 [J]. 化学进展，2011，23（7）：1493-1500.

[3] 黄华璠，刘玉鹏，梁坤，等. F-18 标记放射性药物的新方法与新技术 [J]. 化学进展，2011，23（7）：1501-1506.

[4] 褚泰伟，张华北，张俊波，等. 放射性药物面临的机遇与挑战 [J]. 核化学与放射化学，2009，31（S）：58-63.

撰稿人：罗志福　罗顺忠　褚泰伟　吴志芳　张　岚　张锦明　杜　进　张庚宽

辐射技术应用

一、引言

从原子能发现的那天起，科学家们就想到如何利用这巨大的能量来造福于人类。1946年颁布原子能法，建立实验反应堆。1947年美国成立原子能委员会。自1948年起，美国开始制定一系列发展计划，在保证军用的前提下，加强民用核技术的开发，1953年美国总统致函联合国，宣布美国原子能和平利用计划。辐射技术应用是指国民经济各个领域利用放射性同位素或射线装置辐射射线进行生产、研究、治疗等方面的活动。如辐射技术在医学上用于临床诊断与治疗；在工业上用于检测、分析用的各种核仪器、工业辐照加速器等；在农业上主要利用射线进行辐射育种；在食品加工行业利用射线进行消毒灭菌、辐射保鲜，达到延长食用期的目的；在环境质量方面，利用辐射处理污泥、废水和其他生物废弃物的技术等。

二、我国辐射技术应用的发展情况

辐射加工是利用 γ 射线或加速器产生的电子束、X射线辐照被加工物体，使其品质或性能得以改善的过程。辐射技术及辐照产品已广泛应用于医疗卫生、食品加工、材料科学、环境保护、航空航天、石油化工等领域。根据中国辐照加工专业委员会编写的《全国辐照加工技术产业十二五发展规划建议》统计，截至2014年底，按照被辐照产品的原值计算，我国辐照加工产业产值规模已达到600多亿元。据《2013—2017年中国辐射加工产业发展前景与投资预测分析报告》预测，2020年我国辐射加工产业规模有望突破1500亿元。

（一）基础产业

1. 同位素仪表

同位素仪表是实现生产自动化、产品无损检测及资源勘探等用途的一类重要仪表，现已广泛用于工业、农业、国防、资源开发、医学、环保及科学研究等领域，并且取得了显著的经济和社会效益，推动了社会生产力的发展。

2. 辐照加速器

近年来，我国辐照加工用电子加速器发展很快，现全国有辐照加工用电子加速器200多台，总功率近6000kW。但与国外先进国家如美国、日本、俄罗斯、欧洲国家等相比还有较大的差距。我国辐照加工用电子加速器单台机器功率小，处理产品能力有限。已建好的大型加速器由于设备配套不全，运行率很低；现有装置多为研究院所、高等院校所有，工厂企业建设的工业化生产型的不多；国产加速器技术性能低，运行可靠性、稳定性、连续性一般。

（1）电子加速器的组成。

虽然电子加速器原理各异，种类繁多，但是其基本组成结构是相同的，主要包括：电子枪、加速结构、导向聚焦系统、束流扫描系统和高频功率源或高压电源五个基本部分。

（2）工业用电子加速器辐照装置组成。

1）加速器。目前国内、国际上有许多工业用电子加速器生产厂商，如IBA公司、山东蓝孚、同方威视、无锡爱邦、江苏达胜、原子高科等。

2）产品输送系统：束下系统、装卸料系统。

3）安全联锁系统。

4）屏蔽防护系统：辐照室、加速器室。

5）剂量系统。剂量系统分为两部分，一部分为辐照室周边的剂量率监测，一部分为产品的剂量测量。

6）控制系统。控制系统是整个装置的中枢，加工运行参数、安全联锁等都通过控制系统来实现。

7）辅助系统。包括水、风、电等。

（3）工业用电子加速器应用。

用于电线电缆、消毒灭菌保鲜、表面固化（修复）、收缩膜、橡胶硫化等。电子加速器在食品、农产品的消毒灭菌保鲜方面表现巨大潜力。就辐射加工未来展望的调查发现，辐射加工各行业发展机会最大的是食品辐照，为各行业之首。

（4）国内辐照电子加速器现状。

我国辐照加速器主要在中能区段1.5 ~ 3.0MeV，功率在20 ~ 90kW之间。国产中能区加速器主流机型为高频高压型，它是以美国RDI地那米加速器为原型演变而来。进口俄罗斯的加速器为单腔直线和绝缘蕊变压器型；高能区以直线型为主；低能区为高频高压和向压变压器型。

3. γ 辐照装置

γ 辐照装置是辐射加工技术科研开发和产业化生产的主要技术装备。据不完全统计，全世界用于辐射加工的大型钴源辐照装置，设计装源能力 50 万居里以上的已超过 250 座，总装源能力已超过 2.5 亿居里。美国已设计建造了单座装源能力超过 1000 万居里的大型辐射灭菌装置。加拿大诺迪安国际公司的装置以其技术设备的先进、效率高、安全可靠，占有绝大多数市场，主要集中在北美西欧及亚洲的发达国家和地区。

（1）我国 γ 辐照装置的发展形势及特点。

1）向专业化发展。如专用消毒灭菌装置、专用食品辐照装置和专用的污泥处理装置等。

2）向大型化发展。最大装源能力达 1000 万 ~ 2000 万居里的辐照装置。

3）向标准化发展。已形成了标系列产品，如 MDS Nordion 的 JS 系列。

4）向高度化自动化发展。装置的控制系统可在节假日时无人操作。

5）向高源利用率、高运行率发展。源的利用率一般大于 35%，有的在 40% 以上，运行率高达 8400 小时 / 年。

（2）我国 γ 辐照装置的发展趋势。

进入 21 世纪以来，不论是美日，还是欧洲大型 γ 辐照装置的发展速度明显放慢。而由于高能力大功率工业辐照加速器的技术突破，加速器安全性、稳定性的提高以及与之配套的束下装置的完善，用于辐照消毒的工业加速器高速发展，高能量大功率加速器有替代钴源辐照装置的发展趋势。

（二）加工产业

辐射加工随着技术的成熟和手段设施的建立，产业化工业化的规模越来越大，影响的范围越来越广，已经涉及国民经济的各个领域，深入到人类生活的各个方面。辐射加工技术的主要应用领域包括材料的辐射加工、轮胎辐射硫化、食品辐照处理、医疗用品辐照消毒灭菌及辐照环保应用等。

1. 材料的辐射加工

电离辐射作用于物质所产生的化学效应，能够用来实现辐射合成、辐射聚合、辐射接枝共聚、辐射交联改性以及辐射降解等化学反应。辐射化工因在改善材料性能、甚至创造新型材料方面的重要作用，而受到世界工业发达国家的普遍重视。

2. 轮胎辐射硫化

在轮胎压延生产线上在线增加或独立增加一套电子加速器装置，对纤维帘布层、内衬层等轮胎半成品部件进行核辐射预硫化，以提高轮胎半成品精度，使轮胎具有更好的均一性。

核辐射预硫化技术用于轮胎生产有三方面的优势：一是降低原材料用来用量。样品胎总量比常规轮胎降低 6% 左右。二是提高轮胎品质。可以有效提高胶料强度，大大减少半成品在成型和硫化过程中的变化，轮胎高速性能优势明显。三是环保节能。可减少有害硫化物污染，降低轮胎滚动阻力，同时还减少了固体废弃物处理量。

3. 食品辐照处理

对食品进行辐照加工的主要目的：

（1）抑制发芽：例如土豆、洋葱、大蒜、生姜等；

（2）延缓成熟：水果、蔬菜的辐照保鲜；

（3）杀虫：粮食、干果等；

（4）延长货架期：选择灭菌、防霉、防腐等；

（5）改善品质：例如酒类催陈、大豆易于消化、牛肉经辐照后更嫩滑；

（6）提高食品的卫生质量，如杀灭冻虾和牛肉中的沙门氏菌、肉毒杆菌等致病菌；

（7）食品进出口检疫；

（8）完全灭菌，以满足特殊需要，例如宇航员、严重烧伤病人等吃的无菌食品都是采用辐照方法加工的。

4. 医疗用品辐照消毒灭菌

到目前为止，国外辐射消毒的主要对象是医疗用品。在高温蒸煮法（巴氏消毒法）、化学熏蒸法（ETO 法）和辐射消毒法三种方法中只有辐射消毒能够适应现代生产提出的“封装消毒”、“连续操作”等要求，这种“一次性使用”的医疗用品消耗量巨大。采用辐射法消毒的一次性医疗用品都必须采用耐 10^4Gy 以上的特殊配方塑料制成。美国、日本、欧洲等国家在上世纪 80 年代就比较好地解决了耐辐照塑料的原料问题。

5. 辐照环保应用

为了维护生态平衡、改善人类生活的环境质量，有效地控制环境污染是当前科学技术面临的一项重大任务。电离辐射作为治理“三废”的先进手段，日益受到广泛的重视。美国、西德和日本经过几十年的试验研究，用辐射处理废气、废水、污泥和固体废物取得了明显的效果，积累了丰富的经验，目前正由小规模试验过渡到中试或半生产规模工程示范，为今后“三废”的辐射治理工业化奠定了基础。

（三）服务产业

辐射加工技术的主要服务产业包括半导体加工、无损检测、安检技术、同位素示踪服务等。

1. 半导体加工

加速电子用于半导体器件的制造，是辐射加工的一个新的应用领域。其机理为高能电子能使晶体产生位移，形成能够俘获电子或空穴的空位缺陷，其能级位于禁带深处，故称为深能级复合中心，辐射剂量能控制少子寿命。

2. 无损检测

无损检测是指用 X 射线或 γ 射线穿透试件，以胶片或者辐射探测器作为记录信息的器材的无损检测方法。工业无损检测X光机可以检测各类工业元器件、电子元件、电路内部。工业检测X光机是可连接电脑进行图像处理的X光机，此类工业检测便携式X光机为工厂设备生产领域提供了出色的解决方案。

3. 安检技术

近年来，随着国际形势的复杂多变，各种形式的恐怖活动有增无减，在防范和打击这类犯罪活动的工作中，现在核技术发挥着重要作用，如利用X射线、加速器及放射源成像技术进行集装箱、车辆和行李检查等。

（1）通用X射线，γ射线成像检查仪。

X射线，γ射线有很强的穿透能力，适合于检查隐蔽的违禁品。在不应该有物品的地方，例如轮胎中、车体夹层中，如果透视出有物品，就是违禁品。在我国口岸、机场、火车站、地铁站广泛用来检查随身带的行李以及托运行李。对于随身带的行李，用一台透视成像机和另一台背散射成像机得到两个图像相比较，可以得到较好效果。特别是轻物质（炸药、毒品等）的背散射能力较重物质的强得多[1]。

（2）安检CT机。

CT机对行李做断层扫描，一般对包内物体的密度可定准到小数点后面一位，也可大致定出平均原子序数，可以判定有无炸药。美国波音飞机的托运行李仓有钢板加固，可抗300g烈性炸药RDX的爆炸。国内威视股份公司用小型化的低能X射线双能CT装置检查带上飞机的密封式易爆、易燃、腐蚀性液体，在国内外已经得到使用[2]。

（3）人体X光检查仪。

有的违禁品藏在人身上甚至体内，可用X射线成像仪检查。前提是：剂量极低，能达安全标准；图像作保护隐私的处理。有透视式与反射式两类。北京申发科技公司研制的背散式实验样机于2005年获国家发明专利[3]。公安部第一研究所、威视股份的产品为透视式的，安徽启路达公司也有类似的检查装置。目前，中国原子能科学研究院正在研发基于行李包裹与人体的一体化安检系统，同时兼顾放射性检查。

（4）仿龙虾眼低能X射线聚焦成像装置。

用许多个内壁极光滑的锥形细管可以将掠射来的X光反射聚焦成像，可以大大提高像的亮度。进入“龙虾眼”结构的X光是180°背散射X光，其能量只能是120keV以下。为了使细管内壁反射系数尽可能大，内壁还需镀铱或锇。第一代装置已于2008年由美国Physical Optics Corp. 完成[4]，是由铱或锇镀在光滑硅片上搭成的。低能X光管（例如70kV）射出X光穿过柜壁照到违禁品后近似180°背散射（能量为55keV以下）到龙虾眼聚焦成像。美国物理光学公司正向第二代产品攻关，用金属代替硅片。国内也有些单位开展了二代产品研发工作，例如同济大学、中国原子能科学研究院等。

（5）热中子检查仪。

热中子照射被检物，由此诱发出特征γ射线，即查出违禁品。炸药的特点是富含氮元素。氮的热中子俘获γ能量高达10.83MeV，远高于其他来源的γ。美国ANCORE公司曾有产品[5]，用于检查某些重要会议参加人所带的小包，中子源用锎 -252。有几个美国机场，第一道防线用 X 射线成像检查后，对一些不能确定的箱包转入第二道防线，用热中子复查。

（6）快中子检查仪。

用氘 - 氚中子发生器产生的快中子照射被检物，可得到十几种元素的特征 γ 射线能谱，做多元素分析。俄罗斯有一种检查仪，用大体积 Φ76mm × 76mm 的硅酸镥钇（LYSO）闪烁探测器，LYSO 比重高达 7.1，各逃逸峰较小，γ 谱上 C、N、O 峰都清楚，但 N 全能峰与 O 的双逃分不开，由 C/O，N/O 等可找出炸药。

中国原子能科学研究院与防化指挥工程学院合作，用 Φ38mm × 38mm 的小溴化镧（$LaBr_3$：Ce）闪烁探测器，利用小闪烁体的单逃逸峰与双逃逸峰都明显的特点，以及溴化镧较高的能量分辨率，得到清晰的 γ 谱，包括碳、氮、氧的非弹性散射全能峰及其单逃（标 s）与双逃（标 d）峰。氮的全能峰与氧的双逃峰分不开，氮的单逃与双逃峰与碳的全能峰和碳的单逃峰可以分开。

（7）伴随粒子法快中子检查仪。

用普通的中子管做检查的设备有一个缺点，周围物体的干扰本底较大。解决办法就是用伴随粒子中子管。如图 1，2 所示[6]。中子管氘轰击氚靶，在 180° 相反方向分别发出 α 粒子与中子。符合测量 α 粒子与中子瞬发的 γ，就选定了相应的中子微束。再由中子飞行时间定出中子与物体作用的时间与地点。这个小区域的尺寸由 14MeV 中子的飞行时间与测量系统的时间分辨率决定。中子脉冲期间（脉冲很短），主要是快中子。脉冲刚停 4ms 以内，为热中子。4ms 以后，主要是活化 γ。

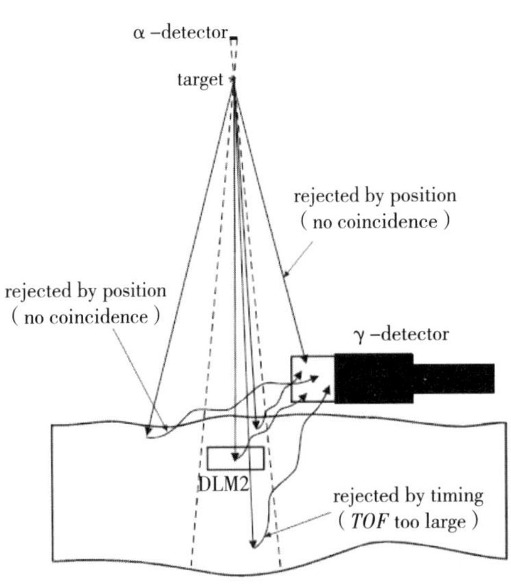

图 1　伴随粒子中子管消除周围物体干扰的原理示意

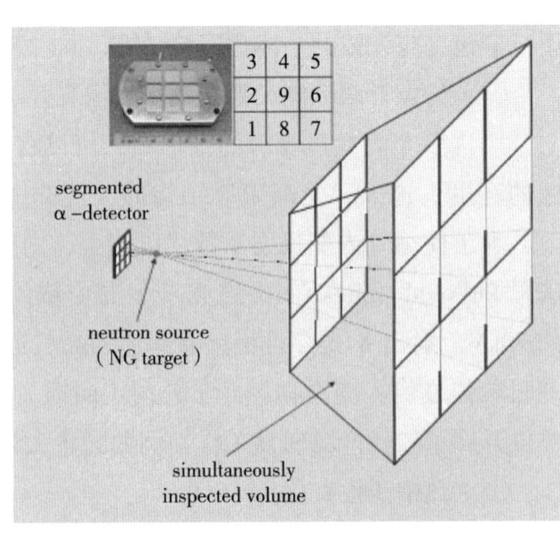

图 2　左边 α 探测器划定右方的检查区

（8）快中子照相。

在 1～10MeV 能区，中子与碳氮氧等元素的全截面有许多共振结构，快中子穿过时其强度有选择性地衰减。此特性可利用来做中子照相，突出炸药等违禁品。中子源可用加速器产生的连续谱中子，更先进的用飞行时间法将中子分成不同能群，可以得到物体不同深度的信息。图 3 是一些物件和两小桶模拟炸药 TATE。TATE 是一种土炸药，丙酮与双氧水的混合物。模拟物用水代替双氧水[7]。

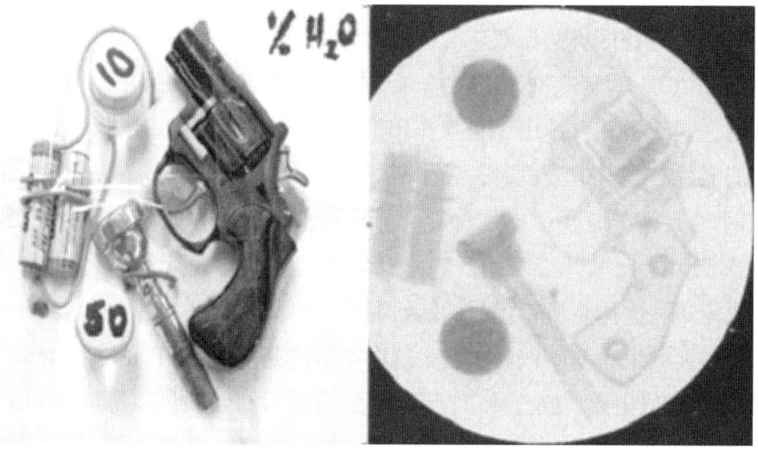

图 3　快中子照相。左图为实物，
标明 10 与 50 的小桶内分别是含 10% 与 50% 水的丙酮

澳大利亚 CSIRO 公司检查航空集装箱用的以 ^{60}Co γ 射线与氘－氚中子管的 14MeV 中子同时做照相的装置。γ 源强 185GBq，中子管源强 10^{10}/s。最近，该公司产品又升级为用中子管与 3/6MeV 的双能电子直线加速器的装置，图像有进一步的改善[8]。见图 4。

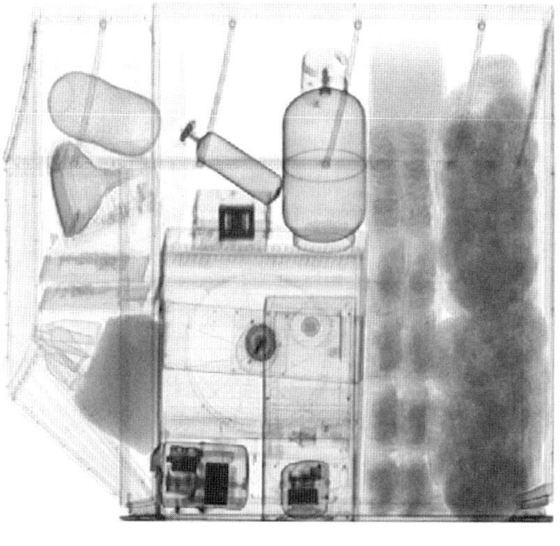

图 4　用中子与电子加速器的 X 射线双束成像

（9）γ 共振技术。

利用能量较高的电子直线加速器（例如 8 ~ 9 MeV）产生的广谱 X 射线可以激发 C、N、O 原子核到激发态的特点，在一定的角度可以测到共振退激发的特征 γ 射线。这样可以得到集装箱中各区域的 C、N、O 成分比，可以分别得到被检物中 C、N、O 元素分布图像，综合得到炸药、毒品的图像[9]。可用强流低能质子加速器通过核反应产生单能 γ 射线，例如用 1.746MeV 的质子打 ^{13}C 靶产生 9.172MeV γ 射线扫描被检物中的氮分布[10]。

（10）核四极共振（NQR）技术。

圆球形的核没有核四极共振效应。但椭球形的核，如炸药分子中富有的氮（^{14}N），毒品分子中的氯（^{35}Cl）就有这种效应。椭球形核与其所在分子的其他原子之间电场中就有一种相互作用，叫四极相互作用。相互作用形成的激发态的激发能量很低，用普通中短波的电磁波就能激发。当其退激发时，发出其特征频率的电磁波谱。椭球形核吸收电磁波后以两种弛豫时间 T_1、T_2 退激。T_1 是自旋 - 晶格弛豫时间，这是热退激，不发电磁波，但它决定了两次测量之间的等待时间；T_2 是自旋 - 自旋弛豫时间，这是退激时发出的电磁波，基本上决定了一次测量所得信号的持续时间。

在我国最主要的危害是硝铵与 TNT，这两个可都是大 T_1 小 T_2 的难测对象。对于小 T_2，解决办法是用 Q 阻尼电路。对于大 T_1 问题，要研究用高明的激发脉冲序列，将回声利用上。NQR 技术的进一步发展有两大方向，一是用超导 SQUID 探头等对微弱磁场极敏感的测量元件提高灵敏度，需用低温。二是用双共振，将不大的磁场与氢的核磁共振结合起来。其中用氢使氮核极化的办法有了明显效果[11]。

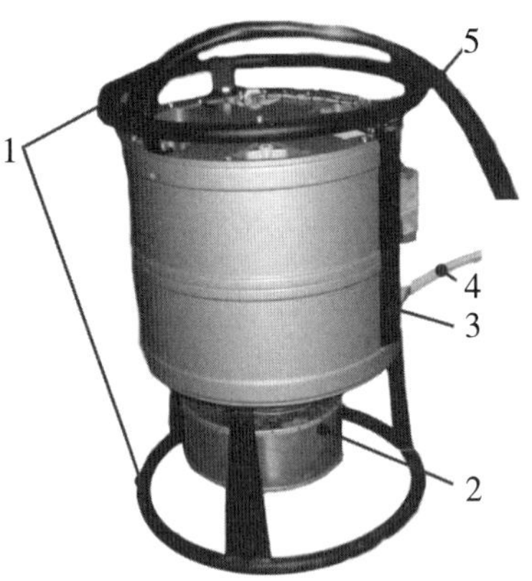

图 5　俄罗斯电子感应加速器

注：1. 安装及校准手柄；2. 风扇；3.X 射线探测器；4. 控制电缆；5. 电源电缆

（11）车辆透视扫描技术。

目前常规的车辆透视扫描检查系统主要采用 ^{60}Co 的 γ 射线或电子直线加速器作为前端辐照源。国内，威视股份及中国原子能科学研究院一直致力于车辆透视扫描装置的研发生产。最近几年，随着探测技术的发展，很多研究部门陆续开展了低辐射成像技术，采用小型化电子感应加速器，降低了射线源强度，性价比得到了提高。俄罗斯的 7.5MeV 小型电子感应加速器见图 5 所示，该加速器功率为 2.6kW，频率 300Hz，距离靶 1m 处的剂量率只有 7.5R/min。

4. 同位素示踪服务

同位素示踪法是利用放射性核素或稀有稳定核素作为示踪剂、对研究对象进行标记的微量分析方法。同位素示踪技术主要应用在生命科学工业、医学、农业及畜牧业上，除此之外，还有一些其他应用，如溶解度的测定、化学反应的历程、环境污染的检查。放射性核素也可用作监测沿海污染、水利学考察、放射性碳纪年法。

三、国外学科发展态势

在发达国家，辐射加工在工业、农业、医疗卫生、食品、环境保护等多方面有着广泛用途，并取得了巨大的经济效益和社会效益。美国作为同辐产业的发展大国，其产业规模达6000亿美元，占国民经济总值的3%～4%。日本的辐射加工技术应用着力于服务其产业结构的优化升级、资源的高效利用以及环境保护。东南亚国家大批量出口的水果采用辐射技术处理。国外的加速器装置在数量上再度增加的同时，产品质量在不断提高，结构紧凑，易操作，维修方便，长期运行稳定和可靠性、智能化水平等有明显提高。

1. 辐照装置呈现大型化、专业化和高性能化

经过几十年的发展，国外 γ 辐照装置的大型化和专业化水平非常高，有些单座设计装源能力已超过1200万居里；装源量也远高于国内，每座装置的平均装源量超过300万居里，部分甚至达到600万居里。

“9·11”事件后，美国国会要求国家研究委员会调查民用放射源在意外事故及袭击中对公众健康和安全存在高风险的放射源的潜在替代品，该委员会调查后建议用瓦里安型直线加速器转变成X射线替代医用钴源用于医疗，用IBA的Rhodotron替代 γ 辐照装置用于工业辐照。

2. 辐照企业呈现规模化和集约化态势

目前，国外辐照加工企业已呈现规模化态势，美国的Sterigenics、Steris-Isomedix以及英国的Synergy（Isotron），这世界三大辐照公司在全世界拥有47座钴源辐照装置和10座电子加速器，三大公司的实际装源量约占全世界钴源装载量的70%以上。辐照站不仅拥有钴源辐照装置和电子加速器，同时还拥有数座环氧乙烷灭菌装置，以及十几个检测中心。

3. 重视资源利用、人类健康和环境保护

除电线电缆、热缩材料、发泡聚乙烯等几大产业外，近年来，材料研究开始注重与人类健康和环境保护领域相关的课题。采用辐射技术进行涂层表面辐射固化，过程无有机溶剂释放并且节约能源，是作为环境友好技术最大的应用之一。

在环境保护方面，美国和日本都进行了纤维辐照接枝进行海水提铀的研究；土耳其利用辐射技术对PP/PE无纺布接枝功能单体，制备用于去除污水中污染物的吸附剂，解决废水中污染物（铬、砷、磷酸盐等混合物）含量过高问题，同时实现某些贵重金属离子的回收。

美国用辐射法生产的高质量水凝胶应用在环保、石油及土壤改造方面也已经多年。韩国EB公司有成套的电子束环境应用系统设备供应。英国用加速器生产液体氢燃料，波兰、日本用加速器处理燃煤烟道气等工艺也已经建造了示范生产线。

四、战略需求及发展措施

据专家估计，辐射技术的潜在市场规模将在未来 10 年内达到 4000 亿 ~ 5000 亿美元。相关技术市场规模的增长远远超过了核电的发展速度。目前，全球辐射技术市场规模已达到 2000 亿美元，完全可以与核电服务市场相媲美。同时，辐射市场更是以每年 10% 的速度在快速增长，其规模将不可避免地超过能源领域。此外，目前已有超过 500 种产品和技术能够在核工业中的非能源领域得到应用。目前，在世界 100 强公司中，每 5 家便有一家公司通过各种方式在生产和技术工艺方面使用辐射技术。

目前，国内 γ 辐照装置及电子加速器辐照加工生产线的数量已大大超过其他国家，在东南亚更是处于绝对领先地位，但在设备种类和性能上还需深入打造基地和品牌效应，针对国内辐照产品多样性的特点，参考国际上新的设计理念，进一步提高装置的自动化水平以及稳定性、可靠性及易操作维护性，以质求量，发挥基地及品牌对产业发展的引领作用，满足加大国际市场的开拓，并从企业加大研发创新力度与争取国家支持两个层面加以推进。

五、结束语

辐射技术是多学科综合应用的技术，它囊括了核物理、化学、生物学、医学及消毒学等学科。在发电、医疗、工业等方面，辐射都起着至关重要的作用。辐射技术的迅速发展优化了我们的生活，它所带来的使用效果令人惊异，随着科学的不断探索与前进，它仍有许多未知的潜力等待我们去挖掘。合理地开发利用好辐射技术，对今后的国民生活必将产生积极的影响。

— 大事记 —

2008 年 11 月 2 日，国家清史编纂委员会在北京举行了“清光绪皇帝死因研究工作报告会”。通过利用中国原子能科学研究院中子活化分析等科技手段，最终得出结论：光绪皇帝死于急性胃肠型砒霜中毒。

2009 年 8 月 1 日，GB17568—2008《 γ 辐照装置设计建造和使用规范》由中国国家标准化管理委员会发布并实施。

2009 年 9 月 3 日，中国原子能科学研究院反恐怖技术研发中心成立。

2010 年，根据国务院批准对辐照装置设计、供货、建造等实行许可证制度，核安全局批准给北京三强核力、北京比尼、金辉三家公司颁发了设计许可证。

2011 年 6 月，在加拿大蒙特利尔召开的第十六届国际辐射加工大会上，王传祯先生获得国际辐射加工最高奖劳伦斯奖。

2011 年 11 月 18 日，中核集团科技与信息化部在原子能科学研究院成功召开“低辐射绿色通道及边检车辆检查系统”科技成果鉴定会。

2012 年，北京三强核力公司设计供货的世界称重量最大的辐照装置在越南胡志明市建成投产。

2012 年 4 月，北京鸿仪四方辐射技术股份有限公司正式在中关村新三板挂牌。

2013 年 7 月，我国研制出国内首台 L 波段 10MeV/40kW 工业辐照电子加速器。

2013 年 11 月 4 日，第十七届国际辐射加工大会在中国上海召开。

2014年7月，国产百兆电子伏质子回旋加速器在中核集团中国原子能科学研究院问世。

参考文献

[1] American Science & Engineering Inc. Image Library.

[2] Fan，Ying. Application of Dual Energy CT Technology in Liquid Explosive Detection，2014/10.

[3] 貌大卫，等. X 射线人体扫描仪（反散射型）；2006.

[4] US Patent 7231017，Lobster Eye X-ray Imaging System and Method of Fabrication Thereof.

[5] ANCORE. Small Parcel Explosive Detection System[EB/OL]. www. ancore.com /speds v2 pdf，2002.

[6] A.V.Kuznetsov，et al. Detection of buried explosives using portable neutron sources with nanosecond timing[J]. Applied Radiation and Isotopes，2004，61.

[7] V.Dagendorf. Multi-frame Energy - Selective Imaging System for Fast-neutron Radiography[J]. Proc.SPIE，3975.

[8] A.Buffler，et al. Detecting Contraband using neutron：challenge and future directions[J]. Radiation Measurements，2010，45.

[9] Report on the Workshop on the Role of the Nuclear Physics Research Community in Combat Terrorism[R]. 2002.

[10] M. Goldberger，et al. Method and system for detecting materials via gamma-resonance absorption（GRA）[P]. US Patent 8110812 B2，2012.

[11] Y.J.Kim，et al. Polarization enhancement Technique for NQR detection[J]. Solid State NMR，2014，35.

撰稿人：张国光　曾心苗　王传祯　孙汉城　王乃彦

核农学

一、引言

核农学是利用核辐射手段解决农业领域中技术问题的应用科学，是核技术与农业科学技术相结合的新兴交叉学科，是国际公认的高新技术之一，与现代农业及人们的生活息息相关。核农学主要研究领域包括：植物辐射诱变育种、农产品辐照加工、农业核素示踪、昆虫辐射不育等[1]。

植物辐射诱变育种是利用射线处理植物种子或其他器官（组织），诱导其本身的遗传物质发生变异，使其性状发生改变，从而选择有益突变的一种育种方法。辐射诱变育种具有打破基因链锁、创新基因性状、增加变异频率、缩短育种周期、提升育种效果等技术优势。农产品辐照贮藏与加工是利用射线处理农产品，以达到抑制发芽、延缓成熟、杀虫、灭菌、降解有害物质等效果，从而保持营养品质及风味，延长货架期，提高食用安全性。该技术是联合国粮农组织（FAO）、国际原子能机构（IAEA）、世界卫生组织（WHO）公认的农产品安全保障技术，具有安全、绿色、高效、低碳和非热加工等优点，能够解决常规技术所难以解决的技术难题，已被世界上许多国家所采用。农业核素示踪是利用同位素示踪剂研究被追踪物质在植物体内及其周围环境中的吸收、运输、转移、转化规律的技术方法，广泛应用于农业生态环境保护、植物营养生理等学科和领域。为农作物栽培中科学施肥、灌溉、病虫害防治等提供技术支撑，也为揭示植物生长、环境变化与体内微观运动规律提供科学依据。昆虫辐射不育是利用一定剂量的射线照射昆虫，在保持其交配及生存能力条件下，杀伤其生殖系统，使其丧失繁殖能力，然后释放到自然环境中，使其与野生昆虫交配后不能产生后代，以降低虫口密度，达到防治害虫的目的。

中国核农学至今已经历了半个多世纪的发展历程，获得了卓著的科学成就，建立了较为完备的基础理论体系和技术方法，同时也创造了巨大的经济和社会效益。整体上我国核农学已经达到国际领先水平，不仅为中国农业的科技进步和粮食的稳步增产做出了重要贡献，而且在国际上也产生了积极影响，受到国际原子能机构和国外同行的重视和赞誉[2]。

二、国际发展概况

辐射诱变育种技术几乎在世界所有国家主要作物的改良中得到应用。与我国不同的是，除了提高产量、改善品质、增强抗性外，国外在诱变育种目标上更加追求功能性状的发掘和商业化目标相结合。目前全球已经有 100 多个国家利用该技术来改良粮食作物、经济作物和花卉苗木等。据不完全统计，运用此项技术，全球范围内共培育了 3218 个突变植物品种，其中我国核农科学家在该领域做出了杰出贡献，培育的突变植物品种占总数的近 1/4[3]。

全球农产品辐照加工也呈快速发展趋势。其发展特点表现在从法律上消除了辐照农产品和食品在国际贸易上的障碍，进出口农产品辐照检疫技术日益受到重视，辐照处理提高农产品质量安全和减少病源性疾病的发生已经逐步成为人们的共识，农产品辐照技术正在向食品工业转移。目前，全球已有 57 个国家批准了 230 多种农产品和食品的辐照加工，全球年辐照农产品的总量已超 50 万吨[4]，其中我国辐照农产品总量近 20 万吨，约占全球总量的 1/3，对国民经济的贡献超过 180 亿元。

农业核素示踪已广泛用于现代农业生产、植物营养生理、农业生态环境保护和农产品原产地溯源等领域。联合国粮农组织与国际原子能机构已将利用同位素示踪技术研究农药在当地环境中的降解、残留和去向列入研究计划。在稳定同位素应用方面从 20 世纪 80 年代开始，以 C、N、H、O 等为主的同位素指纹分析就已经广泛应用于葡萄酒、乳品等食品原料的溯源和鉴别工作。近年来，受疯牛病、口蹄疫、禽流感等流行病的影响，用稳定同位素分析技术判断畜禽肉制品产地的研究日渐增多，以避免相关人群的感染，保障消费者的食用安全。

害虫辐射不育是一项造福人类的生物防治技术，其基础性、环保性和公益性特点十分明显。美国、加拿大、澳大利亚等世界上超过 2/3 的国家已对 200 多种害虫利用昆虫辐射不育技术开展了研究和防治试验。在螺旋蝇、地中海果实蝇、棉铃虫等重要害虫防治方面取得了初步成功，美国利用该项技术成功的防治了螺旋蝇。

三、国内核农学科主要进展

在国家农业部的支持和浙江大学原子核农业科学研究所、中国原子能农学会等单位的努力下，国内核农学科争取到了国家“十一五”公益性行业（农业）科研专项“核技术在农业上的应用研究”，该项目由浙江大学核农所所长华跃进教授主持。项目圆满完成了各项指标，取得了显著成效，由此得到了国家“十二五”公益性行业科研专项的持续支持

“核技术在高效、低碳农业上的应用研究”。目前项目进展良好，已获得省部级一等奖 2 项，二、三等奖各 3 项；审定了水稻、小麦等作物新品种 24 个，申请植物新品种权 28 个，增产粮、棉、油超过 18 亿千克；完成新技术 14 项，实现辐照农产品产值 152 亿元；发表学术论文 400 余篇，其中 SCI 收录论文 152 篇。完成新产品 23 个。申报并已获授权国家发明专利 52 项，制定了 32 项国家和行业技术标准，其中多项技术标准已颁布实施；培养了学术骨干 23 人，博士后 12 人，硕 / 博士生 169 人；建立实验基地 55 个，品种和技术示范点 35 个，中试生产线 14 条。2013 年第 17 届国际辐照加工大会在上海成功举办，进一步促进了我国农产品辐照学科和产业的发展。

（一）辐射诱变育种学科发展优势明显

我国在粮食作物的辐射诱变育种方面取得了显著成绩，也是世界上利用核技术诱变育种规模最大的国家。在全国作物耕种面积中，辐射诱变品种的播种面积已占到耕种面积的 20%；辐射诱变育成的油料作物每年产量达 10 多亿千克，每年增产粮食 30 多亿千克[5]。

1. 花卉、林果等无性繁殖植物诱变育种进展

诱变育种在无性繁殖植物品种改良中具有较大的技术优势。一是可以提高突变几率，克服自然芽变几率过低的问题；二是可以缩短育种周期，解决实生苗育种周期太长的难题；三是可以创新基因突变新类型，如耐低温、耐弱光、耐储运、抗病、无核等。江苏省里下河地区农科所等研究人员利用辐射诱变技术对君子兰、芍药、兰花等名贵花卉开展新品种选育，筛选出“双子星 1 号”等 4 个君子兰新品系和芍药变异单株，筛选出兰花新种质 2 个。中科院近物所的科技人员采用重离子辐照技术培育出两种大丽花新种类——新兴红、新兴白，市场前景看好。 藏世臣等人利用太空诱变技术对大青杨开展苗木培育研究，选出的 H495 等 3 个无性系综合表现突出，年产已达 10 万多株。

2. 大田农作物诱变育种取得新成效

浙江大学核农所在陈子元院士支持下开展的“辐射植物诱变育种”研究，已成功培育出 20 多个突变植物品种，涵盖水稻、小麦等众多农作物。在国际上率先培育出高抗性淀粉水稻新品种，即适宜糖尿病患者食用的主食——“宜糖米”；吴殿星教授等成功研制出胶囊专用水稻品种——浙大胶稻，该特用品种直链淀粉含量适中，支链淀粉精细结构优化，既可以快速形成稳定的胶体结构，又具柔软的凝胶质与传统胶囊无异。

江苏里下河地区农科所陈秀兰研究员等人通过辐射诱变培育出国审 2009031、杨籼优 418 等水稻新品种和杨辐麦 4 号、5 号等小麦新品种。浙江省农科院作物与核技术利用研究所，利用辐射诱变选育出的辐 501 水稻新品种丰产性和稳产性好，抗稻瘟病。河南省科学院同位素研究所张建伟研究员等创建了小麦辐射与航天诱变育种技术规程，在国内首次提出种子切分技术，大大提高了育种效率和效果，并利用辐射与航天诱变技术培育出的“富麦 2008”小麦新品种高产、稳产、优质，并得到了大面积推广。

中科院离子束生物工程学重点实验室吴跃进博士团队利用离子束辐照水稻，获得 3 个水稻脆秆突变体，其中一个脆秆突变体茎秆脆，抗倒伏，解决了秸秆收割和还田的难题。在传承传统以粮油作物为研究对象的同时，增加了饲料作物、中药材等代表性材料，创制满足生产市场新需求的突变种质[6]。

中科院近代物理研究所开展重离子辐照诱变甜高粱新品种的培育，选育的优良饲用型甜高粱具有耐干旱、耐盐碱、适应性强、生物产量高、糖分含量高等特点，是理想的节水饲草作物和谷氨酸、乙醇的生产原料。

2014 年，联合国粮农组织与国际原子能机构在维也纳联合颁发植物突变育种奖，江苏省里下河地区农科所陈秀兰研究员领导的辐射突变育种团队荣获“联合国植物突变育种杰出成就奖”。在中国核农学发展论坛上，陈子元院士等为陈秀兰诱变育种团队颁发了“中国原子能农学会 2014 年度特别贡献奖”。

（二）我国农产品辐照加工新进展

我国辐照食品基础研究、辐照食品品种、数量、法规体系建设和产业化应用等方面步入世界前列。在抑制农产品发芽、杀虫、防霉以及保障农产品食用安全性等方面，发挥了重要和不可替代的作用。近几年取得的重要进展包括：

1. 辐照提升农产品的食用安全性研究有了新进展

一是辐照防控食源性疾病微生物危害研究有了新的进展。农产品受到大肠杆菌、金黄色葡萄球菌等细菌污染后，导致消费者中毒甚至死亡的案例时有发生。江苏农科院刘春泉使用 3kGy 剂量辐照鲜虾后，菌落总数降低了 2 个数量级，经 5kGy 辐照后，菌落总数减少了 3 个数量级以上；使用 5 ~ 6kGy 辐照处理冷冻水产品，可以将其菌落总数从 10^7cfu/g 控制在 10^4cfu/g 以下，并实现辐照虾仁等冷冻水产品的产业化生产。

二是辐照降解了农产品中的有害物质。中国农科院农产品加工所哈益明教授的研究团队，对玉米、花生、饲料等及其深加工产品中易产生的黄曲霉毒素 B1 等真菌毒素进行了辐照降解研究。结果表明，辐照剂量越大，黄曲霉毒素 B1 的降解率越高，0.1mg/L 的黄曲霉毒素 B1 溶液在 4kGy 时降解率达到 80% 以上，6kGy 时降解率达到 96%，取得了良好效果[7]。四川原子能研究院对射线降解茶叶中农药残留开展研究，表明 γ 射线照射可有效地降低茶叶中的农药残留含量，并且较好地保持了茶叶品质[8]。河南省科学院同位素所陈云堂研究员等利用电子束辐照解决饲粮、烟草中有害生物、有害物质的危害。研究表明辐照可有效地防控贮藏害虫和霉变的危害，并可有效地降解农药残留、兽药残留和烟草烟气中的多种有害成分，获得了 7 项国家授权发明专利[9]。

2. 食品辐照装置的类型有了新变化

传统的食品辐照加工手段采用的是 ^{60}Co- γ 辐照装置所产生的 γ 射线，随着我国电子加速器设备生产技术的突破，使得电子束辐照技术应用于农产品加工得以实现。相对而言，电子束比 γ 射线辐照具有较多的优点，被业内专家认为是未来食品辐照装置的主导方向。据统计，我国现有运行的钴源辐照装置约 140 座，设计装源能力超过 1.5 亿居里，实际装源约 5800 万居里；我国现有中、高能加速器近 400 台，有约 50 台高能加速器已用于农产品辐照加工处理。

3. 农产品贸易辐照检疫技术应用日渐受到重视

辐照技术替代传统化学熏蒸检疫处理的应用越来越广泛。2014 年全国首家检疫辐照处理重点实验室已经在天津通过了验收，正式运行。由广西检验检疫局、清华同方威视共同投资兴建的“凭祥口岸水果检疫辐照处理中心”，2015 年完成初步验收，将对保障东南亚口岸进出口农产品安全发挥作用。国内已颁布实施了《植物检疫措施准则：辐照处理》（GB/T 21659—2008）国家标准。

4. 建立起辐照食品鉴定检测的技术方法

食品辐照鉴定技术是根据辐照在食品中导致的物理、化学、生物学等变化推断食品辐照与否的检测技术。目前，国际上仅有欧盟掌握此项技术，中国农业科学院哈益明教授研究团队开展了热释光检测可分离硅酸盐食品、利用辐照形成的挥发性碳氢化合物气相法和气质联用法检测含脂食品等方法的研究。探讨了检测食品辐照与否的影响因素，阐明了鉴定原理，建立了应用流程及标准，构建了定量追溯吸收剂量的方法，为我国鉴定技术的应用奠定了理论基础[10]。2013 年《辐照食品鉴定检测原理与方法》专著出版发行，该书获中国科学院出版基金资助，研究成果达到国际领先水平并获中国农科院技术发明奖一等奖。

5. 国家辐照食品技术标准体系基本形成

我国食品辐照标准建设起步于 20 世纪 80 年代。先后批准颁布了 9 类辐照食品的卫生标准、6 大类辐照食品国家卫生标准和 17 种产品的辐照加工工艺国家标准。至 2014 年，中国农科院农产品加工所又主持制订了 18 种辐照食品鉴定和加工工艺农业行业标准。这些辐照食品标准为技术的应用提供法律保障。2014 年哈益明团队制定的“辐照食品鉴定等 9 项标准”获国家质检总局和国家标准委联合颁发的“中国标准创新贡献奖”二等奖。2012 年，国家食品安全标准《辐照食品》和国家食品安全标准《食品辐照加工技术规范》立项制定，2014 年分别通过专家审定；2014 年 4 项《辐照食品检测鉴定》国家食品安全标准获立项整合修订，2015 年 4 项标准已通过专家审定。以上这些国家标准的制订使我国辐照食品标准体系的基本框架初步形成。

（三）核素示踪在农业的新应用

我国的核素示踪农业应用起始于 20 世纪 50 年代末，陈子元院士利用放射性同位素氢 –3、碳 –14、磷 –32、硫 –35 等研制合成了 15 种同位素标记农药，利用同位素示踪方法对农药在土壤和植物中的残留动态进行了研究；提出了同位素示踪技术与动力学相结合的示踪动力学理论。

1. 核素示踪对农用化学物质合成及生态环境的贡献

近年来，浙江大学叶庆富教授领导的团队利用同位素示踪技术对高效、环保新型农用化学物质进行研发与利用。在丙酯草醚的代谢、降解和环境行为等研究的基础上，借助计算机辅助设计技术，有针对性地对 2– 嘧啶氧基 –N– 芳基苄胺类化合物的结构进行了优化，设计合成新的 2– 嘧啶氧基 –N– 芳基苄胺类化合物，并对其除草活性和安全性进行了研究；对环氧虫啶开展了在环境中的降解代谢行为研究，采用标记的顺硝烯杀虫剂［^{14}C2］– 环氧虫啶，从对映体角度研究了环氧虫啶在好氧土壤中的残留及降解规律；对新型高效、广谱、低毒烟碱类杀虫剂哌虫啶在植物中的对映体选择性吸收和运转规律、水介质中哌虫啶、环氧虫啶的快速、高效检测方法、稳定性及环境行为进行了研究。

2. 名特优农产品原产地同位素溯源研究

我国名特优农产品资源丰富，如库尔勒香梨、宁夏枸杞、信阳毛尖、焦作四大怀药等。受种植地域土壤、气候等特殊地理因素影响，这些名优农产品品质独特，在全国乃至世界上都具有较高的声誉。但是，近年来以次充好、假冒名优农产品等无序市场竞争行为时有发生，严重损害了相关产品的国际、国内声誉。利用农产品原产地同位素丰度不可模拟的特点，中国计量学院的潘家荣研究员在国内开展了牛肉产地溯源应用研究；浙江省农科院利用稳定同位素等技术对茶叶、稻米等开展原产地判别研究；河南省科学院李向辉博士等对四大怀药产地溯源开展应用研究。

3. 同位素指纹技术在农产品污染物溯源中的研究进展

产地环境污染主要是大气污染、水体污染和土壤污染。利用不同来源的物质中同位素丰度存在差异的原理，可检测环境与农产品中污染物的来源。王琬等通过测定大气颗粒物中 ^{206}Pb/^{207}Pb 比值，并将其与源排放样品中 Pb 同位素数据进行比较，判断大气颗粒中 Pb 的污染源及其贡献。

四、我国核农学发展趋势与对策建议

（一）发展趋势

近年来，与国际原子能机构的国际合作经验表明，核技术在农业方面的应用方兴未艾。随着我国现代农业、绿色农业的发展，核农学将越来越多地发挥不可替代的作用。

农作物品种创新是解决农作物持续增产和改善品质的最有效的技术途径。其中传统的杂交育种面临着资源匮乏、性状连锁等技术瓶颈；而分子育种对多数作物而言，还处在基础研究阶段，不能满足生产需要。辐射诱变育种作为一种成熟的育种技术，不仅具有起点高、针对性强、周期短、创新性突出、能破除基因连锁促进优异基因聚合等优点，还能与传统育种及现代高新技术育种实现有机结合，提高育种效果。在提高产量、改善品质、增强抗逆性、优化形态等方面具有极大的应用前景。

我国是农业大国，农产品原料及加工品类型丰富、数量巨大。每年因发芽、霉变、生虫等造成严重的经济损失。粮食损失约占总产量的 10% 左右，油料产品为 20% 左右，蔬菜水果达 20% ~ 25%。这不仅造成巨大的经济损失，还影响食物总量的供应，关乎食物数量安全。利用传统的化学、物理和生物技术存在着环境污染、高耗能、技术局限性强等问题，致使农产品贮运过程中许多技术难题难以有效地解决。而农产品辐照加工技术可以弥补常规技术所存在的不足，能有效地解决众多常规技术难以解决的技术难题，在未来的农产品产业中将会发挥越来越大的作用。

通过对外源基因及表达产物等生物大分子进行同位素（^{125}I、^{32}P 和 ^{14}C 等）标记，并结合运用同位素示踪动力学、分子生物学和现代仪器分析技术，有助于阐明土壤与环境污染与修复治理、新型农药肥料作用机理、生物代谢规律。同时示踪技术在作物高产创建、确保粮食安全、农产品原产地溯源等方面将发挥越来越积极的作用。

害虫辐射不育研究已经建立了基本理论与方法体系，并在玉米螟、柑橘大食蝇等生物防治中得到了初步应用，未来在毁灭性和常规技术难以有效控制的害虫防治方面具有应用前景。

（二）存在问题

一是，近几年核农学有被边缘化的倾向。核农学既不是传统的农学，又不属核工业，在以行业管理为主渠道的体制下，核农学往往得不到应有的重视和支持。二是，缺少“国家队”。缺少国家级专业的核农学研究机构，我国核农学长期发展形成的“两个体系”的作用在减弱。三是，缺乏宣传。由于核农学专业性较强，缺乏正面宣传，社会上部分人谈核色变或是将诱变育种与转基因混为一谈。四是，高水平的研发队伍不够健全。高学历、高层次的顶尖人才缺乏，核农学研究人员年龄断层现象较为严重。五是，研究经费不足。中国核农学由于投入少，基础研究和应用基础研究受到了制约。

（三）对策建议

我国核农学科目前存在的问题比较严重，如不采取措施加以解决，将会严重地影响核农学事业的发展。为此，提出建议如下：

（1）加强国家队建设。建议在中国科学院或者中国农科院组建专业的核农学研究机构，或者在条件成熟时支持浙江大学在原子核农业科学研究所和农业部核农学重点实验室的基础上建设国家核农学重点实验室。

（2）加大政策支持力度，明确行业管理。核农学应是传统农学的重要组成部分或是有效补充。国家层面对核农学的几个优势研发方向应设立重大专项，支持核农学向纵深发展，为现代农业、粮食安全和生态环境保护提供技术支撑。

（3）加强学科创新平台建设。包括重点实验室、工程技术研究中心、院士工作站、创新团队、产业联盟、研发中心、研发基地等在内的各类科技创新平台建设，聚集本行业、本地区的优势科技资源，这是国家和地方支持科技发展的重要途径。

（4）加强不同学科间和地区间联合协作研究。现代（生物、信息、航天等）高新技术是核农学发展的催化剂，核农学只有结合现代高新技术，加强地区间协作，才能跟上现代科技发展的步伐。

（5）积极宣传。通过现代媒体，以通俗易懂、喜闻乐见的方式方法宣传核农学的作用、特点以及对经济社会的贡献等。

（6）强化人才培养和国际合作。有关高校在硕士研究生和博士研究生等培养方面应增加指标，以缓解目前核农学人才缺乏的局面。加强与国际原子能机构的合作，积极参与亚洲核合作论坛框架内的核农领域的科技合作，扩大与联合国粮农组织、欧盟的合作。

—— 大事记 ——

2009 年 11 月 18—19 日，中国原子能农学会第八届会员代表大会在北京召开。大会选举了新一届理事会成员，王志东研究员担任理事长。

2010 年 7 月 28—30 日，由中国原子能农学会主办的“中韩食品辐照研讨会”在吉林省延吉市举行。

2011 年 3 月 21 日，中国原子能农学会受国际原子能机构委托在北京组织召开了“食品辐照技术在社会经济发展中的新应用”项目中期评估会，亚太地区 14 个 IAEA 成员国的国家协调员出席了本次会议。

2011 年 4 月 15—16 日，公益性行业（农业）科研专项“核技术在高效、低碳农业中的应用”（201103007），项目启动会在浙江杭州召开。

2014 年 7 月 17 日，中国原子能农学会在杭州召开第九届全国会员代表大会。大会选举产生新一届理事会，华跃进教授担任理事长。

2014 年 10 月 24 日，联合国粮农组织与国际原子能机构在维也纳联合颁发植物突变育种奖，江苏省里下河地区农科所陈秀兰研究员领导的辐射突变育种团队荣获“联合国植物突变育种杰出成就奖”，中国科研团队同时还获得三项成就奖。

2014 年 11 月 15 日，在浙江杭州召开的中国核农学发展论坛上，陈子元院士、唐孝威院士为陈秀兰诱变育种团队颁发了“中国原子能农学会 2014 年度特别贡献奖”。

—— 参考文献 ——

［1］范家霖．核技术应用与中原区建设［M］．河南：郑州大学出版社，2014.

［2］温贤芳．中国核农学［M］．河南：河南科学技术出版社，1999.

［3］王腾飞．中国科研团队成为联合国植物突变育种奖最大赢家［N］．科技日报，2014-09-26.

［4］杜涛．辐照技术提速发展中国辐照食品产业尚有差距［N］．中国食品报，2015-05-22.

［5］李曙白，韩天高，徐步进．陈子元传——让核技术接地气［M］．北京：中国科学技术出版社，2014.

［6］柴立红，叶庆富，华跃进．中国核农学发展现状调查报告［J］．核农学报，2008，22（6）：918-922.

［7］杨静．农产品中真菌毒素污染辐射降解效应研究［D］．北京：中国农业科学院，2009.

[8] 伍玲，陈春，陈浩，等．辐照对茶叶中菊酯类农药的降解及品质影响研究 [J]．西南农业学报，2010，(4)：1121-1124.

[9] 陈云堂，等．电子束对磷化氢抗性品系和敏感品系赤拟谷盗成虫的辐照效应 [J]．核农学报，2015，29 (3)：472-477.

[10] 哈益明．辐照食品鉴定检测原理与方法 [M]．北京：科学出版社，2013.

撰稿人：范家霖　柴立红　张建伟　陈云堂　潘家荣　杨保安

核医学

核医学作为现代医学的重要组成部分以及核技术医学应用的重要领域受到了医学界的广泛关注。无论是在疾病的临床诊断与治疗中，还是在医学科学的基础与临床研究领域，核医学技术都有用武之地。20 世纪五六十年代的核医学还仅仅是医学中探索疾病的一个神秘、少为人知的技术，经过 50 多年的发展，当今的核医学科已是集核技术、计算机技术、生物学技术等多种当代尖端技术于一体的现代化学科。10 年前，核医学在某些医院可能是可有可无的科室，不会引起人们的关注，如今很多大都市乃至地市级医院或许为了得到一个正电子发射断层（PET）/ 计算机断层（CT）的配置指标而兴师动众。核医学不仅发展了自身的技术和理论，还引入了相关学科的先进技术，特别是将 CT 和磁共振成像（MR）技术引入核医学领域，标志着 PET/CT 和 PET/MR 时代的来临，不仅丰富了核医学的学科内涵，也提升了核医学影像质量，促进了核医学事业的蓬勃发展。进入新的世纪以来，无论是核医学技术应用领域的广泛性，还是手段的先进性都有了质的飞跃，已成为诊断与治疗并重，临床、科研与教学并重的临床学科。

一、学科发展现状

1. 核医学发展的高级阶段

核医学的发展大致可以分为初创阶段、发展阶段和高级阶段三个具有代表性的时期，初级阶段和发展阶段为现今的高级阶段奠定了良好的基础。经过三个阶段近 60 年的发展，核医学已经从单纯实验室研究推广到广泛的临床应用，全面进入分子影像时代。

进入 21 世纪，核医学显像仪器得到了飞跃发展，形成了以多模式影像为特征的分子功能影像时代。20 世纪 90 年代末，以 GE 公司的 Hawkeye 为代表的 SPECT/CT 及其符合线路成像得到广泛应用，随后，西门子公司和飞利浦公司也相继推出 SPECT/CT，其 CT

配置也由早期的 X 线球管发展到现在的 4 ～ 16 排 CT 为主导的诊断级 CT，使核医学影像的质量大为改善，定位更加准确。2009 年，美国 GE 公司推出了半导体晶体的心脏专用 SPECT、乳腺显像专用机等，常规的显像仪器质量也在不断提高。2000 年，PET/CT 在北美放射学年会上展出，近年，普遍配备 64 排 CT 的 PET/CT 促进了以 PET 为代表的分子功能影像与以 CT 为代表的形态学影像实现了完美的结合，成为当今多模式分子影像的代表，^{18}F-FDG 也成为 21 世纪最有价值的显像剂之一，此外一些新的分子影像探针也陆续试用于临床。据估计，目前全球有 PET/CT 超过 5000 台，其中美国约有 2000 台，中国有近 200 台。然而，由于 CT 对软组织分辨率差，加之 CT 的高辐射剂量，给广泛的应用带来一定的障碍和担忧。

2007 年，飞利浦推出将 PET 与 MR 置于一个房间独立运行的 PET-MR，称之为 PET-MR 模式，并配备了 3T 磁共振扫描仪；2008 年，亿仁公司也介绍了国产的分体式 PET-MR 机型，通过机械手将患者分别转运到不同房间的两台机器进行 PET 和 MR 成像；2008 年，西门子医疗集团推出了第一款集 PET 和 3T MR 于一体的 PET/MR 成像模式，这是目前比较完美的集 PET/MR 为一体的同机融合成像；2012 年，美国 GE 医疗集团也推出将 PET/CT 与 MR 置于不同房间的复合型机型，称之为 PET/CT-MR 模式。目前的 PET/MR 并不能取代 PET/CT，但是它在显示脑、腹部器官等软组织方面明显优于 PET/CT，而且，辐射剂量降低了 70% 左右。

进入 21 世纪，新的显像剂研究也获得进展，除了常规的单光子放射性药物和正电子药物 ^{18}F-FDG 外，单光子放射性核素标记的奥曲肽生长抑素受体显像、整合素受体显像、雌激素受体显像、乏氧显像以及正电子放射性核素标记的乙酸、胆碱等都相继用于临床，丰富了学科内容，提高了疾病诊断和鉴别诊断的能力。

2. 核医学的学科内容、专业构成与分类

（1）核医学以其应用和研究的范围侧重点不同，可大致分为实验核医学和临床核医学两部分。临床核医学又分为诊断核医学和治疗核医学两大部分，其中诊断核医学包括脏器或组织影像学检查、脏器功能测定和体外微量物质分析等；治疗核医学分为内照射治疗和外照射治疗两类。临床核医学又是一门发展十分迅速的新兴学科，随着学科的不断发展和完善，临床核医学又逐步形成了各系统核医学，如心血管核医学（又称核心脏病学）、内分泌核医学、神经系统核医学、肿瘤核医学、消化系统核医学、呼吸系统核医学、造血系统核医学、泌尿系统核医学等系统学科，它反映了核医学不断成熟与完善的过程。

实验核医学主要包括放射性药物学、放射性核素示踪技术、放射性核素动力学分析、体外放射分析、活化分析、放射自显影与磷屏成像技术、动物 PET 的应用以及稳定性核素分析等。实验核医学的主要任务是发展、创立新的诊疗技术和方法，利用其示踪技术进行医学研究，包括核医学自身理论与方法的研究以及基础医学理论与临床医学的研究，促进医学科学的进步，例如动物 PET 及动物 PET/CT 的应用不仅为核医学分子影像的临床前期研究提供了重要的手段，而且也为现代生物分子靶向治疗的基础研究及新药开发提供了十分有效的工具。

实际上，临床核医学与实验核医学之间的划分是相对的，二者并没有明确的界限，其研究内容和应用领域是相互融会贯通的。

（2）根据应用目的不同，核医学学科分为诊断核医学、治疗核医学和临床前研究。

诊断核医学：包括放射性核素显像诊断、功能诊断和体外分析诊断。其中显像诊断又分为 γ 照相、SPECT、PET/CT 和 PET/MR 显像诊断；功能诊断主要包括各脏器功能测定，如甲状腺功能、肾脏功能、呼气试验、骨矿含量测定等。

治疗核医学：一个核医学科能否开展放射性核素治疗是衡量该科室是临床科室还是医技科室的重要标志，因为有放射性核素治疗，核医学科也像其他临床科室一样有门诊和病房。放射性核素治疗分为内照射治疗和外照射治疗，核医学目前应用较多的是内照射治疗，如 ^{131}I 治疗甲状腺功能亢进症和分化型甲状腺癌及其转移灶；^{89}Sr 治疗转移性骨肿瘤、^{32}P 治疗血液系统疾病；放射性核素标记的单克隆抗体、配体等生物靶向治疗；放射性核素介入治疗等。外照射治疗主要有 β 射线敷贴治疗、粒子植入治疗等。

临床前分子影像：临床前分子影像研究是当前核医学研究的重要内容，也是核医学发展的动力和桥梁，如应用小动物 PET/CT、小动物 SPECT 以及磷屏成像等进行科学研究，包括新的显像剂研究，药物分布和药代动力学研究，医学基础理论研究等。

（3）根据方法学不同，也可将核医学的内容分为放射性核素显像、放射性核素治疗和体外分析三类。

（4）按照疾病系统，也可分类于心血管核医学以及肿瘤、消化、内分泌、泌尿、神经、骨骼、造血与淋巴核医学等各系统学科。但此分类一般仅作为核医学各亚专科的学科研究方向使用。

3. 中国核医学发展情况分析

1956 年，在军委卫生部的领导下，由王世真和丁德泮教授主持，在西安第四军医大学举办了生物医学同位素应用训练班，这是我国第一个同位素应用学习班，1957 年，又举办了第二期，标志着我国核医学的诞生。1958 年，在北京举办了第一个同位素临床应用训练班，有 10 名学员参加，成为核医学进入临床应用的起点，也被列为当时国家的一项重要任务。之后又先后在天津、上海、广州开办了第二、三、四期训练班，4 个班前后只有短短的 9 个月，却培养了我国第一代临床核医学工作者。20 世纪 60 年代我国核医学有了较大发展，各省相继开展了临床应用工作，同位素和核探测仪器的研制取得重要成绩。20 世纪 70 年代，核医学的应用在全国得到了普及。1977 年，“核医学”被列入全国高等医药院校医学本科专业的必修课程，核医学作为一门独立的医学学科得到确立，至此，同位素室也逐步更名为核医学科。此后教育部和卫生部先后组织编写了多版本科生、临床医学七年制、八年制以及研究生规划教材，并将核医学科的设立作为三级甲等医院的必备条件。

1980 年，成立了中华医学会核医学分会，2013 年，学会更名为中华医学会核医学与分子影像学会，1981 年，创办了《中华核医学杂志》，2012 年，更名为《中华核医学与分子影像杂志》。这一切标志着我国核医学的发展与成熟，我国核医学与世界发达国家的水平差距逐渐缩小，各种显像仪器的引进与发达国家基本同步。

随着 PET/CT 和 SPECT/CT 的广泛使用，目前核医学的发展已进入一个新的高潮，多模式成像已经成为当前核医学成像的主流，传统的缺乏优势的检查项目正在被逐步淘汰，一些优势项目正在不断兴起，不同的影像技术之间由竞争走向融合。

4. 中国核医学现状调查报告（截至 2012 年 1 月 31 日）

（1）学科基本信息。从事核医学专业相关科（室）767 个。其中，核医学科 620 个、同位素室 23 个、放免室 18 个、SPECT 室 31 个，75 个科（室）归属于放射科或检验科等。在 767 个科（室）中，设立门诊的 486 个（占 63%），有放射性核素治疗病房的 168 个（占 22%），配备 SPECT［含 SPECT（/CT），符合线路］设备的 464 个（占 61%），开展体外分析的 450 个（占 59%）。全国从事核医学专业相关科室中，行政隶属核医学科的占 81%、放射科的占 1%、检验科的占 1%。有 81.7% 的省、自治区、直辖市拥有 PET（/CT），分布于全国 158 个医疗机构，93% 的 PET（/CT）配置于三级医疗机构；PET/CT 隶属核医学科占 54.78%，隶属放射科占 12.74%，独立 PET（/CT）中心占 29.94%，其他占 2.55%；由医院管理占 78.98%，医院和投资方合作管理占 20.38%，投资方管理占 0.64%。

（2）医疗收入情况。2011 年，收入最多的科室为 12971 万元，全国核医学科（室）平均收入 850 万元，收入超过 850 万元的有 204 个，占 28%；收入在 1000 万 ~ 5000 万元的 162 个，大于 5000 万元的 16 个，比 2010 年普查时增加了 13 个单位。

（3）显像设备情况。我国大陆地区共有 162 台 PET（/CT）仪，SPECT（SPECT/CT、符合线路）及 γ 相机等单光子显像设备 605 台，较 2010 年增加了 32 台，其中 SPECT 358 台，SPECT/CT 140 台。

（4）药物制备情况。使用非正电子药物的医疗机构 496 个，其中，226 个单位以自己制备药物为主，257 个单位由药物中心提供药物，13 个与其他单位互济。使用正电子药物的 175 个，其中 46 个自己制备，102 个由药物中心提供，27 个与其他单位互济。

（5）设备使用情况。① PET（/CT）检查总数 30.7247 万例 / 年，较 2009 年增加 98.42%。PET（/CT）检查项目中（不含心血管专科医院），肿瘤疾患约占 77.38%，心血管疾患约占 0.62%，神经系统疾患约占 3.09%，体格检查约占 16.30%，其他约占 2.61%。②单光子显像总数 144.8 万例 / 年，位于前 5 位的项目为：全身骨显像（54%）、甲状腺静态显像（18%）、肾动态显像（14%）、心肌血流灌注显像（7%）及其他；显像例数增加的科室占 79%，最大增幅为 320%，平均增幅 16%。

（6）放射性核素治疗情况。2011 年，全国开展放射性核素治疗的医疗机构为 513 个，共设有病床 1297 张，总治疗数为 36.9 万人次，其中甲亢 18.1 万人次（49%），皮肤病 14.3 万人次（39%），甲状腺癌 2.4 万人次（8%），骨转移癌 1.1 万人次（2.98%）和粒子植入 0.38 万人次（1.02%）。开展 ^{131}I 治疗的单位 513 个，^{89}Sr 治疗的 365 个，^{32}P 治疗的 140 个。

（7）体外分析检测。2011 年，全国有 450 个科室开展体外分析检测，其中开展放免检测 385 个，非放检测 312 个。全年放免检测共 996.8 万个标本；非放免检测 3245.4 万个标本。

（8）人员基本信息。全国共有 6898 人从事核医学工作，其中医生 2827 人，技师 2276 人，护士 1173 人，工程师 67 人，放化师 66 人，物理师 41 人。持有核医学大型设备上岗证的从业人员占相应人员比例 36%，而持 CT 上岗证占相应人员比例为 3%，两证均有的从业人员占相关人员比例 6%。从事核医学工作者中，正高级职称 515 人，副高级职称 1033 人，中级职称 2375 人；拥有博士学位 294 人，硕士学位 996 人，本科学位 2524 人。

（9）教学和人才培养。开展专科教学工作的科室有 87 个，本科教学 264 个，长学制教学 75 个，研究生教学 118 个。目前全国共有核医学博士生导师 51 人，硕士生导师 227 人。在读博士生 143 人，硕士生 433 人。

二、与国外比较

我国核医学的起步较国外晚很多年，还有较大的差距，主要体现在以下一些方面：

学会成立：我国于 1980 年才成立中华医学会核医学分会，而美国核医学会已成立了 60 余年，在全世界核医学领域具有领导地位，拥有来自全世界 70 多个国家的 18000 个会员，包括医生、技师、物理师、药师、科学家、实验室科研人员等，还编写了全面、实用的临床指南。

人才培养：美国的放射学、核医学医师培训，高中毕业有需要经过 4 年本科、4 年医学院、6 年住院医师培训，每天有专题讲座、读片等内容，临床医师经常参加核医学病例讨论，核医学临床认可度高。美国的放射学、核医学医师培训制度，培养出优秀的临床放射学、核医学医师，尖端的研究者，受世界尊敬的健康政策的倡导者。美国的核医学技术人才培养，随着显像技术进步，核医学技师要求、培训内容也相应提高。2015 年以后，核医学技师需要经过 4 年核医学技术本科毕业，才能获得注册，美国有 117 个培养核医学技师的项目。中国规范化住院医师培训刚刚起步，尚无培养培养核医学技术人才本科的高校，也无核医学技师规范化培训制度，不能适应现代临床分子影像学的发展要求。

核医学仪器、放射性药物、医务人员数、核医学本身的诊疗水平、年诊疗数量从总量上、人均数量上，中国都远远低于美国。据不完全统计，美国全国有 7000 个以上的单位医院拥有核医学专业，我国只有七八百个。美国医院中核医学的制度比较规范每天完成好，需要登记上报，每台仪器都要定期验收。执行情况也好于国内。在传统优势项目方面，也强于我国。同时，也具有较多的临床新项目。国内核医学发展面临的困难在于人才缺乏，核医学仪器少，放射性药物少，且不能保障正常供应，发展受制约。每周放射性药物使用量远远低于美国、日本等国家。美国每年有超过 1800 万患者从核医学的检查中受益，而中国一年接受核医学检查的患者不到 200 万，差距大得很。考虑到两国人口基数，这个差距更大。

关于临床医生对于核医学的认可，以及 PET 检查是否进入医保、能不能报销等问题。美国有很多 PET-CT，有相当多的检查都能报销，患者不用考虑费用问题，只需医生衡量在整个医疗临床决策的过程中是否需要做此检查。现在国内绝大部分仪器设备及制备放射性药物的试剂，都不能够在国内独立生产，需要进口，这类设备本身价格很高，成本高，所以给患者做检查的费用也很高，但是到现在为止中国还没有将 PET 检查纳入到社会保险医疗保险体系，很多家庭都很难自费承担这么高昂的检查费用。因此行政卫生部门，应该做一些卫生经济学的分析来考虑这个问题。这种先进的技术能够准确地对肿瘤进行分期，进而采取合理的治疗手段。

三、展望未来

当今的核医学既是发展的鼎盛时期，也是竞争最为激烈的阶段，随着医学技术及其相关科学领域的迅猛发展，核医学的许多优势正在被其他技术取代，有些方法已不再是诊断某些疾病的唯一手段，然而核医学的某些新的诊疗技术也在不断诞生，并不断完善自身的研究手段和方法，向着更深、更新的领域迈进。我国的医疗改革与卫生政策将会影响核医学的临床应用推广，包括核医学项目的收费标准以及放射性药品的收费等。未来核医学的发展及方向大致可以归纳为以下几个方面：

1. 放射性核素显像

放射性核素显像仍然是核医学的重要内容，无论是常规SPECT显像还是PET/CT显像，其共同特点都是功能影像，或者分子功能影像。常规 SPECT 显像作为核医学的传统项目，仍然是核医学的基础。

（1）常规 SPECT 显像：临床上，心肌灌注显像对冠心病心肌缺血的早期诊断与危险度分级是最常用的基本手段；骨骼显像是目前早期诊断骨转移性肿瘤最敏感的方法；肾动态显像判断分肾功能、肾小球率过滤及尿路通常情况；肺通气与灌注显像诊断肺栓塞；消化道出血显像诊断胃肠道出血；甲状腺旁腺显像诊断甲状旁腺功能亢进；全身骨髓显像判断全身骨髓活性等都是非常有用的常规手段，数十年经久不衰。而 SPECT/CT 多模式显像的发展，使常规的功能影像定位更准确，对于疾病的诊断与鉴别诊断价值更大。

（2）新的 SPECT 显像剂研究：随着新的放射性药物的发展，一些新的 SPECT 分子影像技术也初步用于临床，如 ^{99m}Tc 或者 ^{111}In 标记的奥曲肽生长抑素受体显像用于神经内分泌肿瘤的诊断和评估。

（3）新型 PET/CT 分子显像探针的发展：目前 95% 以上的患者使用 ^{18}F- 氟代脱氧葡

萄糖（FDG）为 PET 显像剂，而且 95% 以上的应用于肿瘤诊断、分期和疗效评估，仅 5% 用于心肌活性和脑功能评价。^{18}F-FDG 在肿瘤评价中的某些不足也逐步显露出来。因此，新的显像剂的研发成为核医学分子影像发展的主要内容。新的正电子显像剂的应用将在很大程度上弥补常规 ^{18}F-FDG 显像对某些恶性肿瘤阳性率低和特异性差的不足，是对常规 ^{18}F-FDG 显像的重要补充。

（4）多模式成像技术的应用：随着影像设备的发展，加之不同的影像均有各自的优势，也有不可逾越的缺点，因此，多模式成像技术的发展成为必然趋势。目前最成功的多模式成像为 PET/CT，已经成为核医学不可缺少的仪器。近年来，SPECT/CT 的临床应用也越来越普遍，不仅可以为病灶进行精确定位，而且一次显像可以提供更多的诊断信息，大大提高了核医学成像的准确性。发展中的多模式成像还有 PET/MR，尽管目前刚刚试用于临床，获得的数据还不多，但是初步的应用可以证明对某些疾病的诊断可以弥补 PET/CT 的不足。多模式成像除了同机进行不同模式成像外，也包括使用多功能分子探针进行不同模式和功能的显像，如在一个特异性的分子探针上同时连接放射性核素和磁共振成像的造影剂，将多功能探针引入体内后可以行放射性核素显像和磁共振成像，从而反映不同的功能信息。

2. 放射性核素治疗

尽管放射性核素治疗不像放射性核素诊断的发展那样迅速，但随着核医学发展方向的转移、新的治疗药物的研制以及新的治疗方法的建立，放射性核素治疗的应用范围不断扩大。

（1）常规放射性核素治疗技术普及应用：放射性核素治疗与常规化学药物治疗或放疗有其本质的区别。一是，放射性核素治疗是利用核射线治疗疾病；二是，放射性核素治疗药物对病变组织具有选择性或靶向性，对正常组织损伤很小；三是，放射性核素治疗作用持久；四是，方法安全、简便、经济。在某些疾病的治疗中，放射性核素治疗方法已经占有重要地位，如 ^{131}I 治疗甲状腺功能亢进症已经成为多数患者的首选，^{131}I 对于分化型甲状腺癌根治术后清除残留甲状腺及其转移灶已经得到医学界的广泛认同，提高了甲状腺癌的治愈率，降低了复发率，同时也改善了患者的预后；^{89}Sr 治疗转移性骨肿瘤及其骨痛，^{32}P 治疗真性红细胞增多症等业已成为临床上常规有效的治疗手段。我国放射性核素治疗发展非常迅速，每年放射性核素治疗的患者达数十万人次之多。

（2）放射性核素靶向治疗的发展：放射性核素治疗发展的方向将是靶向治疗，包括适合的放射性核素研究以及携带放射性核素的载体研究两个方面。尤其是靶向物载体研究是放射性核素治疗成败的关键，也是治疗核医学研究的热点。从理论上讲，放射性核素生物靶向治疗具有双重治疗作用，其疗效应该优于单纯的生物靶向治疗和放射性核素治疗。利用抗体、配体等与靶细胞上的抗原或受体等分子结合发挥生物杀伤作用，靶向药物携带的放射性核素发射的射线直接破坏病变细胞。

将放射性核素通过特异性的靶向载体带到病变细胞内从而杀伤病变细胞，是近 20 多年来核医学界一直关注的课题。目前研究较多的为单克隆抗体、受体配体以及纳米脂质体等介导的放射性核素靶向治疗。尤其是放射免疫治疗是目前最成熟的方法，如针对 B 细胞淋巴瘤 CD20 抗原高表达而研发的 ^{131}I- 利妥昔单抗、^{131}I- 托西莫单抗（^{131}I-tositumomab）、^{131}I-Rituximab、^{90}Y- 替坦异贝莫单抗（^{90}Y-ibritumomab）。

3. 显像仪器的发展

利用新型仪器更快速地完成检查，获得更高质量的图像，是未来核医学发展的方向，各公司都在竞相研发并推出 PET/MRI 机型，这些新型的仪器将在不久的将来广泛应用于临床。

面对国内外核医学发展水平的差距，我们应该学习发达国家先进的信息技术、分子影像、放射性核素治疗、PET/CT、SPECT/CT 等方面的知识。重视人才培养，加强医师、技师等专业人才的培训，加强制度、规范建设，不断提高核医学质量与安全，提高临床认可度。也应该认识到我国核医学发展具有的很多优势：人口多，病种多，临床需求增长大；经济增长快；新购诊断设备先进，能够做许多临床工作；临床核医学增长快、潜力大。

参考文献

[1] 王世真，卢正福. 加强发展我国核医学的建议［J］. 基础医学与临床，2009，29（10）：1009-1016.

[2] 中华医学会核医学分会. 2014 年全国核医学现状普查简报［R］. 中华核医学与分子影像杂志，2014，34（5）：389.

[3] 田嘉禾，张永学. PET/MR：分子影像发展的新契机［J］. 中华核医学与分子影像杂志，2014，34（6）：421-422.

[4] 王世真，邱飞婵. 21 世纪分子核医学有望改变未来医药学［J］. 医学研究杂志，2006，35（6），1-2，22.

撰稿人：兰晓莉　张永学　何作祥

ABSTRACTS IN ENGLISH

Comprehensive Report

Advances in Nuclear Science and Technology

Since the first half of the 20th century, nuclear science and technology has become an integrated discipline intersected by natural science and technical science. It includes nuclear physics, nuclear and radiochemistry, engineering technology of fission reactor, particle accelerator, nuclear fusion engineering technology and plasma physics, nuclear fuel cycle technology, nuclear safety, radiation protection technology, radioactive wastes treatment and disposal technology, nuclear facility decommissioning, nuclear technology applications, etc.

As a cutting-edge subject, nuclear science and technology always maintains exuberant vitality since the 21st century and receives extensive worldwide attention and concern. The research and development budget by various countries in the world is still on the rise. As a kind of green and high efficient energy, nuclear energy plays an important role in the world energy mix for a long period. With the continuing development of the national economy in China, nuclear science and technology plays a more and more important role in energy, technology, medicine, industry, agriculture and other fields in China.

By October 2015, there are 441 nuclear power units in operation around the world with total installed capacity of about 381.6GWe; 65 units under construction with total installed capacity of about 64.2GWe. By October 2015, there are 29 units in operation in Chinese mainland with installed capacity of 28,468MWe, and 20 units under construction with installed capacity of 23,171MWe. The installed capacity of nuclear power units in operation in China is scheduled to reach 58,000MWe by 2020. Although the Fukushima nuclear accident in 2011 has exerted certain impacted on the development of global nuclear energy to some extent, the international nuclear power industry has still been developing steadily on the basis of safety orientation, and will maintain the growth trend continuously in a considerably long period.

In recent years, fruitful results of research and development on nuclear science and technology have been obtained in China, with the nuclear science and technology innovation system perfected continuously and the nuclearfuel cycle industry system transformed and upgraded constantly……In terms of PWR, CAP1400, our brand for Third Generation Nuclear Power is formed after the introduction and absorption of AP1000 technology through the implementation of National Science and Technology Major Project of the Ministry of Science and Technology of China; "Hualong One", China self-designed Generation III nuclear power technology based on the most advanced standards, was approved by the State Council to start, creating favorable conditions for nuclear power equipment going abroad with independent intellectual property rights; the preliminary design of ACP1000, our self-developed multi-purpose modular small reactor, has been beginning, establishing a solid foundation for exploring the international market. In terms of fast reactors, China Experimental Fast Reactor's succeeding to grid connected on July 21, 2011 is a great breakthrough of China's fourth generation of advanced nuclear energy systems technology. Currently preparatory work for project of demonstration fast reactor nuclear power plant has already started.In the field of nuclear fuel cycle technology, there is a great development for uranium exploration technology, and a large uranium deposit was fund; advanced uranium enrichment technology was researched and successfully applied in industry, making a big leap for the technology; self-developedfuel element CF3, of which the major research and manufacture has been completed, enters the test phase in the reactor when operating, supporting a strong guarantee for the building of China's own generation III nuclear power plants and technology "going abroad" ; China's first self-designed spent fuel of power reactor reprocessing pilot plant thermal test success, and now it is planning to use this technology to construct China's first self-construction spend fuel reprocessing project, making a great step for realizingthe closed nuclear fuel cycle in china. In the field of basicnuclear research, we have independently developed a world's most advanced proton cyclotron and succeed with the initial commissioning, marking the establishing of key experimental facilities of the national key scientific and technology project HI-13 Tandem Accelerator Upgrade Project. This hundreds-Mev proton cyclotron is the largest compact high current proton cyclotron in the world.Once completed, HI-13 Tandem Accelerator Upgrade Project will be widely used in basic research including nuclear science and technology, nuclear physics, materials science and biological science, as well as research on application of nuclear technologies such as in energy and medical health.

With the steady development and growth of China's economy, nuclear science and technology plays a more and more important role in energy, science and technology, medicine, industry and agriculture and other fields in China. The China's nuclear industry will stick to safe and innovative development, adhere to peaceful use of nuclear energy, promote overall core competence of nuclear industry, and continue to fight for the brilliant new future of nuclear industry in China.

Following the Development Report for Nuclear Science and Technology Discipline during 2007-2008, this documentconsists of 21special reports, which involve 25 sub-disciplines and outline the development status, dynamic state and trend of foreign nuclear science and technology discipline from 2008 to 2015. The research results of Chinese nuclear science and technology discipline in recent years (including new progress, new achievements, new insights, new ideas, new approaches, new technologies, etc.) have been reviewed and evaluated. On the basis of conclusion for development targets and prospects of various subdisciplines from nuclear science and technology discipline, safeguard measures and countermeasures for development of the discipline are proposed.

Reports on Special Topics

Ionizing Radiation Protection

Ionizing Radiation Protection (referred to radiation protection) is an applied science on the study of prevention of the harmful effects of ionizing radiation on humans and non-human species, also known as radiation safety, health physics or radiation hygiene in different country. In this report, it is not only to make some comparison of radiation protection research and practices at home and abroad, but also to undertake some analyses and outlooks on the major developing trend of the domestic and international radiation protection discipline from 2009. In order to promote the safely and effectively development of nuclear energy and nuclear or radiation technology application, it is here proposed as follows.

(a) With regard to the nuclear and radiation safety laws and regulations, it needs to speed up the formulation of new laws and regulations, such as Atomic Energy Law, Nuclear Safety Law and Nuclear Security Law, and revision of the National Basic Standard GB1887-2002, etc. in order to promote the implementation of the strategy of China's nuclear power to go abroad.

(b) In the aspect of radiation protection equipment and its technology system, it may be necessary to vigorously promote the Four Modernizations (e.g. the intellectualization, the informatization, the networked, and the integrated) of this equipment and its technology. It was also proposed to carry out a national-wide special action on"letting intelligent mechanization instead of people, so that network information reducing human".

(c) With regard to the medical exposure control, it needs to undertake the investigation and research on the justification of medical diagnostic radiological examination, the monitoring and control of the dose to patients and its quality assurance, and the training of the competent physicist, etc.

(d) For the long-term safety of radioactive waste disposal, it may be needed to actively promote the research on safety technology of radioactive waste disposals and safety assessment methods.

(e) In the aspects of radioactive discharge and its impact, it may be necessary to systematically carry out the evaluation on the radioactive emission and its impacts on the environment from different power generation energy chains.

(f) In order to increase the acceptance of nuclear energy, and nuclear or radiation technology application, it should be to continually make further researches on the radiation health effect on human and risk perception of radiation, and further undertake some practices on the stakeholders' involvement of decision-making process, and popularization of nuclear science and technology knowledge, etc.

Radiation Physics

Radiation physics and technology is an interdiscipline science combined with nuclear science, astronautics, electronics, and computer science. Over decades of studies, we have established a solid foundation for radiation physics and technology researches. However, many new requirements and questions are presented along with the development of microelectronics and astronautics. The recent research results and development trends of radiation environment simulation, interaction between radiation and materials, radiation hardening, radiation measurement and diagnosis, as well as radiation application are reported. The developments and requests in the researches of radiation physics and technology are given, and the suggestions on the development of this discipline in China are proposed.

Nuclear Safety

In a broad sense, nuclear safety covers not only nuclear facility safety, but also radiation safety, transportation safety and waste safety. Generally speaking, nuclear safety is the achievement of proper operating conditions, prevention of accidents or mitigation of accident consequences, resulting in protection of workers, the public and the environment from undue radiation hazards. This progress report focuses on the field of nuclear facility safety only.

Nuclear safety is the fundamental of nuclear industry. With the rapid development of nuclear industry in China over the recent years, research topics which are related with nuclear safety issue are becoming multidisciplinary and comprehensive, and have called for the formation of a new discipline of nuclear safety independent from the existing disciplines. In 2014, the Nuclear Safety Chapter of Chinese Nuclear Society is established.

The Fukushima accident, which was initiated primarily by the extreme natural hazard (the tsunami of the Tohoku earthquake) and followed with multiple reactors' meltdown due to the long time station black-out, is the largest disaster since Chernobyl and Three Mile Island in the world. It raises the significant concern of nuclear power safety all around the world and makes the whole world revisiting the philosophy and concept of nuclear safety protection. Undoubtedly, nuclear safety technologies are being brought to a new developing period by the Fukushima.

Nuclear safety in China is also developed to a new highest position. A series of progress regarding the nuclear safety technology, theory and capacity building programs have been made during the past decade. The two documents"Plan of Nuclear Safety for the 12th Five-Year"and"Plan of Nuclear Power Safety (2011-2020) ", which were approved by the State Council in 2012, give out a top level architectural design of nuclear safety development. And nuclear safety is recently confirmed to be one of the national strategies since the statement which President Xi made at Nuclear Security Summit in Hague 2014. This directs the future development of nuclear safety discipline in China.

Particle Accelerators

As one type of machines to bring particle beams to high energy applying electromagnetic fields, particle accelerators are powerful tools for studies in the micro-level of elementary particles, nuclei, atoms and molecules, and widely used in scientific research, state security and various fields of national economy. In this chapter, the status of worldwide particle accelerators are briefly described, the progress in China's particle accelerators is highlighted. The chapter is organized in seven sections: collider, heavy ion accelerator, high-intensity proton accelerators, accelerator based light sources, small-scale accelerators for scientific researches, small-scale accelerators for application, new technologies and new concepts for accelerators, which covers main aspects of the particle accelerators. The accelerator driven subcritical systems and high pulsed power accelerators are presented in specific chapters, they are mentioned briefly in this chapter.

The tendency of particle accelerator development in the world towards higher energy, higher performance and wider applications. In recent years, significant progress in particle accelerators has been made in China. In the aspect of colliders, after the successful completion of the major upgrading of the Beijing Electron Positron Collider, BEPCII has operated smoothly with high performance at the top of charm/τ machines, laying a solid foundation for the future colliders. In the aspect of heavy ion accelerators, important experimental results are obtained in the Heavy Ion Research Facility at Lanzhou and Tandem HI-13 at China Institute of Atomic Energy. In the meantime, the upgrading of HI-13 is in good progress and an advanced heavy ion project, the Heavy Ion Accelerator Facility, was approved recently. In the aspect of high-intensity proton accelerators, the construction of the 100MeV/200μA compact cyclotron was completed in 2014 and the 1.6GeV/100kW China Spallation Neutron Source is under construction towards its completion in 2017. In the aspect of accelerator based light sources, new beamlines and experimental stations will be set up in the meantime of routine operation of the Shanghai Synchrotron Radiation Facility, the upgrading of the Hefei Light Source was completed in 2014, and the R&D project for High-Energy Light Source of 6 GeV was started in 2015. The Shanghai Soft-X Ray FEL and Dalian DUV FEL are under construction. In the meantime, R&D of key-technologies for energy recovery linacs is underway. Among small-scale accelerators of many types for scientific researches, major advances are made in the Thomson scattering X-ray sources and MeV Ultra-fast Electron Diffraction. Many application fields are found by small-scale accelerators, among which radiotherapy, irradiation and non-destructive test are most popular in China. In the aspect of new technologies and new concepts for accelerators, superconducting RF cavities are developed and applied in storage rings and linacs, while GeV electrons and tens-MeV/u ions are obtained in the laser-plasma wake field acceleration experiments.

Development of China's particle accelerators is faced with a favorable circumstance. It is suggested to strengthen the study for development strategy, to intensify the R&D for original innovation, to train young talents for profession and to promote collaboration at home and abroad, in order to boost the accelerator science and technology in China, to keep pace with the world advanced level and contribute to the scientific research and economic development.

Pulsed Power Technology

Pulsed power refers to the scheme where the stored energy is discharged as electrical energy into a load in a single short pulse or as short pulses with a controllable repetition rate. Modern pulsed power began since John Christopher Martin and his colleagues at the Atomic Weapons Establishment (AWE) , U.K. had made significant progresses in X-ray radiography for hydrodynamic experiments in the 1960s. In the past half century, the coverage of pulsed power has been widely broadened. The technologies used to generate high power pulse and the science related to application combine together, forming a highly crossed discipline — pulsed power science and technology. For a relatively long time, the development of pulsed power technology was leading by the national laboratories in nuclear power countries, especially in the United State and USSR. However, in the past decade, pulsed power science and technology in China developed very fast, and a strong and ongoing rebalance of pulsed power research is toward the Asian-Pacific region. The foundation of the Euro-Asian Pulsed Power Conference (EAPPC) , and following the Chinese Pulsed Power Society (CPPS) , made China an active, prominent and important country in the international community. Many major facilities have been successfully put into operation in recent years. For example, a major pulsed power facility called the Primary Test Stand (PTS) was completed in 2013, which is a 7.2 MJ facility that provides current of 10 MA in about 75 ns to a z-pinch load. Also recently, an innovative triple-pulse Linear Induction Accelerator (LIA) , the Dragon-II, which is based on controlled multi-pulse technology was just put into commission, with parameters of 20 MeV, 2 kA, 3 × 70 ns, and spot size less than 2 mm. At the same time, applications of pulsed power have also made important progresses, for example in X-ray radiography, Z-pinch, electromagnetic launch, high power microwave (HPM), high power excimer laser, atmospheric-pressure discharge plasma and so on. Due to its wide and important applications in basic and applied science, such as high energy density physics, astrophysics, materials, fusion, industry, pulsed power is believed to keep its pace of fast growing in the future.

Pressurized Water Reactor

Since 2008, nuclear power plants (NPP) have been intensively built in China according to the policy of safety and efficiency. China holds a leading position in the world in terms of Generation III NPP construction and has a good operation performance. The nuclear power industry insists on independent innovation, after Fukushima accident, HPR1000 and CAP1400, which are advanced pressurized water reactor, were designed in order to meet the more stringent requirement for nuclear safety. Recently, demonstration project of advanced pressurized water reactor are being constructed and competing in the international market, which means that nuclear power of China has reached world-class level. Considering the development of nuclear power technology, it is important to demonstrate the possibility of"practical elimination on large release of radioactive material"in terms of design combining with the reactor type, make a further research in severe accident mechanisms as well as measures of severe accident prevention and mitigation, and develop advanced technology such as Accident Tolerance Fuels for NPPs, thus improving inherent safety feature of NPPs. Through exploring multipurpose utilization of nuclear power (e.g. developing small modular reactor) and promoting the inland NPP construction, it is hopeful to improve the pattern and eventually achieve large-scale development of nuclear power.

Large Advanced Pressurized Water Reactor

In the National Mid and Long Term (2006-2020) Science and Technology Development Program, Large Advanced PWR Project, one of the 16 National Science & Technology Key Projects were specified. The major tasks of Large Advanced PWR Project consist of three parts: R&D issues to be tackled, construction of supporting condition, and CAP1400 Demonstration Project. The progresses of Large Advanced PWR Project are described mainly from the following aspects: Assimilation and absorption of AP1000 technology; Independent research and development for CAP1400; R&D of common technologies, key equipment and materials. CAP1400 fully draws the experience of the PWR technology R&D for more than 40 years, construction and safe operation of 15 nuclear reactors for more than 20 years in China. CAP1400 absorbs AP1000 technology, the accumulated experience and achievements of the world's first batch of AP1000 units. CAP1400 adopts nuclear safety margin enhancement measures based on lessons learned from Fukushima. With innovations in design on the primary and auxiliary system and key equipments, CAP1400 has further enhanced safety, reliability and economy.

High Temperature Gas-Cooled Reactor

The High Temperature Gas-cooled Reactor (HTR) is an inherently safe nuclear energy technology for efficient electricity generation and process heat applications. The HTR is promising in China as it may serve as both the supplement to light water reactors (LWRs) and the alternative to fossil fuels of non-electric purposes in China market. In line with China's long-term development plan of nuclear power, a 200MWe modular HTR demonstration plant (high-temperature gas-cooled reactor-pebble bed module, HTR-PM) , which is one of the National Science and Technology Major Projects, is under construction. At present civil work of the HTR-PM is done, it is expected the plant puts into operation in 2017. Significant achievements have been reached in recent years during implementation of the HTR-PM project with respect to key technologies, components and engineering verification tests, including the coated-particle fuel element technology, the HTR fuel production line, the large helium test loop, as well as key components covering the reactor pressure vessel (RPV) , the steam generator (SG) , the main helium circulator, the control rod system and digitalized reactor protection system. Based on the knowledge and experiences of the HTR-PM, further steps for the future HTR development are planned aiming to promote HTR commercialization and to make its breakthroughs in both domestic and overseas energy markets. The following areas are focused on: 1) the commercialized 600MWe modular HTR plant named HTR-PM600, which closely follows HTR-PM with respect to safety features, system configuration and plant layout; 2) the Very High Temperature Gas-cooled Reactor (VHTR) technology such as helium gas turbine and hydrogen production.

Fast Reactor

The technology research and development (R&D) of sodium cooled fast reactor is introduced in the report, including key fundamental technology, design, key equipment, plant engineering construction and commissioning, and according to the three-steps strategy of 'experimental, demonstration and commercial reactor', the R&D status of demonstration fast reactor in China (CFR600) , which is the next step of China Experimental Fast Reactor (CEFR) , is further described. The report also investigates and analyses the international current status of sodium cooled fast reactor technical R&D. Finally, the technology development strategy of fast reactor and closed fuel cycle in China is proposed as the followings. Fast reactor, which has the capability of breeding and transmutation, is the key step of the nuclear energy development in China, as it can insure the sustainable nuclear energy development of China. The demonstration reactor of CFR600 is the stage must be passed in fast reactor development, and has to make several breakthrough in key aspects, such as design, equipment, safety, reliability, economics, et al. The development of fast reactor should also be equipped with closed fuel cycle technology, which means besides the reactor technology, the reprocessing and fuel fabrication technology also need be developed simultaneously. In China, the planning of R&D of the above-mentioned technology should be highly integrated, and put long-term continuous investment to trulyrealize the closed fuel cycle with fast reactor.

Accelerator Driven Sub-Critical System

The increasing energy demands and the tremendous pressure of environmental protections in the world call for the extensive exploitation of clean energies. Considering the advantages of the nuclear fission energy, the central government has made an ambitious plan to develop nuclear energy. In close alignment with the large-scale utilization of nuclear energy, the technologies for the safe disposal of nuclear waste must be developed to make fission energy sustainable. With the characteristics of providing large flux of harder neutrons, and powerful transmutation ability for actinides and long-lived fission products, Accelerator Driven Sub-critical System (ADS) has been universally regarded as the most promising approach to dispose the long-lived nuclear wastes. In addition to its ability to significantly reduce the lifetime and volume of nuclear waste, ADS has the potential for nuclear fuel breeding and nuclear power generation as well, which could improve the utilization of nuclear fuel resources. In this paper, the national demands in China and the status worldwide for ADS research are introduced, the progresses and challenges of the ADS in China are briefly summarized, and an outlook for future development of ADS is given at the end.

Thorium Molten Salt Reactor

Nuclear fission energy has incomparable huge advantages in solving the conflicts between a rapid growth of energy needs and the environmental protection. Fissionable nuclear fuel may be divided into Uranium-based and Thorium-based. Because of the excellent breeding capability in both thermal and fast reactors, lesser long-lived minor actinide resulting from fission, together with more abundant reserves of thorium, the importance of thorium utilization has become increasingly prominent.

Being one of the six Gen-IV reactor candidates, Molten Salt Reactors (MSRs) have two main subclasses, such as Liquid Fuel Molten Salt Reactor (MSR-LF) and Solid Fuel Molten Salt Reactor (MSR-SF) . The thorium utilization MSRs may be realized step by step depending on the fuel cycle modes and the related technology development.

China has been exploring the potential of thorium energy in her energy portfolio for decades. In Jan. 2011, the Chinese Academy of Sciences launched the Strategic Pioneer science and technology Project: Thorium Molten Salt Reactor nuclear energy system (TMSR) . The TMSR project will develop both TMSR-SF (Solid Fuel Thorium Molten Salt Reactor) in the"open fuel cycle"and TMSR-LF (Liquid Fuel Thorium Molten Salt Reactor) in the"modified open fuel cycle"or even the"fully closed fuel cycle". It will strive for realize effective Thorium energy utilization and composite utilization of nuclear energy in 20 to 30 years.

The TMSR project has already carried out research work and achieved some results in key technologies, including conceptual designs of experimental TMSRs, development of fuel reprocessing technologies, establishment of experimental platforms, and theoretical researches etc.Although there are still several challenges for Th-U fuel cycle and MSR development, it is reasonable to expect that this TMSR project will shed light on the energy problem in China and realize the sustainable development for a long time.

Nuclear Fusion

The development, status and prospects of nuclear fusion, including magnetic confinement (MCF) and inertial confinement (ICF) in China as well as international are presented. The emphasis is placed on the domestic progress from 2008 to 2015 in comparison with that abroad. The scientific feasibility of MCF has been approved. The International Thermonuclear Experimental Reactor (ITER) is under construction, after the conceptual and engineering designs. High confinement (H) mode discharges have been achieved on both HL-2A and EAST tokamak devices, indicating that MCF study in China is approaching the international frontier. Important experimental results on confinement and transport, MHD instability, heating and current drive, energetic particle physics, divertor and plasma-wall interaction etc. as well as progress on fusion reactor design and materials have been obtained. At the same time, much important progress has been made on ICF research. The ignition experiments on the National Ignition Facility presented a lot of important results and showed that the ignition is a grand challenge. The ICF research is also progressed rapidly in China, a research system including theory and experiment, computer simulation, diagnostic technologies, target fabrication and laser facility has been formed and a number of research results were obtained on the SG laser facilities. Fusion ignition, high energy density physics and physics under extreme condition are the main directions of ICF.

Uranium Geology

Theory study and exploration practice in recent years shew that China is fairly rich in uranium resource. In uranium exploration, the drilling depth has reached 500-1500m which are believed to be the second uranium storage space in China territory. Several tens thousand tones large, extra-large sandstone type uranium deposits have been discovered and identified, which has changed China's uranium mine industry frame from the bias of south to the balance of north and south.

In theoretic study of uranium geology, sandstone type metallogenic system has been founded basically with the geology character of China, which constructed the metallogenic, regional prognosticating and evaluating model under different tectonic background, summarized the structure system of basin evolution and metallization, and the temporal-spatial distribution pattern of sandstone uranium deposits in north China. Hydrothermal uranium metallogenic theory has aslo been innovated and developed. New round national wide division on uranium metallogenic regions and belts, potential resource evaluation was accomplished, and firstly forecasted the national uranium resource gross with resource position, depth, quantity and type.

In field of exploration technology, breakthrough has been obtained in the development of software for the pre-process of airborne radioactive survey data, helicopter adaptable radioactive and magmatic survey system; progress was reached in ground geophysical survey techniques; geochemical prospecting models with typical elements were set up for the 4 industry types uranium deposits; New technique of hyperspectral remote sensing was used in drill core logging and geology mapping; scientific drilling for uranium geology first reached the depth of 2800m and the technique problem of great depth logging was overcome; Laser (thermal) Ionization Time-of-Flight Mass Spectrometry was developed successfully.

In the coming 13th Five Year Plan, the main efforts in uranium geology research and technology development will still focus on the further study of uranium metallogeny, enhancement of drilling ability for larger depth, realization of intelligent resource prognosis and evaluation, self-development of advanced prospecting instrument and equipment.

Uranium Mining and Metallurgy

Uranium mining and metallurgy, important parts of nuclear fuel cycle industry, by mining uranium ores with industrial value, and then producing diuranate and uranyl carbonate through separation and enrichment, supply raw materials for kinds of nuclear fuels. China's uranium mining and metallurgy industry dates from 1956, and has formed a complete industry system of uranium mining and metallurgy after nearly 60 years' development, and also has formed a technical system of conventional mining and metallurgy, in situ leaching and heap leaching of uranium, suitable for characteristics of China's uranium resources. And now China has the most complete technology of uranium mining and metallurgy in the world. Development of China's uranium mining and metallurgy technology has experienced the establishing stage of under ground mining - conventional hydrometallurgy technology, and innovating stage of new technology experimental research of in situ leaching, heap leaching and stope leaching, and developmental stage of new technology comprehensive application of in situ leaching and heap leaching. In the last decade, with the improvement and development of in situ leaching and heap leaching technology to process low grade uranium ores, and especially the application in several mines of environmental economic CO_2+O_2 in situ leaching technology, capacity of in situ leaching mines increases to 62% from 27% in 2005, and the integral level of China's in situ and heap leaching technology reaches international advanced level. The process technology of uranium polymetallic ores has made breakthroughs, and uranium paigeite ore and uranmolyadate ore can be comprehensively recovered. But there is still a large gap compared with abroad, and research of safe efficient mining technology, conventional hydrometallurgy technology, process technology of unconventional uranium resources and digital mine technology should be enhanced to improve China's integral uranium process technology and production capacity, and to meet the national strategy demand of uranium resources.

Nuclear Fuel Element

With the rapid development of nuclear power and fast scale enlargement for the nuclear fuel manufacturing industry since 2008, through importing, merging and absorption foreign technology, our county has established AP1000 nuclear fuel production line and nuclear-graded zirconium material industrial system. The HTGR (High Temperature Gas-cooled Reactor) fuel irradiation test and the fuel production line has been completed, we have fully self-owned intelligence property for the technology and which went to the world advanced class. The CF3 leading Fuel Assemblies and N36 nuclear-graded zirconium alloy developed by our own are being engineering verified in reactors. The developing on fuel elements and related materials for CAP1400, annular type fuel, Hualong No.1 and MOX, have made a significant progress. The critical equipments developing have been achieved and the manufacturing equipments are almost domestically made. All the achievements above have greatly boosted development for the nuclear FA manufacturing technology. The study on new generation pellets and cladding materials for fuel element has got a great success, R&D capability and technical level promoted rapidly, which will lead the development direction of fuel element manufacturing.

Reprocessing Technology of Spent Nuclear Fuel

The present situation both of domestic and foreign reprocessing development and main investigation task of reprocessing technology in next phase in China were introduced. Success of Reprocessing Pilot Plant in hot commissioning and initiation of hot test in China Reprocessing and Radiochemistry Laboratory (CRARL) after its construction show that China has made great progress in development of reprocessing technology of used fuel from LWR and its application in industry scale. A series of achievements have been gained in research of innovation technology, with advanced salt-free 2 cycle process and high level liquid waste (HLLW) partitioning process proposed, and prospective study in pyroprocessing carried out. With the development of nuclear power in China, reprocessing technology development will enter a new phase. The key work of reprocessing development in next phase is to complete supporting facilities of the pilot plant, to speed up the formation of reprocessing capability, to accumulate reprocessed plutonium, and to play an active role in completing the task of significant reprocessing projects for commercial reprocessing plant. While tackling technology problems, the R&D of reprocessing should aim to stable and economic operation of reprocessing plant, focus on mastering core techniques such technological process and critical safety, and pay emphasis on key equipment research, promoting material, safety and analysis study integrally. At the same time, international collaborations should be carried out actively to boost work in early stage of commercial reprocessing plant, to trace and carry out research on pyroprocessing, and to improve supporting facilities construction for R&D of both aqueous and pyrochemistry reprocessing technology.

Radioactive Waste Treatment

This section describes the domestic status of radioactive waste treatment & disposal from the point of view of science-technology and makes comparison with foreign countries. It includes:

radioactive waste treatment, such as thermal pumping evaporation, membrane technology, incineration technology, cement solidification, and vitrification technology etc; radioactive waste disposal, such as VLLW-landfill disposal, LILW-near surface disposal and HLW-deep formation disposal; nuclear facility decommissioning and waste remediation; waste minimization. Finally, some suggestions for the future respects are presented, it includes: (1) quicken liquid waste solidification's step; (2) solve difficult technical problem of graphite wastes treatment & disposal; (3) well make classification and conditioning for α-wastes; (4) speed up the construction of LILW waste repository .

Radioisotope

Since 2008, the radioactive isotope technology has got swift and violent progress in China, which has made the enormous achievements in the two aspects of preparation and application of radioisotopes. The preparation technology of mega-curie of cobalt-60 has been mastered, and the gas target preparation system of iodine-123 in curie level has also been built. The production capacity of mega-curie cobalt-60 sources have been formed, which is based on the ten thousands curie cobalt-60 sources preparation technology. The research achievements in radiopharmaceuticals represented by the new myocardial perfusion imaging agent of $^{99}Tc^{m}(CO)_3(MIBI)^{3+}$ and positron imaging agent ^{11}C-choline are at an advanced level in the world. Radioisotopes have been widely used in fields of lunar exploration, industrial measurement and control, nondestructive testing, radiation processing and resource exploration as well as in subjects of nuclear medicine and nuclear agronomy. A group of youth talents have been grown up, and there are ten young people being awarded Xiaolun Youth Awards issued by the isotope branch. Member units have been undertaking a large number of national R&D subjects, which has been obtained dozens of invention patents and won the provincial awards for a batch of scientific research achievements.

Radiation Technology

Radiation technology applications are the use of radioisotopes or radiation ray radiation devices for production, research, treatment and other aspects of the activity. This chapter describes the development of radiation technology applications, including several aspects of basic industry, processing industry, the service industries. Discipline development trend of foreign strategic needs and development measures are analyzed. We should increase investment in radiation technology research work, step up publicity efforts to reduce people's fear of radiation, strengthen international cooperation, increase technical exchanges between countries, to promote nuclear technology applications better and faster development. The rapid development of radiation technology to optimize our lives, as science continues to explore and advance, it still has many unknown potential waiting for us to dig, rational development and utilization of radiation technology, there will be good prospects for development.

Nuclear Agronomy

Nuclear agronomy is the science that uses nuclear radiation technology to solve technical problems in agricultural fields. It is a new interdisciplinary subject and internationally recognized high-tech which combine nuclear technology and agricultural science. It includes four subjects: plant radiation mutation breeding, radiation processing and storage of agricultural products, agriculture radionuclide tracing and irradiated sterile insect technique. Recently, the subject of nuclear agronomy has made great progress, mainly in the following aspects. In worldwide, a total of 3218 mutation breeding crops have been cultivated. Corresponding in China, the number of mutation breeding plants reached a quarter of the world, and the sown area accounted two percent of cultivated area. Over one billion kg of mutation breeding oil-bearing crops was reached in our country every year, meanwhile three billion kg of mutation breeding grains increasing year by year.230 kinds of radiation processing of agricultural products and foodstuffs were ratified in 57 countries, and the total global annual irradiation of agricultural products exceeded half a million tons, especially our country accounting for one third of them. A breakthrough progress of enhancing food safety agricultural research and application has been made owing to irradiation technology. At the same time, the standard of irradiation has been matured, while radiation detection methods and system established and irradiation device developed rapidly. With radionuclide tracing used in agriculture and ecological environment, Origin traceability of famous agricultural products and isotope fingerprinting technique were applied much more better. Our country is a large agricultural country, great contributions were made by nuclear agronomy to the agricultural production of our country, presently. In view of the technological advantages of nuclear agronomy, a great application prospects is showing in agricultural of our country.

Nuclear Medicine

Nuclear medicine is a branch of medicine that uses radioactive material to diagnose and determine the severity of diseases including many types of cancers, heart disease, endocrine and other abnormalities within the body, or to treat a variety of diseases including thyroid disease and cancers. Radionuclide imaging procedures are noninvasive and usually used to diagnose and evaluate medical conditions. Radionuclide imaging is performed using a special camera or imaging device that produces pictures and provides molecular information. Recently, radionuclide images can be superimposed with computed tomography (CT) or magnetic resonance imaging (MRI) to produce special views, a practice known as image fusion or co-registration. Those SPECT/CT, PET/CT and PET/MR imaging provide more precise information and accurate diagnosis. Nuclear medicine also offers therapeutic procedures, such as radioactive iodine (I-131) therapy for the treatment of cancer and other medical conditions affecting the thyroid gland, as well as treatments for other cancers and medical conditions.

索　引

E

F

G

H

J

K

L

M

N

P

Q

R

S

T

W

Y

Z